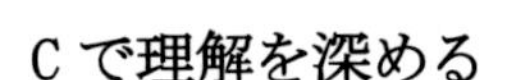

基礎力学

小畑 修二 著

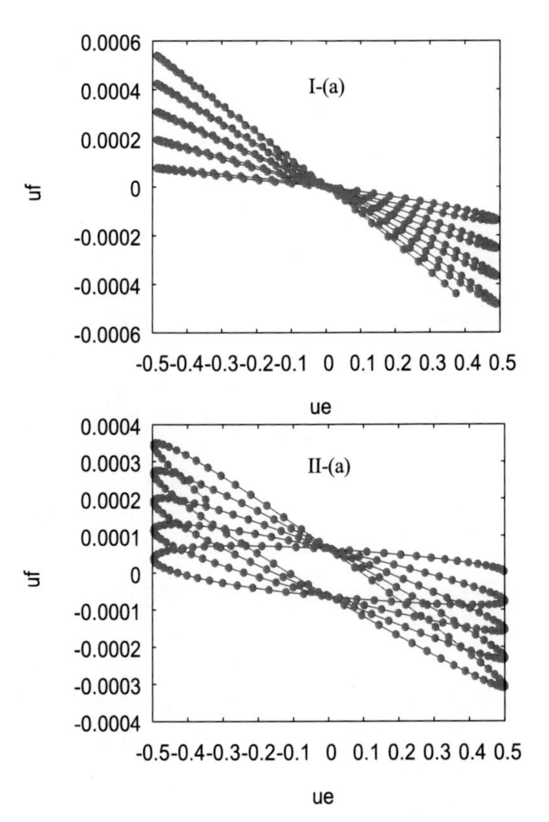

最終章における北緯30°でのフーコーの振り子実験のシミュレーション.
(I)-(a)鉛直点で加速して成功. (I)-(b)持ち上げて放して失敗.

鳩山科学技術研究所

はじめに

本教科書は工学・理工学・理学に共通の物理学の初頭教育を念頭において書きまとめた．この力学編は物理現象の本質を記述するに当たって，ベクトルの扱いと微分積分が基本となり，数学的な素養を身に付けながらの物理学の講義内容となっている．従って初学者にとっては初めての数学的手法が随所に現れる．しかし丁寧な解説を付けたので少々の努力で全て理解できると思う．

本書の特色として，C 言語 (gcc+gnuplot) を用いた数値解析により物体の運動を直接読み取ることで，力学法則と具体的な運動をつぶさに理解できるようにした．こうした数値解析は，直接的に物体の運動を調べ図示できるので，正しく物理法則を理解するに於いて大きな助けとなる．フーコーの振り子を最後に記載した．百聞は一見にしかずと言える．また解析解がなかなか求まらない複雑な運動系を調べる場合も，簡単にその運動が図示できるため，数学的な困難を感じずに物理現象を把握し楽しむことができる．さらに物理の苦手な諸君にとっては，同じアルゴリズムで書いたプログラムで多様にシミュレーションが楽しめるので，物理現象の本質を嫌でも理解できるようになろう．

力学的物理現象は，物理空間の性質を理解すればその総てを把握することができる．運動を数値解析で表すとき運動方程式をそのままプログラミングすることになる．従って間違った思考の道筋に入らなければ，力学はいたって簡単な学問であり矛盾の無い世界となる．力学現象は自然現象として，日常生活の中で，体で会得していることが多い．幼いころからの些細な思い違いが理解を妨げることもあろう．バーチャル・リアリティなる空想映画の悪影響も残っていよう．運動量・角運動量・エネルギーの３つの保存則をしっかり身につけた上で，それらを結びつける基本法則を矛盾無く理解していくことが肝心である．

問題を解くことは，理解したことをチェックしさらに理解を深めるために，常に大切である．本書の段落ごとの問題は，本質的な部分をテーマにしているので，ぜひ全部を解答して頂きたい．本書の問題を解く知識と思考力は理工系大学生の基本的な素養として不可欠なものと考える．

計算機の計算資源と応用ソフトウェアが思いもよらぬ速さで発達して行く現代に於いて，人間の知能を活かし，計算機を上手く活用することで仕事能力を倍増させることは間違いない．将棋も囲碁も計算処理が人間の知能を超えてしまう時代となったが，人間として計算機の発展に取り残されずに上手く計算機を活用することが肝心と思う．

2018 年 5 月

著　者

力学の心得

力学を学ぶにあたってまず念頭に置くべきことは，我々の住んでいる時空間では１つの系（考えている閉じた世界）において，**３つの保存則**

エネルギー保存

運動量保存

角運動量保存

が必ず成り立つことである．**系の運動の変化は外力によってもたらされる**．このとき保存則は破られるが，系の変化はそのまま外力がもたらしたものとなる．外力を含む大きな系の保存則はやはり保たれる．物質はこうした単純な約束の下に運動しており，物質の引き起こすどんな複雑な物理現象も，これらの３つの法則に基づいてその因果関係を解析し理解することができる．これらの３つの保存則は　時空を形成する３つの空間　①時間：1 次元 t [s]，　②エネルギー位相空間（「運動－空間歪」エネルギー）：2 次元 $L=T-U$ [J]，　③実空間：3 次元 $\boldsymbol{r}=x\mathbf{i}+y\mathbf{j}+z\mathbf{k}$ [m] が組み重なった空間に於いて，位相エネルギーL(ラグランジアン)の時間積分（作用積分）に基づく最小作用の原理から導かれる．

目　　次

2017.1.24　11:40、気象庁－静止衛星ひまわり９号によって撮影された初画像
http://www.jma-net.go.jp/sat/himawari/first_image_h9.html

我々にとって最も尊いものは何か．それは生命の歴史と考える．

著者

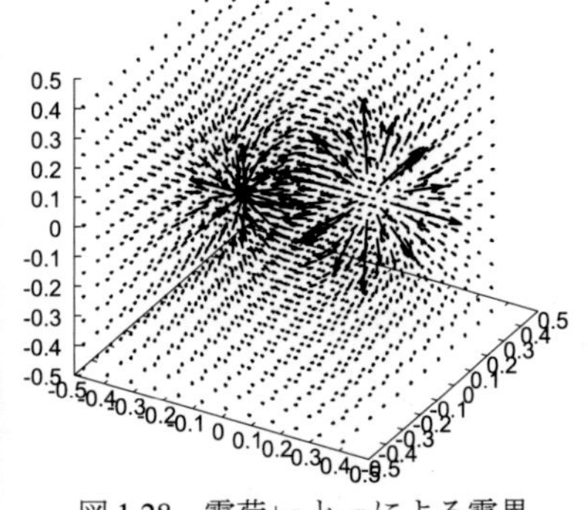
図 1.28　電荷$+q$と$-q$による電界.
電荷中心部は稠密なので省いた.

第1章

空間座標とベクトル量

我々は「均一に時間発展する一様で等方的な３次元実空間」の中で暮らしている．ここで，こうしたベクトルで表される一様な実空間の性質について理解する.

1.1　３次元直交座標系と位置ベクトル

まず時間を考えずに３次元実空間を表してみよう. 直感的で分かりやすい座標は直交したx, y, z軸で表すデカルト座標（直交座標）である．原点は何処にでも任意に取ることができるので，自分の向かっている机で，表面の左奥の角を原点Ｏに選ぶことができる．原点から机の縁を手前にx軸，奥の縁をy軸とし，机に垂直な方向をz軸に選んでみよう．それぞれの軸に 1m（両肘を広げた程度の幅）の単位長さを決めると，これで身近な所に１つのデカルト座標が作られたことになる．今，机の上の或る空間位置Ｐを選んで，原点（始点）から選んだ点（終点）まで矢印を作ったとしよう．この矢印（**有向線分**）は定義した座標系での位置ベクトルと呼ばれる量となる. デカルト座標と位置ベクトルの関係を図 1.1 に示す.

◆ 1.　３次元空間位置ベクトル

ここで３次元空間ベクトルの定義と性質について説明しよう． 物理学で用いるベクトルは３次元実空間の中で特定の性質を持つ．物質の運動は３次元空間ベクトルで表わされ，その演算にはスカラー倍，加法減法，内積と外積が定義される.

ベクトル表現には幾つかの記法があるが，この教科書では太文字（ボールド・タイプ）で表すことにする．ベクトル$\boldsymbol{r}$は**長さ**r（スカラー量）と**方向**と**向き**を持った量（有向線分）として定義される．ここで方向は空間に置いた直線として，向きは矢印の向き（±）として考えて良い．この時，

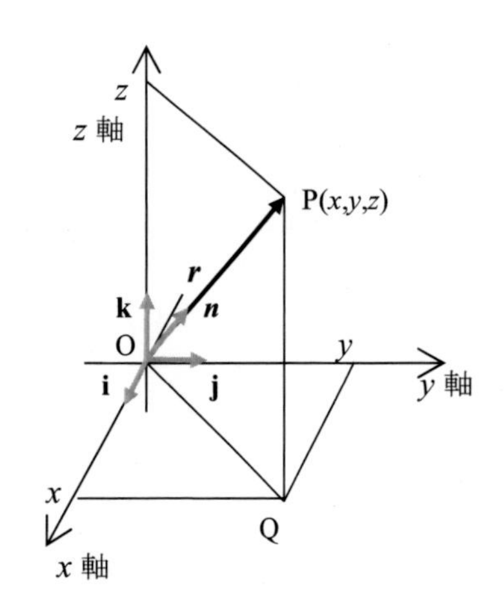

図 1.1　デカルト座標と位置ベクトル

x 軸，y 軸，z 軸で正の向きを持った**単位ベクトル**をそれぞれ $\mathbf{i}$，$\mathbf{j}$，$\mathbf{k}$ と定め，**基本ベクトル**もしくは**直交基底**と呼ぶ．絶対値記号｜｜（ノルム）で大きさを表せば

$$|\mathbf{i}| = |\mathbf{j}| = |\mathbf{k}| = 1 \tag{1.1}$$

である．デカルト座標上のベクトル量は基本的にこの $\mathbf{i}$，$\mathbf{j}$，$\mathbf{k}$ の基本ベクトルを用いて表される．空間位置が点 P(x,y,z)であるとき，原点からの位置ベクトル $\boldsymbol{r}$ は大きさ（長さ）r とその単位方向ベクトル $\boldsymbol{n}$ を用いて

$$\boldsymbol{r} = r\boldsymbol{n} = x\mathbf{i} + y\mathbf{j} + z\mathbf{k} \tag{1.2}$$

$$r = |\boldsymbol{r}| = \sqrt{x^2 + y^2 + z^2} \tag{1.3}$$

$$\boldsymbol{n} = \frac{x}{r}\mathbf{i} + \frac{y}{r}\mathbf{j} + \frac{z}{r}\mathbf{k} \tag{1.4}$$

と表される．本書では $\boldsymbol{n}$ を変数としてイタリックで、$\mathbf{i}\,\mathbf{j}\,\mathbf{k}$ を定数としてローマンで書くとする．

1. 2 ベクトルの演算

◆ 1.　ベクトルの定義

任意の始点と終点を結ぶ有向線分 $\boldsymbol{a}, \boldsymbol{b}$ は実空間で**平行移動してもその量は変わらない**．この量を使って実空間に存在する物質の性質を上手く表現できる様に，本節に示す演算則を満たすものとして定義される．これらの３次元ベクトルは，物体の存在に関わる様々な量を直接表現する．ベクトル演算は幾何学を網羅し物理を記述する上で欠くことのできない道具となる．

◇　負ベクトル

ベクトルは平行移動しても同じである．向きを変えたベクトルを負ベクトルと言い－を付ける．

◇　ベクトルのスカラー倍

ベクトルのスカラー倍は方向向きが変わらず，大きさのみ変化する．

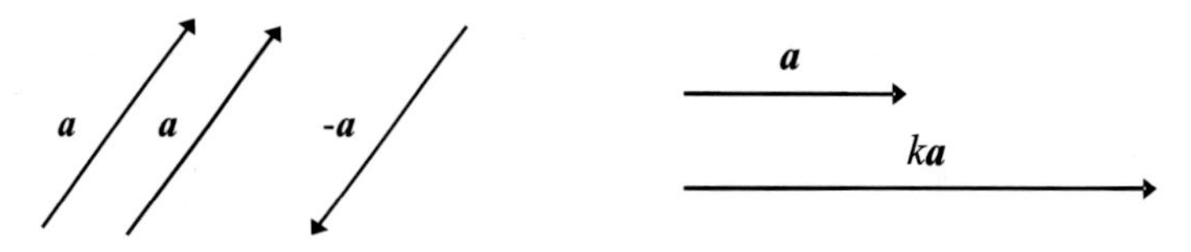

図 1.2　同一ベクトルと負ベクトル　　　図 1.3　ベクトルのスカラー倍

◆ 2.　ベクトルの和

二つのベクトルの和は終点と始点を合わせた一つの合成ベクトルで表わされる．２つの和はそれぞれを辺とする平行四辺形で表わされる．

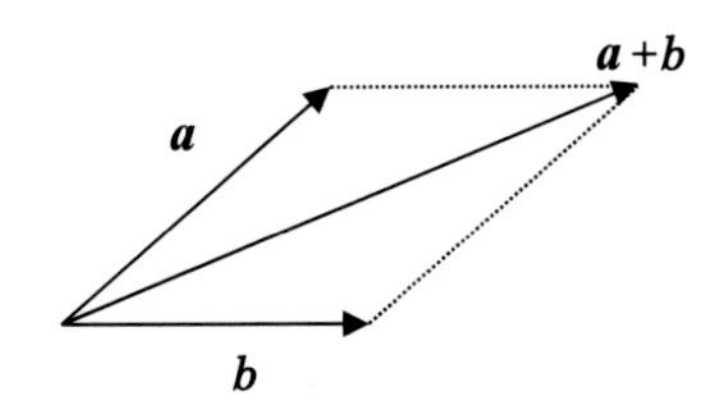

図 1.4　ベクトル和と平行四辺形

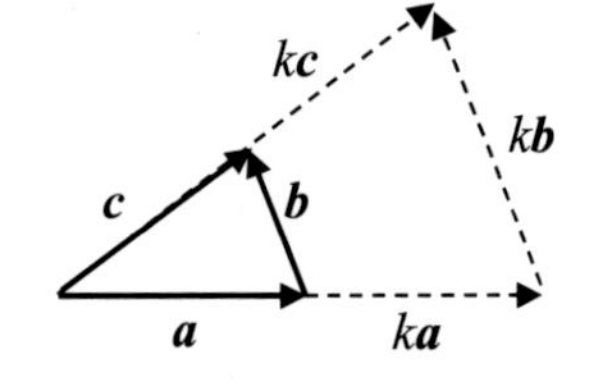

図 1.5　ベクトル和と分配法則

◇　分配法則

ベクトル和のスカラー倍はそれぞれのスカラー倍となる（**分配法則**）．

$$\boldsymbol{c} = \boldsymbol{a} + \boldsymbol{b}, \quad k\boldsymbol{c} = k(\boldsymbol{a} + \boldsymbol{b}) = k\boldsymbol{a} + k\boldsymbol{b} \tag{1.5}$$

◇　交換・結合法則

k ケのベクトル（$\boldsymbol{a}_i$）の和はシグマ（Σ）記号を用いて

$$\boldsymbol{A} = \boldsymbol{a}_1 + \boldsymbol{a}_2 + \cdots + \boldsymbol{a}_k = \sum_{i=1}^{k} \boldsymbol{a}_i \tag{1.6}$$

と記述される．この演算はベクトルの始点と終点の連続した結合として表され，最初の始点と最後の終点を直接結ぶベクトルが $\boldsymbol{A}$ となる．

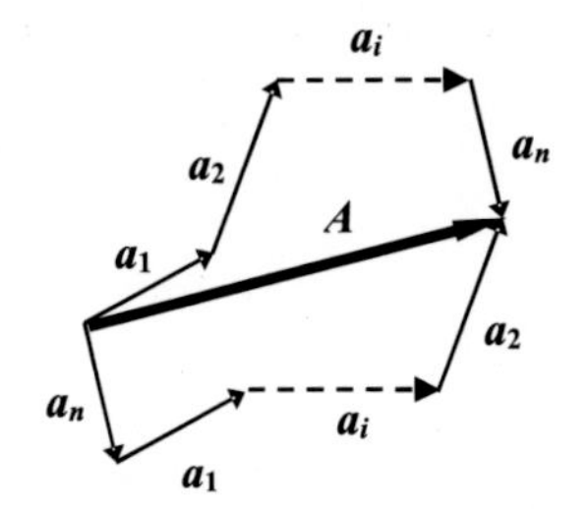

図 1.6　ベクトル和と交換法則

このときベクトルを平行移動して始点と終点の二つの結合の順序を交換してもその結果は変わらない．基本ベクトルで展開すると

$$\boldsymbol{a} + \boldsymbol{b} = (a_x + b_x)\mathbf{i} + (a_y + b_y)\mathbf{j} + (a_z + b_z)\mathbf{k} = \boldsymbol{b} + \boldsymbol{a} \tag{1.7}$$

となって，スカラーと同じ性質を持つことが分かる．これをベクトル和の**交換法則**と言う．また全体を二つのベクトルの和として表す時，その結合の順序を変えてもその結果は変わらない．

$$\begin{aligned} \boldsymbol{a} + (\boldsymbol{b} + \boldsymbol{c}) &= (a_x + b_x + c_x)\mathbf{i} + (a_y + b_y + c_y)\mathbf{j} + (a_z + b_z + c_z)\mathbf{k} \\ &= (\boldsymbol{a} + \boldsymbol{b}) + \boldsymbol{c} \end{aligned} \tag{1.8}$$

これをベクトル和の**結合法則**と言う．同様にベクトル $\boldsymbol{A}$ は始点と終点を同じとする任意のベクトル $\boldsymbol{a}_i$ の和として**分解**することができる．ベクトルの演算則は空間の幾何学を全て取り込む形で形成されていると考えて良い．空間の幾何学法則はベクトル演算により全て記述できるのである．

例題 1. 1　次の 4 つの位置ベクトル ***a, b, c, d*** の平均位置ベクトルを求めよ.

位置ベクトルの平均は

$$\bar{\boldsymbol{r}} = \frac{1}{4}(\boldsymbol{a}+\boldsymbol{b}+\boldsymbol{c}+\boldsymbol{d})$$
$$= \frac{1}{4}\{4\mathbf{j} + (3\mathbf{i}+4\mathbf{j}) + 5\mathbf{i} + (4\mathbf{i}-\mathbf{j})\} \quad ①$$
$$= 3\mathbf{i} + \frac{7}{4}\mathbf{j}$$

となる.

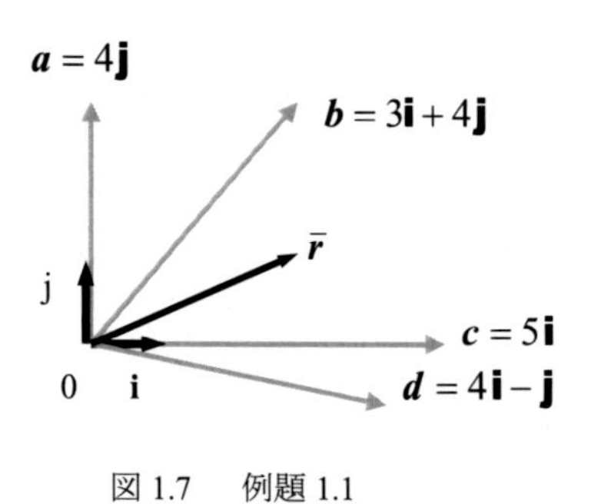

図 1.7　　例題 1.1

◆ 3.　ベクトルの内積

図１.８で２つのベクトルの同一方向の大きさを掛け合わせる演算をベクトルの**内積**（スカラー積）と言う．２つのベクトル $\boldsymbol{a}, \boldsymbol{b}$ のなす角度を θ として

$$\boldsymbol{a} = a_x\mathbf{i} + a_y\mathbf{j} + a_z\mathbf{k} = a\left(\frac{a_x}{a}\mathbf{i} + \frac{a_y}{a}\mathbf{j} + \frac{a_z}{a}\mathbf{k}\right) = a\boldsymbol{l}$$
$$\boldsymbol{b} = b_x\mathbf{i} + b_y\mathbf{j} + b_z\mathbf{k} = b\left(\frac{b_x}{b}\mathbf{i} + \frac{b_y}{b}\mathbf{j} + \frac{b_z}{b}\mathbf{k}\right) = b\boldsymbol{m} \tag{1.9}$$

$$a = \sqrt{a_x^2 + a_y^2 + a_z^2}, \qquad b = \sqrt{b_x^2 + b_y^2 + b_z^2} \tag{1.10}$$

とするとき

$$\boldsymbol{l}\cdot\boldsymbol{l} = \boldsymbol{m}\cdot\boldsymbol{m} = 1, \quad \boldsymbol{l}\cdot\boldsymbol{m} = \cos\theta$$
$$\boldsymbol{a}\cdot\boldsymbol{b} = ab\cos\theta = a_x b_x + a_y b_y + a_z b_z \tag{1.11}$$

なる演算がベクトルの内積として定義される．内積の記号は・で，基本ベクトルの内積は

$$\mathbf{i}\cdot\mathbf{i} = \mathbf{j}\cdot\mathbf{j} = \mathbf{k}\cdot\mathbf{k} = 1$$
$$\mathbf{i}\cdot\mathbf{j} = \mathbf{j}\cdot\mathbf{k} = \mathbf{k}\cdot\mathbf{i} = 0 \tag{1.12}$$

なる関係を満たす．二つのベクトルの内積は順序が変わってもその値は変わらない．

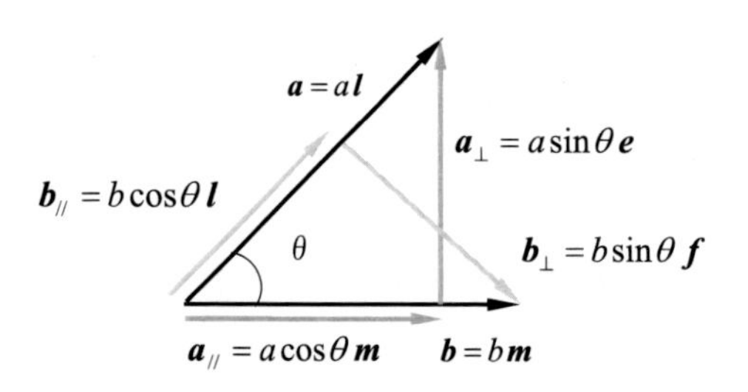

図 1.8　　ベクトルの平行成分と垂直成分

$\boldsymbol{m}\perp\boldsymbol{e}$ と $\boldsymbol{l}\perp\boldsymbol{f}$ はそれぞれ $\boldsymbol{a}$ と $\boldsymbol{b}$ の平行成分，垂直成分の方向単位ベクトル．

例題 1.2　ベクトル $\boldsymbol{a} = 2\mathbf{i} + 3\mathbf{j} + 4\mathbf{k}$ と $\boldsymbol{b} = 5\mathbf{i} + 4\mathbf{j} - 3\mathbf{k}$ がある．
２つのベクトルのなす角度 θ を求めよ．

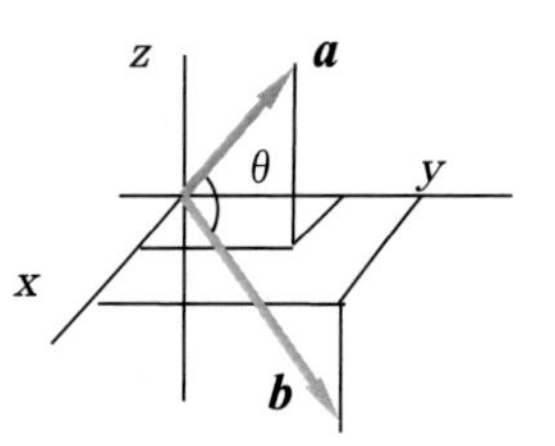

図 1.9　例題 1.2
ベクトルの角度

ベクトルの内積の公式より

$$\cos\theta = \frac{\boldsymbol{a}\cdot\boldsymbol{b}}{ab} \qquad ①$$

$$a = \sqrt{2\cdot 2 + 3\cdot 3 + 4\cdot 4} = \sqrt{29}$$
$$b = \sqrt{5\cdot 5 + 4\cdot 4 + 3\cdot 3} = \sqrt{50} = 5\sqrt{2} \qquad ②$$

$$\boldsymbol{a}\cdot\boldsymbol{b} = (2\mathbf{i} + 3\mathbf{j} + 4\mathbf{k})\cdot(5\mathbf{i} + 4\mathbf{j} - 3\mathbf{k})$$
$$= 2\cdot 5 + 3\cdot 4 - 4\cdot 3 = 10 + 12 - 12 = 10 \qquad ③$$

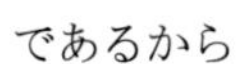

であるから

$$\cos\theta = \frac{10}{5\sqrt{58}} = 0.26261,$$
$$\theta = \cos^{-1}(0.26261) = 74.77° = 1.305\ \text{rad} \qquad ④$$

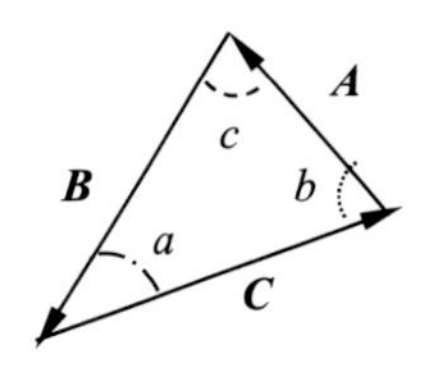

図 1.10　問 1.1

問 1.1　図 1.10 のベクトルを使って余弦定理を説明せよ．

$$A^2 = B^2 + C^2 - 2BC\cos a$$

問 1.2　$\boldsymbol{a} = \mathbf{i} + 2\mathbf{j} - \mathbf{k}$ と $\boldsymbol{b} = 3\mathbf{i} + 2\mathbf{j} + \mathbf{k}$ なるベクトルの和，差，内積，角度を求めよ．

◆ 4.　ベクトルの外積

図 1.11 で２つのベクトル $\boldsymbol{a}, \boldsymbol{b}$ の直交成分の積（平行四辺形の面積）を大きさとして，その面に垂直な方向を持つベクトルを作る演算をベクトルの**外積**（ベクトル積）と言う．２つのベクトル $\boldsymbol{a}, \boldsymbol{b}$ のなす角度を θ,　$\boldsymbol{a}, \boldsymbol{b}$ のなす平面に垂直な単位ベクトルを $\boldsymbol{n}$ として，ベクトルの外積 $\boldsymbol{c}$ は

$$\boldsymbol{a} = a_x\mathbf{i} + a_y\mathbf{j} + a_z\mathbf{k} = a\boldsymbol{l}, \quad \boldsymbol{b} = b_x\mathbf{i} + b_y\mathbf{j} + b_z\mathbf{k} = b\boldsymbol{m}$$
$$\boldsymbol{l}\times\boldsymbol{l} = \boldsymbol{m}\times\boldsymbol{m} = 0, \quad \boldsymbol{l}\times\boldsymbol{m} = \sin\theta\,\boldsymbol{n}$$
$$\boldsymbol{c} = \boldsymbol{a}\times\boldsymbol{b} = -\boldsymbol{b}\times\boldsymbol{a} = ab\sin\theta\,\boldsymbol{n} = \begin{vmatrix} \mathbf{i} & \mathbf{j} & \mathbf{k} \\ a_x & a_y & a_z \\ b_x & b_y & b_z \end{vmatrix} \qquad (1.13)$$
$$= (a_y b_z - a_z b_y)\mathbf{i} + (a_z b_x - a_x b_z)\mathbf{j} + (a_x b_y - a_y b_x)\mathbf{k}$$

と定義される．$ab\sin\theta$ は二つのベクトルのなす平行四辺形の面積となる．外積の記号は×で，$\boldsymbol{n}$ は $\boldsymbol{l}$，$\boldsymbol{m}$ に直交する単位ベクトルである．基本ベクトルの外積は

$$\mathbf{i}\times\mathbf{i} = \mathbf{j}\times\mathbf{j} = \mathbf{k}\times\mathbf{k} = 0$$
$$\mathbf{i}\times\mathbf{j} = \mathbf{k},\ \mathbf{j}\times\mathbf{k} = \mathbf{i},\ \mathbf{k}\times\mathbf{i} = \mathbf{j} \qquad (1.14)$$
$$\mathbf{j}\times\mathbf{i} = -\mathbf{k},\ \mathbf{k}\times\mathbf{j} = -\mathbf{i},\ \mathbf{i}\times\mathbf{k} = -\mathbf{j}$$

なる関係を満たす．図 1.11 の様な位置関係で $\boldsymbol{c}$ ベクトルが定義される場合を右手系と言う．2つのベクトルの外積は順序が変わると負符号のベクトルに変わる．

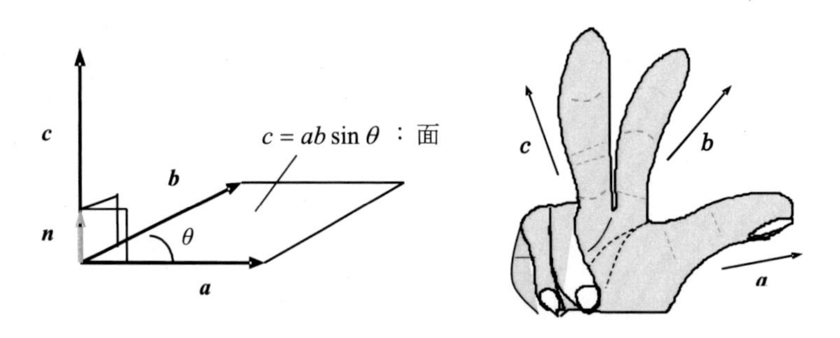

図 1.11　ベクトルの外積：$\boldsymbol{a}\times\boldsymbol{b}=\boldsymbol{c}$　右手系

例題 1. 3　ベクトル $\boldsymbol{a}=2\mathbf{i}+3\mathbf{j}+4\mathbf{k}$ と $\boldsymbol{b}=5\mathbf{i}+4\mathbf{j}-3\mathbf{k}$ がある．$\boldsymbol{c}=(\boldsymbol{b}\times\boldsymbol{a})/5$ を作図せよ．また $\boldsymbol{c}$ が $\boldsymbol{a}$ と $\boldsymbol{b}$ と直交することを確かめよ．

外積の公式から

$$\begin{aligned}\frac{1}{5}\boldsymbol{b}\times\boldsymbol{a}&=\frac{1}{5}(5\mathbf{i}+4\mathbf{j}-3\mathbf{k})\times(2\mathbf{i}+3\mathbf{j}+4\mathbf{k})\\&=\frac{1}{5}\{(4\cdot4-(-3)\cdot3)\mathbf{i}+((-3)\cdot2-5\cdot4)\mathbf{j}\\&\qquad+(5\cdot3-4\cdot2)\mathbf{k})\}\\&=5\mathbf{i}-\frac{26}{5}\mathbf{j}+\frac{7}{5}\mathbf{k}\end{aligned}\qquad ①$$

図 1.12　例題 1.3

となって作図は図 1.12 のようになる．直交性は

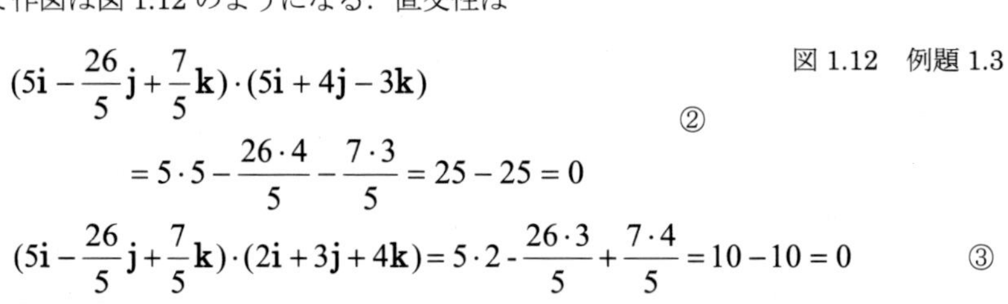

$$\begin{aligned}&(5\mathbf{i}-\frac{26}{5}\mathbf{j}+\frac{7}{5}\mathbf{k})\cdot(5\mathbf{i}+4\mathbf{j}-3\mathbf{k})\\&\qquad=5\cdot5-\frac{26\cdot4}{5}-\frac{7\cdot3}{5}=25-25=0\end{aligned}\qquad ②$$

$$(5\mathbf{i}-\frac{26}{5}\mathbf{j}+\frac{7}{5}\mathbf{k})\cdot(2\mathbf{i}+3\mathbf{j}+4\mathbf{k})=5\cdot2-\frac{26\cdot3}{5}+\frac{7\cdot4}{5}=10-10=0\qquad ③$$

として確認できる．

◆ 5.　ベクトル計算の公式

ベクトル演算には幾つかの重要な公式があるが次の２つは特に重要である．

$$\boldsymbol{A}\times(\boldsymbol{B}\times\boldsymbol{C})=(\boldsymbol{A}\cdot\boldsymbol{C})\boldsymbol{B}-(\boldsymbol{A}\cdot\boldsymbol{B})\boldsymbol{C}\qquad(1.15)$$

$$\boldsymbol{A}\cdot(\boldsymbol{B}\times\boldsymbol{C})=(\boldsymbol{A}\times\boldsymbol{B})\cdot\boldsymbol{C}\qquad(1.16)$$

ここで (1.16) 式はベクトル $\boldsymbol{A},\boldsymbol{B},\boldsymbol{C}$ で構成される平行六面体の体積を表わす．

例題 1.4　公式 $\boldsymbol{A}\times(\boldsymbol{B}\times\boldsymbol{C})=(\boldsymbol{A}\cdot\boldsymbol{C})\boldsymbol{B}-(\boldsymbol{A}\cdot\boldsymbol{B})\boldsymbol{C}$ を証明せよ.

連続したベクトル外積の演算は手間がかかるのでこの内積に直す公式は有用である．まず $\boldsymbol{A}\times\boldsymbol{B}$ の計算をしてみよう．$\mathbf{i}\times\mathbf{j}=\mathbf{k},\ \mathbf{j}\times\mathbf{k}=\mathbf{i},\ \mathbf{k}\times\mathbf{i}=\mathbf{j}$ の関係を用いれば

$$\begin{aligned}\boldsymbol{B}\times\boldsymbol{C}&=(B_x\mathbf{i}+B_y\mathbf{j}+B_z\mathbf{k})\times(C_x\mathbf{i}+C_y\mathbf{j}+C_z\mathbf{k})\\&=(B_yC_z-B_zC_y)\mathbf{i}+(B_zC_x-B_xC_z)\mathbf{j}+(B_xC_y-B_yC_x)\mathbf{k}\end{aligned}\qquad ①$$

となる．さらにこれと $\boldsymbol{A}$ との外積を続けると，$\mathbf{i}$ 成分に関し

$$\begin{aligned}\mathbf{i}\rightarrow A_y\mathbf{j}\times(B_xC_y-B_yC_x)\mathbf{k}+A_z\mathbf{k}\times(B_zC_x-B_xC_z)\mathbf{j}\\=(A_yB_xC_y-A_yB_yC_x+A_zB_xC_z-A_zB_zC_x)\mathbf{i}\end{aligned}\qquad ②$$

が求まる．ここで 0 なる式 $A_xB_xC_x-A_xB_xC_x$ を代入すれば

$$\begin{aligned}\{\boldsymbol{A}\times(\boldsymbol{B}\times\boldsymbol{C})\}_{\mathbf{i}}&=(A_xB_xC_x+A_yB_xC_y+A_zB_xC_z\\&\qquad-A_xB_xC_x-A_yB_yC_x-A_zB_zC_x)\mathbf{i}\\&=(\boldsymbol{A}\cdot\boldsymbol{C})B_x\mathbf{i}-(\boldsymbol{A}\cdot\boldsymbol{B})C_x\mathbf{i}\end{aligned}\qquad ③$$

が導かれる．$\mathbf{j}$ と $\mathbf{k}$ に関しても同じ計算が出来て

$$\{\boldsymbol{A}\times(\boldsymbol{B}\times\boldsymbol{C})\}_{\mathbf{j}}=(\boldsymbol{A}\cdot\boldsymbol{C})B_y\mathbf{j}-(\boldsymbol{A}\cdot\boldsymbol{B})C_y\mathbf{j}\qquad ④$$

$$\{\boldsymbol{A}\times(\boldsymbol{B}\times\boldsymbol{C})\}_{\mathbf{k}}=(\boldsymbol{A}\cdot\boldsymbol{C})B_z\mathbf{k}-(\boldsymbol{A}\cdot\boldsymbol{B})C_z\mathbf{k}\qquad ⑤$$

となる．よって３つを統合すると公式が導かれる．同様に次の公式も簡単な計算で導かれる．

$$\boldsymbol{A}\cdot(\boldsymbol{B}\times\boldsymbol{C})=(\boldsymbol{A}\times\boldsymbol{B})\cdot\boldsymbol{C}\qquad ⑥$$

例題 1.5　３つのベクトル $\boldsymbol{A},\ \boldsymbol{B},\ \boldsymbol{C}$ が点Pで釣り合っている．

図 1.13 の様に各ベクトルに対する頂角を $\angle a,\ \angle b,\ \angle c$ とするとき，ベクトルの外積を使い次式（正弦定理）を導け．

$$\frac{A}{\sin a}=\frac{B}{\sin b}=\frac{C}{\sin c}=R\qquad ①$$

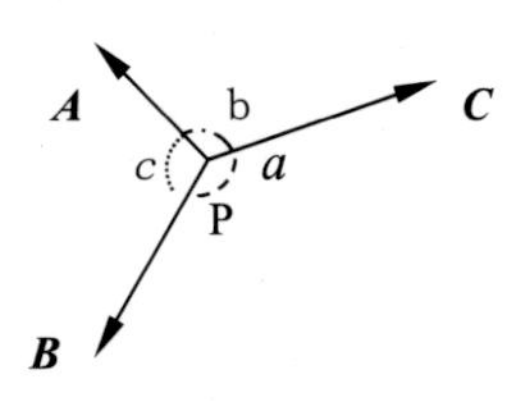

図 1.13　例題 1.5

まずベクトルを平行移動して図 1.14 のループベクトルに直し，これらの外積を求める．三角形の面積を S，紙面を下に貫く単位ベクトルを $\boldsymbol{s}$ とすれば，外積 $\boldsymbol{A}\times(-\boldsymbol{B})$ の平行四辺形の面積は $2S$ で

$$\boldsymbol{A}\times(-\boldsymbol{B})=AB\sin(\pi-c)\,\boldsymbol{s}=AB\sin c\,\boldsymbol{s}=2\boldsymbol{S}\qquad ②$$

となる．$\boldsymbol{B}\times(-\boldsymbol{C})$ と $\boldsymbol{C}\times(-\boldsymbol{A})$ も同様に求め ABC で割れば良い．

$$AB\sin c\,\boldsymbol{s}=BC\sin a\,\boldsymbol{s}=CA\sin b\,\boldsymbol{s}=2\boldsymbol{S}\qquad ③$$

$$\frac{\sin c}{C}=\frac{\sin a}{A}=\frac{\sin b}{B}=\frac{2S}{ABC}=\frac{1}{R}\qquad ④$$

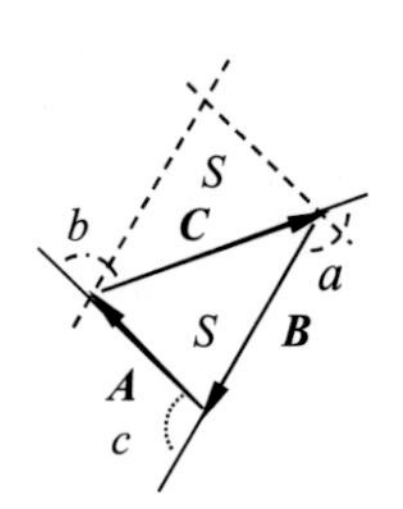

図 1.14　ループベクトル

問 1.3　問 1.2 で用いたベクトルの外積 $\boldsymbol{c} = \boldsymbol{a} \times \boldsymbol{b}$ を求め作図せよ.

問 1.4　次の公式を導け.

$$(\boldsymbol{A} \times \boldsymbol{B}) \cdot (\boldsymbol{C} \times \boldsymbol{D}) = (\boldsymbol{A} \cdot \boldsymbol{C})(\boldsymbol{B} \cdot \boldsymbol{D}) - (\boldsymbol{A} \cdot \boldsymbol{D})(\boldsymbol{B} \cdot \boldsymbol{C})$$

問 1.5　つぎのベクトル $\boldsymbol{A}, \boldsymbol{B}, \boldsymbol{C}, \boldsymbol{D}$ を用いて下の３式を計算せよ.

$\boldsymbol{A} = \mathbf{i} + 2\mathbf{j} - 3\mathbf{k}$， $\boldsymbol{B} = 3\mathbf{i} - 2\mathbf{j} + \mathbf{k}$， $\boldsymbol{C} = 2\mathbf{i} + 3\mathbf{j} + 4\mathbf{k}$， $\boldsymbol{D} = -3\mathbf{i} + \mathbf{j} + 4\mathbf{k}$

$(\boldsymbol{A} \times \boldsymbol{B}) \times \boldsymbol{C}$， $\boldsymbol{A} \times (\boldsymbol{B} \times \boldsymbol{C})$， $(\boldsymbol{A} \times \boldsymbol{B}) \cdot (\boldsymbol{C} \times \boldsymbol{D})$

問 1.6　３次元ベクトル $\boldsymbol{A}$ が有る．これを或る方向単位ベクトル $\boldsymbol{e}$ を用いて，次式の様にその平行成分と直交成分に分解することができる．内積と外積を用いて公式を導け.

$$\boldsymbol{A} = (\boldsymbol{e} \cdot \boldsymbol{A})\boldsymbol{e} + (\boldsymbol{e} \times \boldsymbol{A}) \times \boldsymbol{e}$$

ベクトルを $\boldsymbol{e} = (\mathbf{i} + 2\mathbf{j} - 3\mathbf{k})/\sqrt{14}$， $\boldsymbol{A} = 2\mathbf{i} + 3\mathbf{j} + 4\mathbf{k}$ として公式を確かめよ.

1.3 力とベクトル

我々は力の存在を日常的に知っている．静止した物体に力を作用させれば動き出すし，物に力を加えればそれを歪ませることができる．地球上の物体には総べて重力が作用していることも知っている．この様な力はベクトルとしてその性質を記述することができる．力の単位はN（ニュートン）で，１Nはおよそ 102g の重さの重力のもたらす力である．林檎が１つ１ニュートン.

◆ 1.　力の釣り合い

二つ以上の力が物体に作用し合っている場合を考えよう．ここで物体が運動を起こさず静止した状態を保つときこれを**力の釣り合い**と言う．図 1.15 の力が２つと３つの場合を考えてみる.

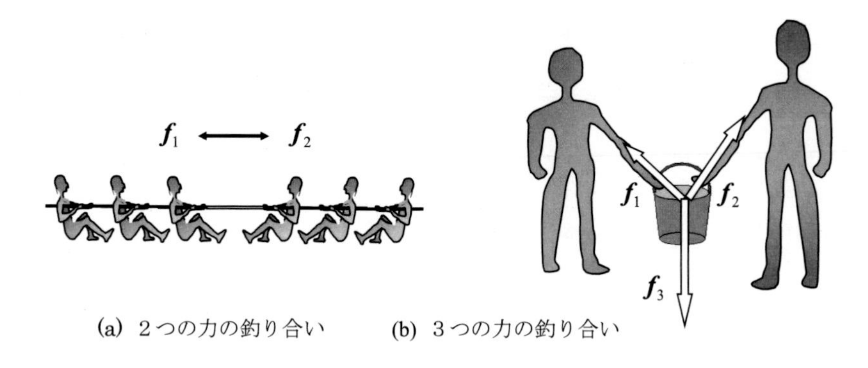

(a) ２つの力の釣り合い　　(b) ３つの力の釣り合い

図 1.15　力の釣り合い

これらの場合，それぞれの力が総和としてゼロになっていることが分かる.

$$\boldsymbol{f}_1 + \boldsymbol{f}_2 = 0, \quad \rightarrow \boldsymbol{f}_1 = -\boldsymbol{f}_2$$
$$\boldsymbol{f}_1 + \boldsymbol{f}_2 + \boldsymbol{f}_3 = 0 \qquad \text{N} \qquad (1.17)$$

特に３つの合力の釣り合いは基本的で，ベクトルの加法の図 1.16 には平行四辺形が構成される．これより n 個の力の釣り合いも総和がゼロとなっている事が容易に分かる．

$$\sum_{i=1}^{n} \boldsymbol{f}_i = 0 \qquad (1.18)$$

これはベクトルの加法を図にすると図 1.17 の様に，すべてのベクトルの連結が閉じ，ループを作った状態となる．実際的な並進力は図 1.18 の様に１点に集結したものとなり，位置のずれたものが有ると回転力が生まれる．

相撲の力士が筋肉を盛り上げ微動もしない状況は，並進力と回転力が釣り合っている．力は見えないが．見えない力の存在を見抜くことは大切である．

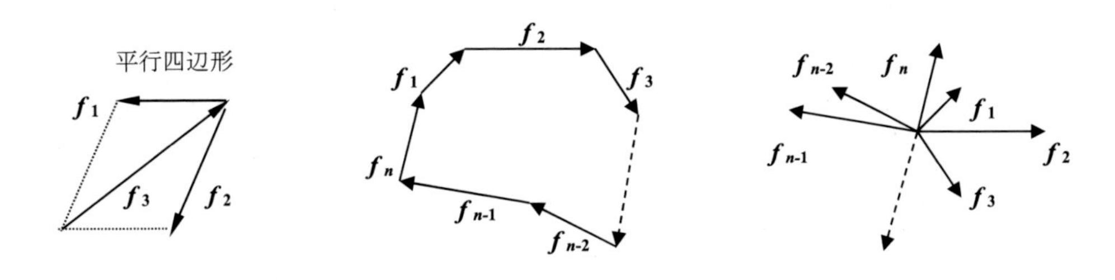

図 1.16　３力の釣り合い　　図 1.17　力のループと釣り合い　　図 1.18　回転力の無い釣り合い

◆ 2.　力の移動

ベクトルの性質として，ベクトルの合成に際しベクトルは図形的には平行移動が可能であった．しかし剛体の釣り合いでは，力の釣り合いに於いて，並進力と回転力の釣合が求められる．回転力を伴う力の釣り合いは**剛体の釣り合い**の章で説明する．剛体が回転力を伴わない場合，すべての力は１点に終結しなければならない．こうした力の釣り合いでは**ベクトルの直進移動**だけが許される．図 1.17 の力の釣り合いの状態は図 1.18 の様に描かれる．

例題 1. 6　図のように，二つの重り W_1，W_2 が滑車 A，B を通しひもで吊るされ，重り W_3 の付いたひもと点 P で結ばれてそれぞれ釣り合っている．重りによって作られる力を f_1 =3N, f_2 =2N，f_3 =3.5N として釣り合いの状態を作図せよ．

まず滑車はひもの張力だけを伝達し，大きさの決まった力ベクトルの角度を自由に設定する装置として考える．$\boldsymbol{f}_1$ と $\boldsymbol{f}_2$ のベクトルの合成（平行四辺形の作図）で $\boldsymbol{f}_3$ のベクトルが作られるのであるから，次の操作を行えば良い．

① $\boldsymbol{f}_3$ の長さのベクトルを垂直に作る．② $\boldsymbol{f}_3$ のベクトルの始点を中心に半径 f_2 の円を描き③同じく終点（点 P）を中心に半径 f_1 の円を描く．④ ②と③で作図した円の交点を Q とし，$\boldsymbol{f}_3$ の始点と終点と交点 Q を用いて平行四辺形を作る．⑤滑車の高さを決め水平線を引く．⑥点 P から $\boldsymbol{f}_1$ と $\boldsymbol{f}_2$ の大きさのベクトルを作図し，それぞれまっすぐひもを伸ばす．⑦ひもと水平線の交点を滑車の位置とする．⑧それぞれの重りを吊るす．ΔOPQ を作るので点 P で図 1.16 の関係が成立する．

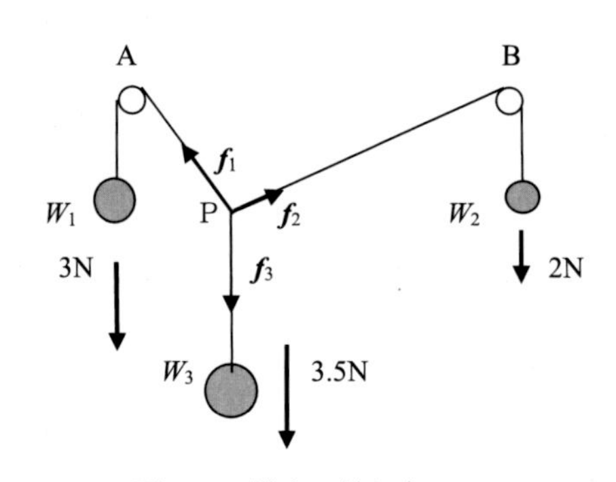

図 1.19　滑車の釣り合い

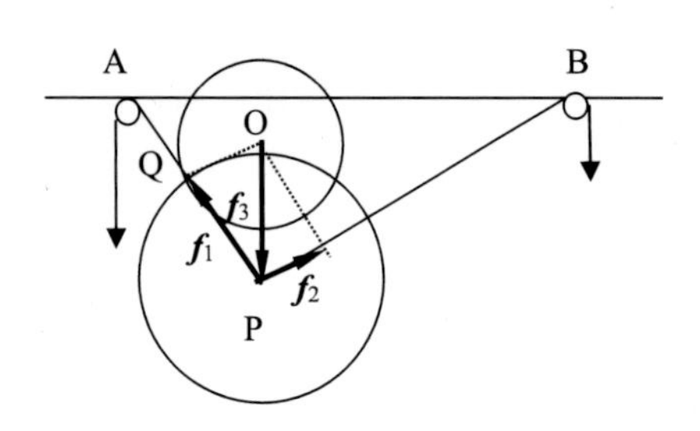

図 1.20　ベクトル合成の順序

問 1. 7　二つの重り W_1，W_2 が滑車 A，B を通しひもで吊るされ，重り W_3 の付いたひもと A，B 間の点 P で結ばれてそれぞれ釣り合っている．重さは W_1 が 3kg，W_3 が 4kg である．W_1 と W_3 を吊るすひもの角度が 30° であった時 W_2 はいくらか，余弦定理を用いて計算せよ．また釣り合いの図を作図せよ．

1. 4　重心の位置ベクトル

物体は空間に存在するので，ベクトル量の平均は空間に広がる量の平均を求める事が多い．空間に存在する物理量を手際良く計算で求めるには，空間を細かく分け，物理量の存在する場所（範囲）を指定し順序良く空間上での和を取る操作が必要となる．

◆ 1.　重心

系の中のある量を x とする．x を N ケに分割し添え字 i を付けて 1 から N まで和を取る演算を Σ，N を大きく取って連続的に和を取る演算を $\int$ で表す．

$$\text{シグマ記号}\quad \sum_{i=1}^{N} x_i \ \rightarrow\ \text{インテグラル記号} \int dx .$$

物質は原子でできており存在する物理量は総て原子を単位としてデジタルに数えられる．この様に総ての物理量は数えられる集合体として Σ 記号で表される．ある質量を持った物体が原点を定めた系の中にいくつか存在するとしよう．質量 m_i と位置ベクトル $\boldsymbol{r}_i$ を合わせた量 $m_i\boldsymbol{r}_i$ を**質量位置ベクトル**（物体の存在を表す量）とすれば，全体の集まりは

$$M=\sum_{i=1}^{n}m_i\ ,\quad M\boldsymbol{r}_G=\sum_{i=1}^{n}m_i\boldsymbol{r}_i\quad\rightarrow\bar{\boldsymbol{r}}=\boldsymbol{r}_G=\frac{1}{M}\sum_{i=1}^{n}m_i\boldsymbol{r}_i \tag{1.19}$$

と記述される．ここで平均の位置ベクトル $\bar{\boldsymbol{r}}=\boldsymbol{r}_G$ は系の運動を代表し，その位置を**重心**と言う．この質量 $\boldsymbol{M}$ と重心 $\boldsymbol{r}_G$ で表した系を**質点系**と言う．質量位置ベクトル $\boldsymbol{mr}$ は $\boldsymbol{r}$ の長さを m 倍した量ではなく，m 倍の重みをもった位置ベクトルがその場所にあるとして考えるのが実際的である．

物理量をΣ記号で表わし厳密な計算を行うのは非常に厄介である．**空間を小さく区分し順序良く和を取る**ことで解析的に関数を用いた計算が可能となる．これを**積分**と言う．物体質量の体積密度を ρ とすれば，３次元の質量と重心の位置ベクトルは

$$\begin{aligned}
&\rho=\lim_{\Delta\to 0}\frac{\Delta m}{\Delta V}=dm/dV && \mathrm{kg/m^3}\\
&M=\lim_{\Delta\to 0}\sum_i\Delta m_i=\int dm=\int\rho\, dV && \mathrm{kg}\\
&\boldsymbol{r}_G=\frac{1}{M}\lim_{\Delta\to 0}\sum_i\Delta m_i\boldsymbol{r}_i=\frac{1}{M}\int\rho\,\boldsymbol{r}dV=\iiint\rho\,\boldsymbol{r}dxdydz && \mathrm{m}
\end{aligned} \tag{1.20}$$

と表される．次にこの積分について説明する．

◆ 2.　線積分・面積分・体積分

◇　線積分

ここで**積分記号の定義**を，図 1.21 の様に数直線上のある区間を微小領域 Δx_i に細かく区分しそこに存在する量 $f(x_i)$ を**順序良く和をとる**として定義する．

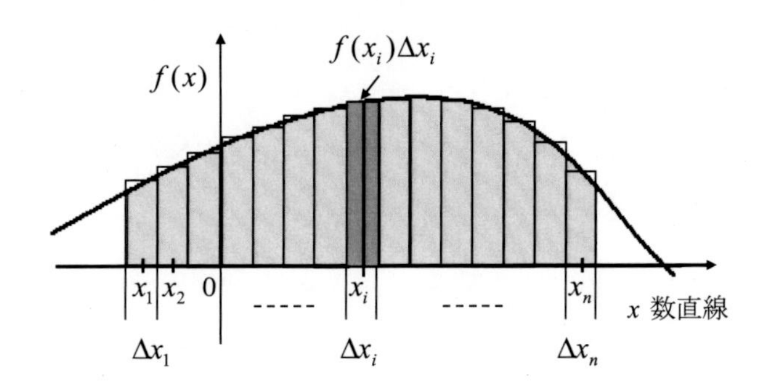

図 1.21　　数直線上の積分

このようにすると微小分割により**シグマ記号は積分記号（インテグラル）**に置き代えられる．今，数直線上に関数 $f(x_i)$ が設定され，微小区間ごとに $f(x_i)$ を含んで和が取られたとすると，微小区分の棒グラフの面積和として

$$\lim_{\Delta\to 0}\sum_{i=1}^{n} f(x_i)\Delta x_i \to \int_{x_1}^{x_n} f(x)dx \tag{1.21}$$

なる関数の積分が定義される．これは積分区間での関数 $f(x_i)$ のなす総面積に等しい．

◇　面積分

物質がある平面に総面積 S 密度 σ で一様に分布しているとする．座標軸と原点を決め物質を N ケに区分し m で数える．区分領域の原点からの位置ベクトルを $\boldsymbol{r}_m$，区分面積を ΔS_m とすれば重心の位置ベクトル $\boldsymbol{r}_G$ は σ が消えて次式の様になる．

$$\boldsymbol{r}_G = \frac{1}{S}\sum_{m=1}^{N}\Delta S_m \boldsymbol{r}_m \tag{1.22}$$

ここで，微小面積 ΔS_m の m の和を，x 軸 y 軸の均等区分に関する和 i, j に直すことができる．

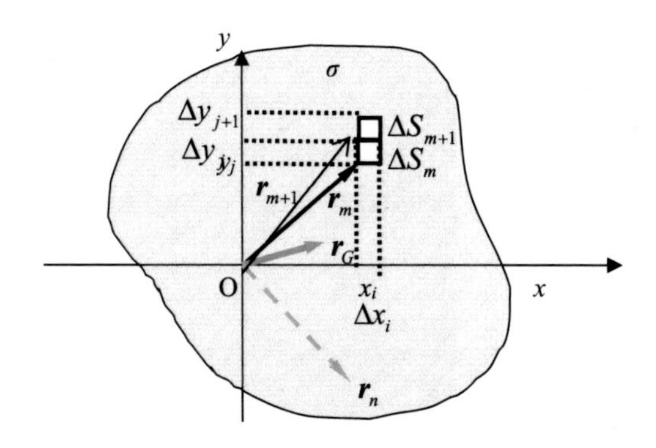

図 1.22　平面に分布した物質の重心位置ベクトル

この区分番号は空間座標と一対一に対応する．従ってベクトル和の番号 $i\ j$ を空間座標 (x_i, y_j) で表わすことは同じこととなる．これより積分の定義に従い**細かく分けて順序良く足せば，**(1.20)式の様にベクトル和は空間座標での積分

$$\begin{aligned}\boldsymbol{r}_G &= \frac{1}{S}\sum_{m=1}^{N}\boldsymbol{r}_m\Delta S_m = \frac{1}{S}\sum_{i=1}\sum_{j=1}\boldsymbol{r}(x_i, y_j)\Delta x_i\Delta y_j \\ &= \frac{1}{S}\int \boldsymbol{r}\,dS = \frac{1}{S}\iint \boldsymbol{r}(x,y)\,dxdy = \frac{1}{S}\iint (x\mathbf{i}+y\mathbf{j})dxdy\end{aligned} \tag{1.23}$$

で表わすことができる．この積分は位置ベクトルを重みとした面積積分に他ならない．積分範囲

は i と j の足し合わせ順序でそれぞれに決定される．ここでの積分は取りあえず微分計算の逆演算として計算することにする．

◇　体積分

ある物理量が座標 (x,y,z) において単位体積当たりの量として $a(x,y,z)$ のように決定されたとき，その空間全体の総和 A も面積分の拡張から体積積分として求めることができる． 物理量 A を空間上で細かく分け，$i\,(j\,(k\,))$の順に**順序良く足し合わせ**たとしよう．これは和の記号を用いて

$$
\begin{aligned}
A &= \sum_i \sum_j \sum_k \Delta A_{ijk} \Rightarrow \sum_{i=1}^{N}\{\sum_{j=1}^{M}(\sum_{k=1}^{L}\Delta A_{ijk})\} \\
\Delta A_{ijk} &= a(x_i, y_j, z_k)\Delta x_i \Delta y_j \Delta z_k
\end{aligned}
\tag{1.24}
$$

と表わされる．

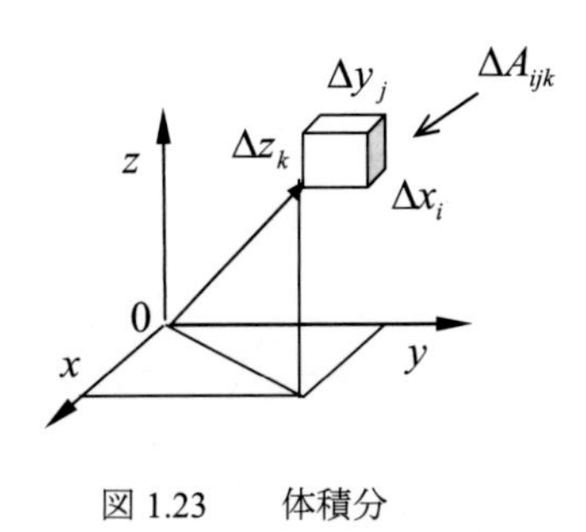

図 1.23　　体積分

和の順序はできるだけ簡単な方法を選ぶ．上の例は，まず決まった $i\,j$ で k で和を取ることを基本に j をずらして和を取り，それをひとまとめの操作として i で全体の和を取ることを示す．こうした和を取る作業を連続的な操作として表わしたのが体積（３重）積分である．

$$
\begin{aligned}
A &= \sum_i \sum_j \sum_k a(x_i, y_j, z_k)\Delta x_i \Delta y_j \Delta z_k \\
&= \iiint a(x,y,z)dxdydz
\end{aligned}
\quad . \tag{1.25}
$$

積分の細かく分ける操作は，力学的な一番小さな空間は原子１つを包む体積までで，物理学上の**積分はあくまでも細かく分けて順序良く足し合わせることに他ならない．** ここで重心の質量位置ベクトル $M\boldsymbol{r}_G$ を求める積分操作の記法の幾つかを紹介しておこう．

$$
M\,\boldsymbol{r}_G = \int \boldsymbol{r}\,dm = \int \boldsymbol{r}\rho\,dV = \iiint \boldsymbol{r}\rho\,dxdydz = \iint \boldsymbol{r}\rho\,dSds\,. \tag{1.26}
$$

以上の多重積分は重なった積分を内側から繰り返して実行すれば良い．積分の順序や手順については次節で説明する．更に高度な積分技術は解析学で学んで頂きたい．

問 1.8　辺長が $a,\,b,\,c$ の直方体の物体がある．隅を原点にとり重心の位置ベクトルを求めよ．

◆ 3.　重心の計算

図 1.24 に示す半径 a，密度 σ の 1/4 円盤の重心 $\boldsymbol{r}_G$ を求めてみよう．式の左右で σ は消える．

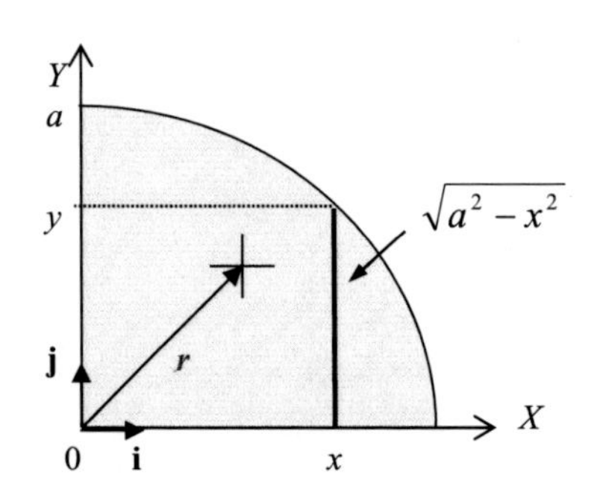

図 1.24　1/4 円盤の重心

位置ベクトルを **i**, **j** のベクトル成分に分け，dy の積分を内側にして積分を２回実行する．

$$\boldsymbol{r}_G S = \int \boldsymbol{r}\, dS = \int (x\,\mathbf{i} + y\,\mathbf{i}) dS = \iint (x\,\mathbf{i} + y\,\mathbf{j}) dxdy$$

$$= \int_0^a [\int_0^{\sqrt{a^2-x^2}} (x\,\mathbf{i} + y\,\mathbf{j}) dy] dx = \int_0^a [xy\,\mathbf{i} + \frac{y^2}{2}\mathbf{j}]_0^{\sqrt{a^2-x^2}} dx \qquad (1.27)$$

$$= \int_0^a (x\sqrt{a^2 - x^2}\,\mathbf{i} + \frac{a^2 - x^2}{2}\mathbf{j}) dx.$$

ここで **i** と **j** のベクトル成分の積分がそれぞれ対称で同じ結果となることを利用し，簡単な積分の **j** 成分だけを計算する．式(1.27)に続けて dx の積分を実行すれば

$$\int_0^a \frac{a^2 - x^2}{2} dx\,\mathbf{j} = \frac{1}{2}\left[a^2 x - \frac{x^3}{3}\right]_0^a \mathbf{j} = \frac{a^3}{3}\mathbf{j} \qquad (1.28)$$

を得る．これより積分を面積 S で割れば y の平均が求まり，平均位置ベクトルは

$$S = \frac{\pi a^2}{4}, \qquad x_G = y_G = \frac{1}{S}\int y\, dS = \frac{4}{\pi a^2}\frac{a^3}{3} = \frac{4a}{3\pi} \qquad (1.29)$$

$$\boldsymbol{r}_G = x_G\,\mathbf{i} + y_G\,\mathbf{j} = \frac{4a}{3\pi}(\mathbf{i} + \mathbf{j}) \qquad (1.30)$$

と求まる．このように積分の難易度は手順と直接関係する．

例題 1.7　図 1.25 に示す半径 a ，開き角 α，密度 σ なる扇型の板の重心を求めよ．

まず質量を求めよう．

$$M = \int \sigma\, dS = \sigma \pi a^2 \frac{\alpha}{2\pi} = \frac{1}{2}\sigma a^2 \alpha \qquad ①$$

重心の位置は，質量位置ベクトルを面積分して全質量で割れば求まるから

$$\boldsymbol{r}_G=\frac{1}{M}\int\sigma\,\boldsymbol{r}\,dS$$
$$=\frac{\sigma}{M}\int_r\int_\theta(r\cos\theta\,\mathbf{i}+r\sin\theta\,\mathbf{j})dr\,rd\theta$$
$$=\frac{\sigma}{M}\int_0^a r^2dr\int_0^\alpha(\cos\theta\,\mathbf{i}+\sin\theta\,\mathbf{j})\,d\theta$$
$$=\frac{\sigma}{M}[\frac{r^3}{3}]_0^a\,[\sin\theta\,\mathbf{i}-\cos\theta\,\mathbf{j}]_0^\alpha$$
$$=\frac{2a}{3\alpha}[\sin\alpha\,\mathbf{i}+(1-\cos\alpha)\,\mathbf{j}] \qquad ②$$

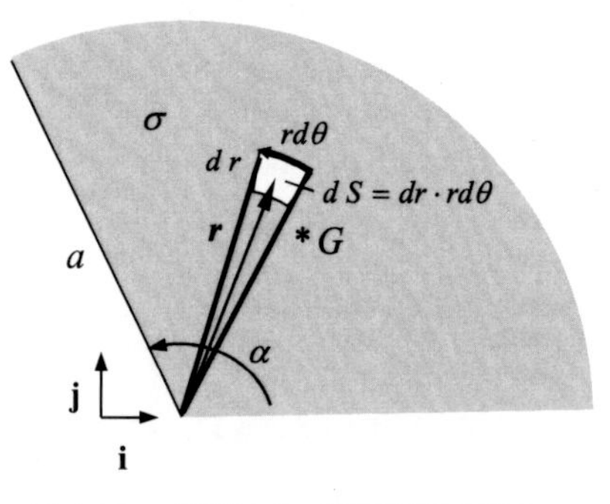

図 1.25　 例題 1.6　扇型平面の重心

となる．図 1.24 の例に対し積分路の取り方を工夫し簡単な積分とした．この様に，積分路の取り方と積分領域に応じて扱う関数が変化する．積分の実行には最適な手順を考える．

例題 1. 8　図 1.26 に示す密度 ρ，底面半径 a，高さ h なる円錐の　質量 M と重心の高さ h_G を求めよ．

まず円錐の x と z の関係を

$$x=\frac{a}{h}(h-z) \qquad ①$$

として質量 M を求める．高さ z の半径 x の円盤の面積が πx^2 で，厚さ dz の円盤を z 方向に積分すれば質量は

$$M=\int\rho\pi\,x^2dz=\int_0^h\rho\pi\frac{a^2}{h^2}(h-z)^2\,dz$$
$$=\rho\pi\frac{a^2}{h^2}[h^2z-hz^2+\frac{1}{3}z^3]_0^h \qquad ②$$
$$=\frac{1}{3}\rho\,\pi\,a^2h$$

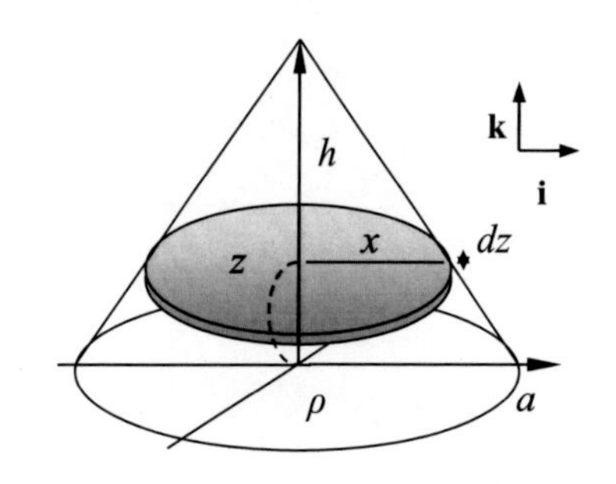

図 1.26　例題 1.7　円錐の体積

となる．質量位置ベクトルと重心の高さは次の様になる．**k**は省く．

$$Mh_G=\int\rho\pi\,z^2zdz=\int_0^h\rho\pi\frac{a^2}{h^2}(h-z)^2zdz=\rho\pi\frac{a^2}{h^2}\int_0^h(h^2z-2hz^2+z^3)dz \qquad ③$$
$$=\rho\pi\frac{a^2}{h^2}[\frac{1}{2}h^2z^2-\frac{2}{3}hz^3+\frac{1}{4}z^4]_0^h=\frac{1}{12}\rho\,\pi\,a^2h^2$$
$$h_G=\frac{\rho\,\pi\,a^2h^2/12}{\rho\,\pi\,a^2h/3}=\frac{h}{4} \qquad ④$$

問 1. 9　半球をなす球殻の重心位置と，密度 ρ の物質の詰まった半球の重心位置を求めよ．

1.5　空間歪のベクトル表現

我々は宇宙と言う物質の存在する時空間の中に生きている．時空間は1次元の時間と2次元のエネルギー位相空間と3次元のベクトル空間から成立ち，これらの性質を正しく理解するためには，物質構成要素の荷電粒子が作り出す電界と磁界の真空歪の場を認識することが必要となる．こうした歪場は計算機を用いて数値計算を行い3次元描画すると一目瞭然で分かり易い．以下に電界と磁界の様子を表す計算手順とCによるプログラミングと描画した結果を紹介する．現世に於いて，自然科学と関わる研究開発には多様な機能を持つ計算機を使い熟すことが必然となる．

◆ 1.　数値計算とプログラミング

◇　gccとgnuplotのインストール

まず手元にインターネットに繋がったPC(Personal Computer)を用意する．PCのOSが何であれ「gcc インストール」でweb検索しgccのインストールマニュアルとgccを入手する．PCがWindowsの32ビット機種であれば.MinGW-32が，64ビット機種であれば.MinGW-64がインストールの対象となる．次に「gnuplot インストール」でweb検索しgnuplotのインストールマニュアルとgnuplotを入手する．これらの計算機ソフトはおそらく半永久的に無料配布されるであろう．高級言語Cの発祥の精神と歴史がこれを支えている．これら2つのソフトウエアを用意しPCにインストールする．C言語はUNIXで使用する様に構成されているので，これらのソフトを扱うにはX-windowの画面操作とファイルを格納するデレクトリの取扱い(パスを通すこと)を認識する必要がある．Windowsではこれらを自動的に処理する．インストール後に作業領域にパスを通す操作を省く場合は，MinGW-32の場合ユーザーのデレクトリがC:>MinGW>msys>1.0>home>*userに作られるので，この場所にMinGW>msysに有るmsys.batのショートカットをコピーする．このmsys.batを左ダブルクリックすればMINGW32の入力画面が立ち上がる．gcc -o ### ***.c を入力すれば***.cがコンパイルされ，###.exeの実行ファイルが作られる．gnuplot.exeはC:>Program Files>binに作られるのでこれを名前を変えたショートカットと本体を*userのデレクトリにコピーして置く．プログラムや計算結果は違うデレクトリに整理して移動する．MinGW-64の場合はC:>Program Files(x86)>mingw-64>i686-***-***>にmingw-64.batが作られているので，これを好みの作業デレクトリに直接コピーする．ショートカットではショートカット元が作業デレクトリになる．gnuplot.exeはショートカットでgccの作業デレクトリにコピーして置く．

これらの配布ソフトはweb上で簡単に入手できるが，解凍作業が必要で，インストール機種に合った配布元を選ぶ必要が有る．

◇　gccとgnuplotのプログラミング

gccとgnuplotのマニュアルを印刷して手元に用意すると便利である．Windowsの場合MinGW

や gnuplot を立ち上げ「help」の入力で gcc や gnuplot のマニュアルが展開される．本書では gcc のプログラムの中で gnuplot のコマンドを実行する．gnuplot だけでも簡単な数値計算とグラフ表示を同時に実行できるが，本格的な方法としては C を用いた計算結果を gnuplot でグラフ表示する手順が好ましい．コマンドプロンプトで gnuplot を立上げ，"+++.dem" でプログラムを実行する．

プログラムを組むにはファイルを作成するエディターが必要となる．Windows では wordpad が利用できる．フリーソフトとしては UNIX・LINUX 用の emacs や Windows では sakura や visual.studio などがあるのでそれらを利用すると良い．

C プログラミングの基本を説明する．まず#include による<header file>の指定と#define による固定した数値・文字列の指定を最初に行う．次に使用する変数と定数や文字，とファイルタイプを int，double, char, FILE などにより指定する．次に int main() {+++} の中に for(+){+++}による繰り返し計算と if(+){+++} else{+++}による条件による分岐作業を組み合わせて自在に結果を出す様にプログラムを組み立てる．総てこのプログラミングの流れで数値計算やシミュレーションを実行する．本書で用いる C のコマンドの数や内容はほんの僅かで，習うよりも使って慣れる方が C プログラミングの修得が早いと考える．本格的に C を学びたい者は別途 C プログラムミングの教科書を用意すると良い．作図は gnuplot の plot で XY 平面のグラフやベクトル図を表示し，splot で３次元の立体的なグラフやベクトル図を表示する．これも簡便で直ぐに身に着くことと思う．

◇　gcc のコンパイル

UNIX のコンソール画面と同等な「コマンドプロンプト画面」を立ち上げて abc.c と言う C ファイルの存在する場所に，dir +(CR)により場所を確認し，cd [ファイル]+(CR) で移動する．

gcc　–o　abc　abc.c

と打ち込むと UNIX&LINUX では **abc** と言う名前の実行ファイルが生成され，Windows では **abc.exe** が生成される．実行ファイルのコマンド入力もしくはダブルクリックで演算が実行され，結果が出力される．最初はコンパイル時に数多くのエラーメッセージが現れ困惑すると思うが，殆どは細かなタイプミスである．慎重にエラーメッセージを解読し問題カ所を修正すれば，いずれ実行ファイルが作成される．疑問に思う部分はインターネットで検索すれば殆ど解決できると思う．プログラミングの文法や手続きの大筋は，いくつかのプログラムの例題を同じように作成することで分かる様になる．C プログラミングを習得するに当って，ある程度理解できた段階でプログラミングの教科書を本格的に学習すれば効率良く身に着くと思う．

◇　gcc と他の計算ソフトとの比較

C や Fortran は大きな PC クラスターを用いて並列計算とベクトル計算を併用した科学技術計算の膨大な処理に適している．他にも数学に特化した Mathematica や電子制御に強い MATLAB が存在するが Fortran, Mathematica, MATLAB は購入しないと手に入らない．gcc, gnuplot はフリーソフトとして広く使われており，数式処理の様な特殊なことを除いて計算能力や表示能力は他に引けを取らない. PC クラスター用の計算処理機能については, 現在 Fortran が先行して対応している. PC の発展が何処まで続き, gcc が何処までそれに追随して行くのかは将来の課題である. Java や Python などの高級言語も gcc と同様にフリーソフトとしていつでも使える環境に在る. しかしこれらの言語は, 科学技術計算の単純な数値計算処理には対応せず, 計算機を多機能に利用するために開発され, プログラミングにはそれなりの知識が必要となるので, 本書では紹介を省くことにした. これらの他に Basic, LISP, COBOL, C++, C# などの言語が存在する. Basic は小さな PC 向けに開発され今も使われている. Visual Basic は C++に近い機能を持つまでに進化したが, 高機能バージョンは購入手続きが必要となる. LISP は論理的な処理向けに開発され特異な言語として進化し続けている. COBOL は古い言語で, 機能的には Java や Python, C++ などで代用できるため, 発展が止まっている. C++ と C# は, C が他の言語の持つ機能を充足する様に進化している言語として受け止められる. これらは C と書き方が若干異なり, 単純に科学技術計算を行うだけならば敢えて使う必要はない. EXCEL の様な表計算ソフトも数値計算のプログラミングが可能で, グラフィック機能も整っているが, 処理速度や記憶領域などに限界が有る.

◆ 2. 電界と磁界のベクトル表現

◇ 電界の３次元ベクトル表現

宇宙空間に最初に生まれ出る物質は, ディラック理論に基づき, スピンと言う電場の渦状態を形成して真空から分かれ出る-e の電子と+e の陽電子と考えられている. 素電荷 e は宇宙空間のどこでも同じ量の e=1.602×10^{-19}[C]の量として存在し, 空間に電荷歪をもたらす. 大雑把な話として, 電子と陽電子の対の 2 組（スピノール 4 粒子）は, 2 つの陽電子と 1 つの電子から構成される 3 つのクォーク(6 形態が有る)と 1 つの電子に分かれ, クォークで構成された+e の陽子の周りを-e の電子が回る状態となって, 水素原子が生み出される. スピンなる渦状態は量子状態として上向きと下向きの２つの状態が許される. 重力により集結した水素は核融合によりエネルギーを放出してヘリウムに生まれ変わる. その後の核融合で中性子が作り出され, 核融合と核分裂の繰り返しの中で宇宙空間に存在する元素の全てが作り出される. 質量と重力の説明を省くとして, 原子の存在は電荷歪の塊と見なして良い.

素電荷 e の集まりを q としよう. この q による電荷歪(クーロン ポテンシャル)は, 歪力の電束密度 $\boldsymbol{D}$ と誘電率 ε_0 と関わった歪量の電界 $\boldsymbol{E}$ なる歪場を真空（３次元ベクトル空間）に形成する. この電束密度 $\boldsymbol{D}$ は+q の電荷からの位置ベクトルを $\boldsymbol{r}=r\boldsymbol{n}$ とすると, ３次元ベクトルを用いて

$$\boldsymbol{D}=\varepsilon_0\boldsymbol{E}=\frac{q}{4\pi r^2}\boldsymbol{n} \qquad [\mathrm{C/m^2}] \qquad (1.31)$$

と表される. ここに電場の動きは渦状態も含めて磁場として認識される. ２つの電荷 q_1 と q_2 がそれぞれ $\boldsymbol{r}_{10}$ と $\boldsymbol{r}_{20}$ に存在するとき, ２つの電荷による電界は

$$\boldsymbol{r}_1 = r_1 \boldsymbol{n}_1 = \boldsymbol{r} - \boldsymbol{r}_{10}, \qquad \boldsymbol{r}_2 = r_2 \boldsymbol{n}_2 = \boldsymbol{r} - \boldsymbol{r}_{20}, \tag{1.32}$$

$$\boldsymbol{E} = \boldsymbol{E}_1 + \boldsymbol{E}_2 = \frac{q_1}{4\pi\varepsilon_0 r_1^2}\boldsymbol{n}_1 + \frac{q_2}{4\pi\varepsilon_0 r_2^2}\boldsymbol{n}_2 \quad \text{[V/m]} \tag{1.33}$$

として２つの歪場のベクトル和となる．この様に自然界はベクトル演算で表されるのである．

式(1.33)で表される$+q$と$-q$の２つの電荷による電界を gcc で計算し，その結果を gnuplot により図 1.27 に２次元，図 1.28 に３次元でベクトル表現する．$+q$と$-q$の２つの電荷がもたらす電界を真空歪のベクトル表現で表そう．式(1.33)の計算結果を２次元で図 1.27 に，３次元で図 1.28 に描画する．図 1.28 は第１章の表題に示した．電荷の中心付近の空間は歪が非常に大きくなるので，両図とも電荷の中心領域を省いて表現した．

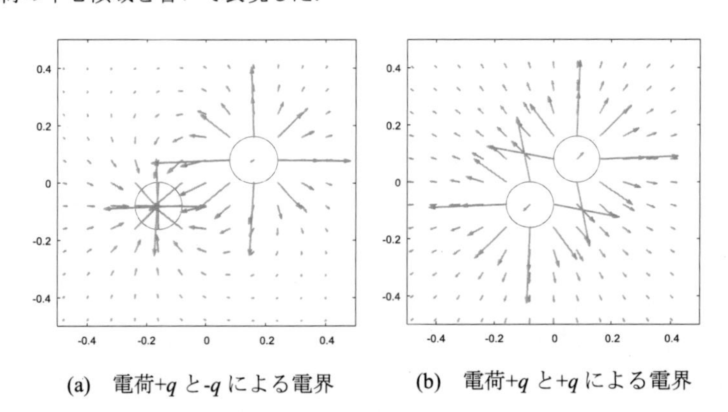

(a)　電荷$+q$と$-q$による電界　　(b)　電荷$+q$と$+q$による電界

図 1.27　電荷$+q$と$-q$による電界の２次元ベクトル図．円の中は省略．

以下にＣのプログラムと結果を示す．

-------------------------------- 電界の２次元・３次元ベクトル表現-------------------------------

```
#include <stdio.h>
#include <math.h>
#define GP "gnuplot"        /*"C:Program Files/bin/gnuplot"*/
#define F0 "Efield3D"
#define F1 "Efield2D"
#define F2 "Circles"

int main(){

  int     i, j, k, N=10, n2=N/2;
  double  x, x1, x2, y, y1, y2, z, r1, r2, vx, vy, vz, v1, v2;
  double  Pi=3.141592, p=1.0E-4, cc=0.02, dd=0.1, dd2=dd*2;
  char    *ch ;
  FILE    *PGP, *FF0, *FF1, *FF2;

  FF0=fopen(F0,"w");FF1=fopen(F1,"w");
    for(i=0;i<N;i++){ x=dd*(i-n2);
     for(j=0;j<N;j++){ y=dd*(j-n2);
      for(k=0;k<N;k++){ z=dd*(k-n2);
       x1=x-dd2;y1=y-dd;r1=sqrt(x1*x1+y1*y1+z*z); if(r1<p) r1=p;
       x2=x+dd2;y2=y+dd;r2=sqrt(x2*x2+y2*y2+z*z); if(r2<p) r2=p;
       v1=cc/(4*Pi*r1*r1);v2=-cc/(4*Pi*r2*r2);
       vx=v1*x1/r1+v2*x2/r2; vy=v1*y1/r1+v2*y2/r2; vz=v1*z/r1+v2*z/r2;
```

```
  fprintf(FF0,"%8.4f %8.4f %8.4f %8.4f %8.4f %8.4f ¥n",x,y,z,vx,vy,vz);
  if(k==n2) fprintf(FF1,"%8.4f %8.4f %8.4f %8.4f ¥n",x,y,vx,vy);
      }}}
  fclose(FF0);fclose(FF1);
  FF2=fopen(F2,"w");
   fprintf(FF2,"%8.4f %8.4f %8.4f ¥n",-dd2,-dd,dd);
   fprintf(FF2,"%8.4f %8.4f %8.4f ¥n",dd2,dd,dd);
  fclose(FF2);
  PGP=popen(GP,"w");
   fprintf(PGP,"set size ratio -1 ¥n set key outside ¥n");
   fprintf(PGP,"plot [-0.5:0.5][-0.5:0.5] '%s' with vectors lw 2 ¥n",F1);
   fprintf(PGP,"set style fill transparent solid 0.2 ¥n",F2);
   fprintf(PGP,"replot '%s' with circles ¥n",F2);
  fflush(PGP);
  printf("number in end -->"); scanf("%d",&i);
   fprintf(PGP,"set ticslevel 0 ¥n set view equal xyz ¥n");
   fprintf(PGP,"splot '%s' with vectors lt -1 lw 1 ¥n",F0);
  fflush(PGP);
  printf("string in end -->"); scanf("%s",&ch);
  pclose(PGP);
  return 0;
}
---------------------------------------------------------------
```

○ プログラムの解説

最初のプログラミングとしては少々長目だが、今後の解説を省くために重要なコマンドを集めて作成した．このプログラミングに成功すれば後は何でも出来る様になると思う．

① #include <stdio.h>： 入出力装置の準備をし，#include <math.h>： 数学関数の準備をする．

② #define GP “gnuplot”： 文字 GP を”gnuplot” とする宣言文である．重要な内容・ファイル名・定数を定義する場合はこの宣言文で指定する．　/*---*/は---をコメント文にする．

③ int main(){+++}： メイン関数を表し，+++にプログラムの内容を書きこむ．関数として使用するプログラム void +++(+){+++} が有る場合は，この int main()の前に void +++(+)を指定し，int main(){+++}の後にこの関数プログラムを書き込む．

④ int main(){+++}： {}の中では頭の部分にプログラムで扱う変数やファイル名を総て指定する．int は整数指定，double は 2 倍長の実数指定，cher *ch は文字列 ch の指定，FILE *PGP は外部関数の指定，*FF0 は記憶領域のファイルの指定を行う．*はポインタと言い，文字列やファイル名の頭に付けてその記憶領域の番地を指定する．各行の終わりは ； で締めくくる．

⑤ FF0=fopen(F0,”w”);： F0 で指定したファイルを”w” 書き込み用として開き，入力待ち状態にする．

⑥ for(i=0;i<N;i++) {x=dd*(1-n2) ; +++ } ： (i を 0 から N-1 まで 1 つずつ増やして) { x に dd*(i-n2) の数を入れ，引き続き+++の作業を行い } 繰り返す．

⑦ sqrt( )は数学関数で( )のルートを取る．

⑧ +, -, *, /： 4 則演算を行う．10 進数の指数は 10^{-4}=1.0E-4 で，指数関数は x^y=pow(x,y)で与える．

⑨ fprintf(FF0,”%8.4f --- ¥n”,x,---); ： FF0 で指定して開いたファイルに，8 桁の欄の中に小数点以下 4 桁の実数 f として x の値を書き込む．．最後に¥n 行送り(Enter)を行う．

⑩ if(k==n2) ---;： k が n2 に等しい時だけ---の作業を行う．

⑪ fclose(FF0); は開いたファイル FF0 を閉じて書き込んだ内容を記憶領域に残す．

⑫ FF2=fopen(F2,"w"); fprintf(FF2,---);： ⑤と⑨と同様の作業を行う．

⑬ PGP=popen(GP,"w");： GP で指定した名前の外部コマンドをパイプ接続で開き FILE 形式で w 入力

待ち状態にする．pclose(PGP)でパイプ接続を終了する．

⑭ fprintf(PGP,"---");：パイプ接続で立ち上げた外部コマンド”gnuplot”に”---“の文字入力を行う．

⑮ “set size ratio -1 ¥n”：XY 画面の縦横比を等しくする．実数で元データのサイズ違いを修正する．

⑯ fprintf(PGP,"plot '%s' with vectors lw 2 ¥n",F1);：立ち上げた gnuplot に，F1 のファイル名のデータを lw 2 と言う形式のベクトルで plot 描画する．’%s’ は文字列”plot---- “の中に F1 のファイル名を文字として書きこむ．ダブルコーテーション” ”とコーテーション’ ‘を使い分ける．

⑰ "replot '%s' with circles ¥n"：'%s' により後に続くファイルを指定し，そのデータを使って先に描画した画面に with circles 円で replot 上書きする．円はベクトルを省いた領域を示す．

⑱ fflush(PGP); は一旦 PGP への描画状態を終了し結果を出力する．

⑲ printf("number in end -->");：モニター上に number in end --> を書く．

⑳ scanf("%d",&i); scanf("%s",&ch); はキーボードの入力待ちとなり，入力した i を "%d" で十進数として&i の番地に, ch を "%s" で文字列として&ch の番地に送る．入力データは画面に表示される．次の画像コマンドで出力画面が消えてしまうので，入力待ちで画面を保存する．3D 操作が可能．

㉑ "set ticslevel 0 ¥n set view equal xyz ¥n"：３次元座標の底面から描画し xyz の視野を等しくする．

㉒ fprintf(PGP,"splot '%s' with vectors lt 2 lw 1 ¥n",F0)：パイプ接続で立ち上がった外部コマンド GP の入力状態 PGP に splot３次元表示命令を入力し，'%s'で受けた F0 のファイル名のデータを lt 2 lw 1 形式のベクトルで描画する．描画面左上のボタンでクリップボードに画像をコピーし保存する．

◇ 磁界の３次元ベクトル表現

電荷 q の静電歪に対しその運動も真空に動的な歪を生み出す．磁界と呼ばれる電荷の運動歪 $\boldsymbol{H}$ は電荷の速度 $\boldsymbol{v}$ と電束密度 $\boldsymbol{D}$ の外積で表され

$$\boldsymbol{H} = \boldsymbol{v} \times \boldsymbol{D} \qquad [\mathrm{A/m}] \tag{1.34}$$

となる．これを．速度 $\boldsymbol{v}=v\mathbf{k}$ で Z 軸に沿って運動する点電荷に適用すると，磁界 $\boldsymbol{H}$ は

$$\boldsymbol{H} = \frac{q}{4\pi r^2} v\mathbf{k} \times \left(\frac{x}{r}\mathbf{i} + \frac{y}{r}\mathbf{j} + \frac{z}{r}\mathbf{k}\right) = \frac{qv}{4\pi r^3}(-y\,\mathbf{i} + x\mathbf{j}) \tag{1.35}$$

となる．Z 軸上の長さ $l=\Delta zL$ に L 等分されて分布した微小電荷 $\Delta q=q/L$ のなす電束密度 $\boldsymbol{D}$ は

$$\boldsymbol{r}_i = x\mathbf{i} + y\mathbf{j} + (z - z_i)\mathbf{k}, \quad z_i = \Delta z(i - L/2), \tag{1.36}$$

$$\boldsymbol{D} = \sum_i^L \frac{\Delta q}{4\pi r_i^3}(x\mathbf{i} + y\mathbf{j} + z_i\mathbf{k}) \tag{1.37}$$

と表される．この電荷分布が Z 軸方向に速度 $\boldsymbol{v}=v\mathbf{k}$ で移動するとき，磁界 $\boldsymbol{H}$ は

$$\boldsymbol{H} = \boldsymbol{v} \times \boldsymbol{D} = \sum_i^L \frac{\Delta q v}{4\pi r_i^3}(-y\mathbf{i} + x\mathbf{j}) \tag{1.38}$$

となる．これら点電荷移動の磁界と，１次元分布の電場とその流の作る磁場の３つの空間歪の様子を $\Delta z=0.01$, $L=100$ として３次元ベクトルで描画してみる．以下に C のプログラムと結果を示す．

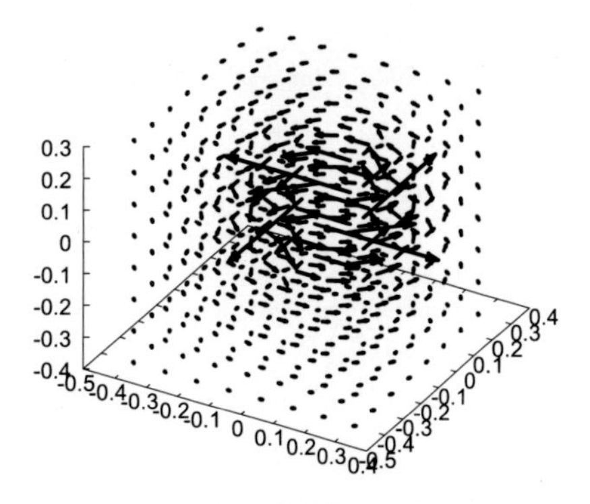

図 1.29　点電荷移動による磁界

1.5-2　磁界の 3D ベクトル表現

------------------------------ 磁界の３次元ベクトル表現--------------------------

```
#include <stdio.h>
#include <math.h>
#define GP "gnuplot"
#define F0 "Xfield3D"
#define F1 "Efield3D"
#define F2 "Hfield3D"

int main(){

  int    i, j, k, l, m=100, m2=m/2, N=8, n2=N/2;
  double x, y, z, z1, zl, r, r1, ex, ey, ez, vx, vy, vz, hx, hy, v, v1;
  double Pi=3.141592, p=pow(10,-4), cc=0.1, dd=0.1, dz=0.01, u=1.0, u1;
  char   *ch ;
  FILE   *PGP, *FF0, *FF1, *FF2;

  FF0=fopen(F0,"w");FF1=fopen(F1,"w");FF2=fopen(F2,"w");
    for(i=0;i<N;i++){ x=dd*(i-n2);
     for(j=0;j<N;j++){ y=dd*(j-n2);
      for(k=0;k<N;k++){ z=dd*(k-n2);
       r=sqrt(x*x+y*y+z*z); if(r<p) r=p;
       v=cc/(4.0*Pi*r*r);u1=0.5*u;
       vx=-v*u1*y/r; vy=v*u1*x/r; vz=0.0;
    fprintf(FF0,"%8.4f %8.4f %8.4f %8.4f %8.4f %8.4f ¥n",x,y,z,vx,vy,vz);
        ex=0.0; ey=0.0; ez=0.0; vx=0.0; vy=0.0; vz=0.0;
        for(l=0;l<m;l++){ zl=dz*(l-m2);
        z1=z-zl;r1=sqrt(x*x+y*y+z1*z1); if(r1<p) r1=p;
        v1=cc/(4.0*m*Pi*r1*r1);
        ex=ex+v1*x/r1; ey=ey+v1*y/r1; ez=ez+v1*z1/r1;
        vx=vx-v1*u*y/r1; vy=vy+v1*u*x/r1;
        }
    fprintf(FF1,"%8.4f %8.4f %8.4f %8.4f %8.4f %8.4f ¥n",x,y,z,ex,ey,ez);
    fprintf(FF2,"%8.4f %8.4f %8.4f %8.4f %8.4f %8.4f ¥n",x,y,z,vx,vy,vz);
     }}}
  fclose(FF0); fclose(FF1); fclose(FF2);

  PGP=popen(GP,"w");
   fprintf(PGP,"set term emf size 700,500 ¥n");
   fprintf(PGP,"set ticslevel 0 ¥n set view equal xyz ¥n");
   fprintf(PGP,"set output 'fig1.emf' ¥n");
   fprintf(PGP,"splot '%s' with vectors lt 8 lw 3 ¥n",F0);
  fflush(PGP);
   fprintf(PGP,"set output 'fig2.emf' ¥n");
   fprintf(PGP,"splot '%s' with vectors lt 8 lw 3  ¥n",F1);
  fflush(PGP);
   fprintf(PGP,"set output 'fig3.emf' ¥n");
   fprintf(PGP,"splot '%s' with vectors lt 8 lw 3  ¥n",F2);
  fflush(PGP);
  pclose(PGP);
return 0;              /*  ＜注＞電荷に近い空間のベクトルを省いた.       */
}
```

㉓ "set terminal emf size 700,500 ¥n"： ターミナル画面を emf に変更する．ここではターミナルの画面サイズを大きくした．画面を emf （windows metafile）に変え set output "+++.emf" で +++.emf に画像出力すると windows での画質になる．gnuplot の入力画面でのターミナル変更では set output でファイル+++.emf などが設定できる．画面が +++ に出力されるので画面停止用の scanf の作業は要らなくなる．gnuplot を立ち上げて h term を入力すれば色々なターミナルの内容を調べられる．wxt の画面では test を入力すると画面の設定内容が表示される．

◇ gcc や gnuplot のカーソール入力では，↑ キーで先に打ち込んだコマンドを呼び戻すことができる．同じ様なコマンド入力の場合はこれを使って幾つかの文字を修正することで次のコマンド入力が可能になる．

以下に直線状電荷分布による電界とその移動による磁界の結果を 3D で示す．電荷の中心部は $1/r$ で場の歪が濃くなるので正確な表現はできない．今後 $1/r$ や $1/r^2$ などのポテンシャル場の 3D 表現は中心部の稠密な状態は想像で補う必要が有る．

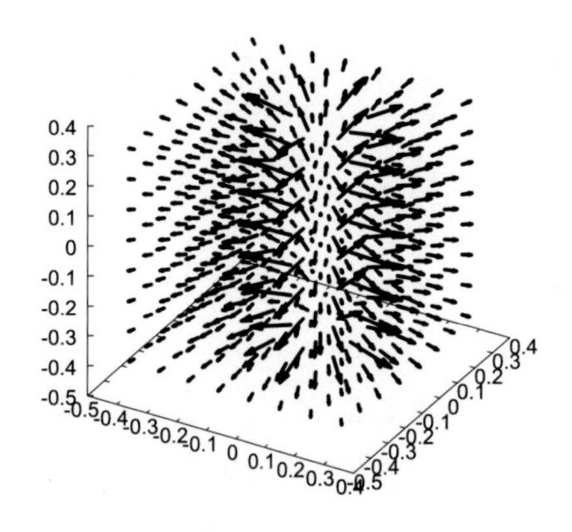

図 1.30　直線分布電荷による電界

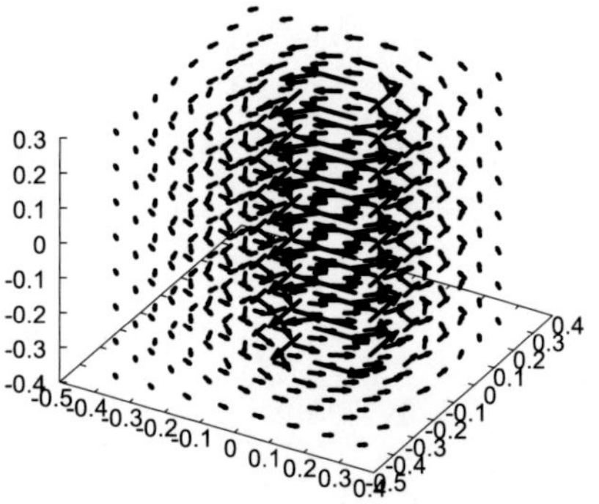

図 1.31　直線分布電荷移動（電流）による磁界

問 1.10　半径 a [m]の円環状分布電荷 $\sigma a\Delta\varphi$ の移動 $v=a\omega$[m/s]による磁界の様子を図示せよ．

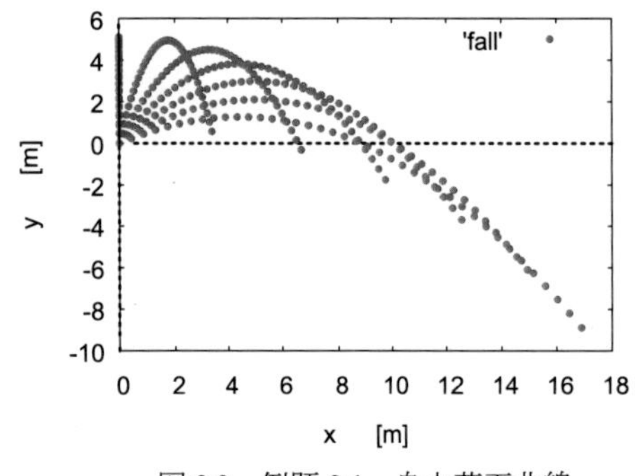

図 2.3　例題 2.1　自由落下曲線

第2章

ベクトルの時間変化

時間と共に物体が移動する時, 位置ベクトルの時間変化（1階微分）として速度ベクトルが定義され，更にその時間変化（2階微分）として加速度ベクトルまでが定義される．運動量，角運動量，エネルギーの各保存則が成り立つ空間の性質により，運動を記述するには位置ベクトルと微分量としての速度ベクトル，加速度ベクトルだけを考えれば良い．

系（考えている閉じた空間）のベクトルで表される運動量や角運動量の保存を破るのは，系に外力が加わることを意味し，**「運動量の時間変化」＝「外力」**は運動法則の基本となる．この様にベクトル量の時間変化は外力と運動の関係をそのまま記述する．この章では手順としてベクトルの時間変化を総べて取り上げることとし，エネルギーと力の関係を第３章で説明する．

2.1　ベクトル量の時間変化

◆ 1.　関数の変化と微分

関数 f の時間微分は単位時間当たりの変化・傾きとして

$$\lim_{\Delta\to 0}\frac{f(t+\Delta t)-f(t)}{\Delta t}=\lim_{\Delta\to 0}\frac{\Delta f}{\Delta t}=\frac{\partial f}{\partial t}=\dot{f} \tag{2.1}$$

と表わす．簡単に関数の上に付けた・（ﾄﾞｯﾄ）で表わすことが多い．記号 ∂ を**ラウンド**(rounded d)と言い単独変数による微分を表す．これを**偏微分**と言う．関数が単一変数の場合は ∂ ではなく d を用いても良い．物理量が空間の関数の場合，スカラー量変化で x 方向だけの微分を ‘ (ﾌﾟﾗｲﾑ)で

$$\lim_{\Delta\to 0}\frac{f(x+\Delta x)-f(x)}{\Delta x}=\lim_{\Delta\to 0}\frac{\Delta f}{\Delta x}=\frac{\partial f}{\partial x}=f' \tag{2.2}$$

(ﾗｳﾝﾄﾞ f ﾗｳﾝﾄﾞ x) と表す．スカラー量 $f(x,y,z)$ の３次元ベクトル空間での変化は，位置微分 (グラディエント) となり，**ナブラ** nabla ∇ を用いて次の様に表す．

$$\frac{\partial}{\partial \boldsymbol{r}}f\equiv\nabla f=\mathrm{grad}\,f=(\frac{\partial}{\partial x}\mathbf{i}+\frac{\partial}{\partial y}\mathbf{j}+\frac{\partial}{\partial z}\mathbf{k})f\ . \tag{2.3}$$

∇ が正式な微分記号で，式展開以外は $\partial/\partial\boldsymbol{r}$ を使わない．ベクトル量の空間変化は内積(ダイバー

ジェンス)と外積(ローテーション)の２つが存在する．内積は記号・で，外積は記号×で表す．

$$\nabla \cdot \boldsymbol{D} = \mathrm{div}\,\boldsymbol{D} = (\frac{\partial}{\partial x}\mathbf{i} + \frac{\partial}{\partial y}\mathbf{j} + \frac{\partial}{\partial z}\mathbf{k}) \cdot (D_{\mathbf{x}}\mathbf{i} + D_{\mathbf{y}}\mathbf{j} + D_{\mathbf{z}}\mathbf{k}) = \frac{\partial D_x}{\partial x} + \frac{\partial D_y}{\partial y} + \frac{\partial D_z}{\partial z} \tag{2.4}$$

$$\nabla \times \boldsymbol{H} = \mathrm{rot}\,\boldsymbol{H} = (\frac{\partial}{\partial x}\mathbf{i} + \frac{\partial}{\partial y}\mathbf{j} + \frac{\partial}{\partial z}\mathbf{k}) \times (H_{\mathbf{x}}\mathbf{i} + H_{\mathbf{y}}\mathbf{j} + H_{\mathbf{z}}\mathbf{k}) = \{(\frac{\partial H_z}{\partial y} - \frac{\partial H_y}{\partial z})\mathbf{i} + (\frac{\partial H_x}{\partial z} - \frac{\partial H_z}{\partial x})\mathbf{j} + (\frac{\partial H_y}{\partial x} - \frac{\partial H_x}{\partial y})\mathbf{k}\} \tag{2.5}$$

物理量が変化するとき時間と空間の変化が同時に起こる．この時空間の時間微分を**全微分** d/dt

$$\frac{d}{dt} = \frac{\partial}{\partial t} + \frac{\partial \boldsymbol{r}}{\partial t} \cdot \frac{\partial}{\partial \boldsymbol{r}} + \frac{\partial \dot{\boldsymbol{r}}}{\partial t} \cdot \frac{\partial}{\partial \dot{\boldsymbol{r}}} = \frac{\partial}{\partial t} + \dot{\boldsymbol{r}} \cdot \nabla + \ddot{\boldsymbol{r}} \cdot \nabla_v = \frac{\partial}{\partial t} + v_x \frac{\partial}{\partial x} + v_y \frac{\partial}{\partial y} + v_z \frac{\partial}{\partial z} + a_x \frac{\partial}{\partial v_x} + a_y \frac{\partial}{\partial v_y} + a_z \frac{\partial}{\partial v_z} \tag{2.6}$$

$$\frac{\partial}{\partial \dot{\boldsymbol{r}}} = \nabla_v = \frac{\partial}{\partial v_x}\mathbf{i} + \frac{\partial}{\partial v_y}\mathbf{j} + \frac{\partial}{\partial v_z}\mathbf{k} \tag{2.7}$$

で表す． $\dot{\boldsymbol{r}}$ と $\ddot{\boldsymbol{r}}$ については次節で，式(2.6) (2.7)については第３章で説明する．

◆ 2.　位置ベクトルの時間変化

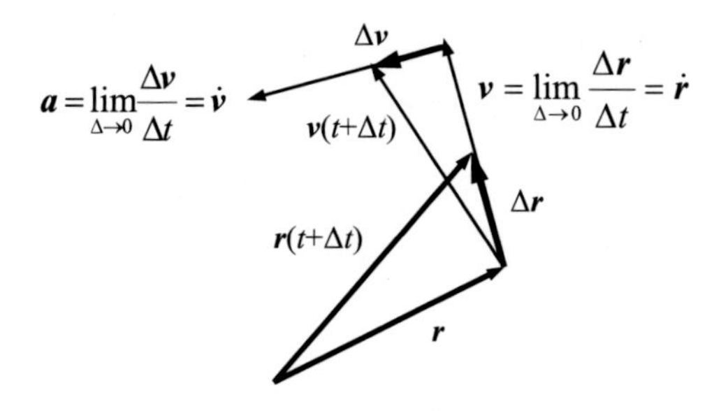

図 2.1　位置ベクトルの時間変化

位置ベクトル $\boldsymbol{r}$ の時間変化には１階微分の**速度ベクトル** $\boldsymbol{v}$ と２階微分の**加速度ベクトル** $\boldsymbol{a}$ の２つが物理量として意味を持つ．物理量はこれらの３つの量で表される．位置ベクトルを図 2.1 の様に空間変化させ微小時間の比を取れば手順に速度ベクトル，加速度ベクトルが得られる．

$$\boldsymbol{r} = r\boldsymbol{n} = x\mathbf{i} + y\mathbf{j} + z\mathbf{k} \tag{2.8}$$

$$\boldsymbol{v} = \frac{\partial}{\partial t}\boldsymbol{r} = \dot{\boldsymbol{r}} = \dot{r}\boldsymbol{n} + r\dot{\boldsymbol{n}} = \dot{x}\mathbf{i} + \dot{y}\mathbf{j} + \dot{z}\mathbf{k} \tag{2.9}$$

$$\boldsymbol{a} = \frac{\partial^2}{\partial t^2}\boldsymbol{r} = \ddot{\boldsymbol{r}} = \ddot{r}\boldsymbol{n} + 2\dot{r}\dot{\boldsymbol{n}} + r\ddot{\boldsymbol{n}} = \ddot{x}\mathbf{i} + \ddot{y}\mathbf{j} + \ddot{z}\mathbf{k} \tag{2.10}$$

基本ベクトルの時間変化は無いが，方向単位ベクトル $\boldsymbol{n}$ の時間変化はベクトル方向の角度変化を意味し位置ベクトルの回転を表す．微少時間 Δt での位置ベクトルの変位 $\Delta\boldsymbol{r}$ から速度ベクトル $\boldsymbol{v}$ が定義され，速度ベクトルの変位 $\Delta\boldsymbol{v}$ から加速度ベクトル $\boldsymbol{a}$ が定義される．それ以上の時間に関する変位は加速度ベクトルの変化として捕らえられるだけで，新たな物理的概念を含まない．

例題 2. 1　地上において初速度 $\boldsymbol{v}_0$ で 30°の角度で放出された物体の t 秒後の位置ベクトル $\boldsymbol{r}$ と速度ベクトル $\boldsymbol{v}$ を求め，奇跡とそのベクトルの大きさを図示せよ．

地上であらゆる物体に重力加速度 g (9.8 m/s²) が働いていることは周知の事実である. 放り投げられた物体の位置ベクトルは式(1.25)の加速度から逆順に求めることができる. まず落下の状態を平面で考え重力加速度を２次元ベクトルとして書き出すと

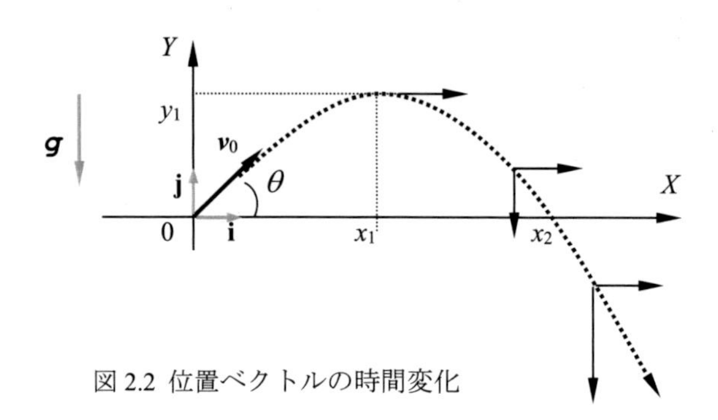

図 2.2 位置ベクトルの時間変化

$$\boldsymbol{a} = 0\,\mathbf{i} - g\,\mathbf{j} \qquad ①$$

となる．不定積分を行って初期条件 $\boldsymbol{c} = \boldsymbol{v}_0$ を当てはめると時刻 t での速度

$$\begin{aligned}\boldsymbol{v} &= \int \boldsymbol{a}\,dt = -g\,t\,\mathbf{j} + \boldsymbol{c} \\ &= \boldsymbol{v}_0 - g\,t\,\mathbf{j} = v_0\cos\theta\,\mathbf{i} + (v_0\sin\theta - g\,t)\,\mathbf{j}\end{aligned} \qquad ②$$

が求まる．更に不定積分を行って初期条件 $\boldsymbol{C}$=0 を当てはめれば

$$\boldsymbol{r} = \int \boldsymbol{v}\,dt = v_0\cos\theta\; t\,\mathbf{i} + (v_0\sin\theta\; t - \frac{1}{2}g\,t^2)\,\mathbf{j} + 0 \qquad ③$$

が得られる．x と y との関係は t を x で表して

$$t = \frac{x}{v_0\cos\theta}\ ,\quad y = x\tan\theta - \frac{g}{2v_0^2\cos^2\theta}x^2 \qquad ⑤$$

となる．最大高さ y_1 の時間 t_1 と位置ベクトルは，③の時間変化が 0 となることを用いれば

$$\dot{y} = 0 \ \ \to t_1 = \frac{v_0\sin\theta}{g} \qquad ⑥$$

$$\begin{aligned}\boldsymbol{r}_1 &= x_1\mathbf{i} + y_1\mathbf{j} = \frac{v_0^2\sin\theta\cos\theta}{g}\mathbf{i} + \frac{v_0^2\sin^2\theta}{2g}\mathbf{j} \\ &= \frac{v_0^2}{2g}(\sin 2\theta\,\mathbf{i} + \sin^2\theta\,\mathbf{j})\end{aligned} \qquad ⑦$$

となる．$\sin 2\theta = 1$ より θ=45°で x 方向の距離が最大となる．③に θ=30°を適用すれば

$$\boldsymbol{r} = x\mathbf{i} + y\mathbf{j} = \frac{\sqrt{3}}{2}v_0 t\,\mathbf{i} + \frac{1}{2}(v_0 t - g t^2)\mathbf{j} \quad ⑧$$

$$y = \frac{1}{\sqrt{3}}x - \frac{2g}{3v_0^2}x^2 \quad ⑨$$

$$\boldsymbol{r}_1 = \frac{v_0^2}{2g}(\frac{\sqrt{3}}{2}\mathbf{i} + \frac{1}{4}\mathbf{j}) \quad ⑩$$

となる． この放物線を gcc+gnuplot を用い，初速度 10m/s，角度を θ=50°から 10°ずつ変えてプロットしてみよう．結果を図 2.3 として第２章の表題に示した．数値計算や作図には計算機を利用する．gcc プログラムを以下に示す．

------------------------------------ freefall.c --------------------------------
```
#include <stdio.h>
#include <math.h>
#define GP "gnuplot"
#define FO "fall"

int main(){

  int    i, j, n0=3, n=10, nt=40;
  double x, y, c, t, vx, vy ;
  double a=3.141592/180, dc=10.0, g=9.8, dt=0.05, v=10.0;
  FILE   *FFO, *PGP ;

  FFO=fopen(FO,"w");
    for(i=n0;i<n;i++){ c=dc*i; vx=v*cos(a*c); vy=v*sin(a*c);
     for(j=0;j<nt;j++){ t=dt*j; x=vx*t; y=vy*t-g*t*t/2.0;
  fprintf(FFO,"%8.4f %8.4f ¥n",x,y);
     }}
  fclose(FFO);

  PGP=popen(GP,"w");
   fprintf(PGP,"set term emf size 424,300 ¥n");
   fprintf(PGP,"set output 'fig.emf' ¥n set zeroaxis lt -1 lw 2 dt 3 ¥n");
   fprintf(PGP,"set xlabel 'x      [m]' ¥n");
   fprintf(PGP,"set ylabel 'y      [m]' ¥n");
   fprintf(PGP,"plot '%s' with points pt 7 ps 0.8 ¥n",FO);
   fflush(PGP);
  pclose(PGP);

  return 0;
}
```

㉔ plot ‘%s’ with の後 lines や points の設定で lw:線幅，dt:破線，pt:点形，ps:大きさ，lc:色 等を指定する．help linestyle の入力で線種の設定内容が表示される．

㉕ 線種は ”set linetype 1 lc rgb ’dark-violet’ lw 2 pt 1 ¥n” のように設定し，lt 1 で指定する．

㉖ set xlabel '+++' ： x 軸のラベルを ‘+++‘ で指定する． y 軸も同じ．

㉗ set zeroaxis lt -1 lw 2 dt 3 ：原点を通る x 軸 y 軸を-1：黒線で表示し，dt で破線を指定する．

2. 2　極座標表現

◆ 1.　角度の定義

角度 $\boldsymbol{\varphi}$ を図 2.3 の様に**円の円周の長さと半径の比**(**単位円の弧の長さ**)［rad］で定義する．極座標表現の角度は，[°　]ではなく，式の全てを長さで表すことのできる［rad］(ﾗｼﾞｱﾝ) を用いる．

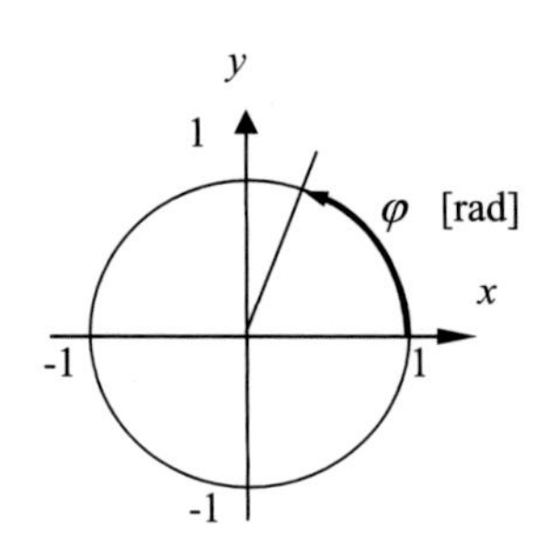

図 2.4　単位円の円周と角度 [rad]

◆ 2.　極座標表現

長さが一定のベクトルの時間変化は，方向単位ベクトル $\boldsymbol{n}$ の時間変化だけで首振り変化のみとなる．この場合極座標を用いると表現が簡易になる．　ベクトル $\boldsymbol{n}$ の方向を $x\ y$ 平面上の x 軸からの回転角度 φ と z 軸から $x\ y$ 平面への回転角 θ で図 2.5 の様に三角関数(角度と長さの比)で表わすことにしよう．さらにベクトル $\boldsymbol{n}$ の φ 方向の首振り変化の方向単位ベクトルを $\boldsymbol{f}$ とし，θ 方向への首振り変化の方向単位ベクトルを $\boldsymbol{e}$ とする．　この様にすると，変数 xyz と **i**, **j**, **k** の基本ベクトルを用いた直行座標表現に対し，$r\theta\varphi$ を変数とし $\boldsymbol{n}, \boldsymbol{e}, \boldsymbol{f}$ ベクトルを用いた新たな表現方法が作られる．図 2.4 のように $r\,\theta\,\varphi$ を変数とした座標を**極座標**と言う．ここで変数 $x\,y\,z$ と $r\,\theta\,\varphi$ は次の様に関係する．

$$\boldsymbol{n} = \sin\theta\cos\phi\,\mathbf{i} + \sin\theta\sin\varphi\,\mathbf{j} + \cos\theta\,\mathbf{k} \tag{2.11}$$

$$\begin{aligned}\boldsymbol{r} &= x\mathbf{i} + y\mathbf{j} + z\mathbf{k} = r\boldsymbol{n} \\ &= r\sin\theta\cos\varphi\,\mathbf{i} + r\sin\theta\sin\varphi\,\mathbf{j} + r\cos\theta\,\mathbf{k}\end{aligned} \tag{2.12}$$

$$\dot{\boldsymbol{n}} = \dot{\theta}\boldsymbol{e} + \sin\theta\dot{\varphi}\,\boldsymbol{f} \tag{2.13}$$

$$r = \sqrt{x^2 + y^2 + z^2} \tag{2.14}$$

$$\tan\varphi = \frac{y}{x} \tag{2.15}$$

$$\tan\theta = \frac{\sqrt{x^2 + y^2}}{z} \tag{2.16}$$

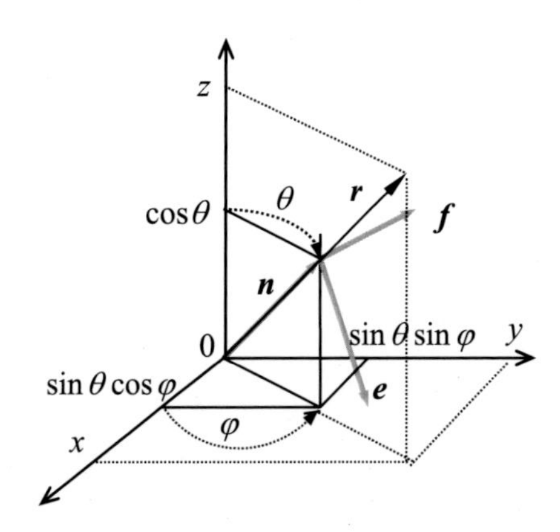

図 2.5　極座標と方向単位ベクト

体積積分は線分の積み重ねとして表され，次のようになる．

$$\int_{-\infty}^{\infty}\int_{-\infty}^{\infty}\int_{-\infty}^{\infty} dxdydz = \int_{0}^{2\pi} r\sin\theta d\varphi \int_{-\pi}^{\pi} rd\theta \int_{0}^{\infty} dr = \int_{0}^{2\pi}\int_{-\pi}^{\pi}\int_{0}^{\infty} r^2 \sin\theta \, d\varphi d\theta dr \tag{2.17}$$

問 2. 1　位置ベクトル $\boldsymbol{r} = 3\mathbf{i} + 4\mathbf{j} + 5\mathbf{k}$ について極座標表現 r, θ, ϕ を求め，式(2.8)の形式に直せ．

2. 3　ベクトルの極座標表現での時間変化

◆1.　平面内の速度と加速度

いま簡単の為，単位ベクトル $\boldsymbol{n}$ が xy 平面上で φ 方向の回転をしたとする．この時，ベクトル $\boldsymbol{n}$ が回転角 φ の所で Δt の時間に一定の速さで $\Delta\varphi$ の開き角だけずれ，$\Delta\boldsymbol{n}$ だけ変位したとしよう．その変化は $\boldsymbol{n}$ に直角な接線方向の方向単位ベクトル $\boldsymbol{f}$ を持ち，$\Delta\varphi/\Delta t$ の一定速度で変化するベクトルとなる．結局 $\boldsymbol{n}$ の時間変化は

$$\dot{\boldsymbol{n}} = \lim_{\Delta t\to 0}\frac{\Delta\varphi}{\Delta t}\boldsymbol{f} = \frac{\partial\varphi}{\partial t}\boldsymbol{f} = \dot{\varphi}\,\boldsymbol{f} = \omega\,\boldsymbol{f} \tag{2.18}$$

$$\dot{\boldsymbol{n}} = \frac{\partial}{\partial t}(\cos\varphi\,\mathbf{i} + \sin\varphi\,\mathbf{j}) = \dot{\varphi}(-\sin\varphi\,\mathbf{i} + \cos\varphi\,\mathbf{j}) = \dot{\varphi}\boldsymbol{f} \tag{2.19}$$

となる．$\dot{\varphi} = \omega$ は**角速度**と呼ばれ［rad/s］の単位を持つ．更にベクトル $\boldsymbol{f}$ に注目してみよう．この単位ベクトル $\boldsymbol{f}$ はベクトル $\boldsymbol{n}$ に直角に束縛されている為，これに直角な接線方向単位ベクトル $\boldsymbol{g}$ をもって $\dot{\varphi}$ の一定速度で変化するベクトルの変化を伴うことになる．ここで単位ベクトル $\boldsymbol{g}$ に注意して見ると，図の様に元のベクトル $\boldsymbol{n}$ の反対向きベクトルになっていることが分かる．この様

に単位ベクトル $\boldsymbol{n}$ の回転変化は一定に回転しても内に向かう加速度変化を伴う

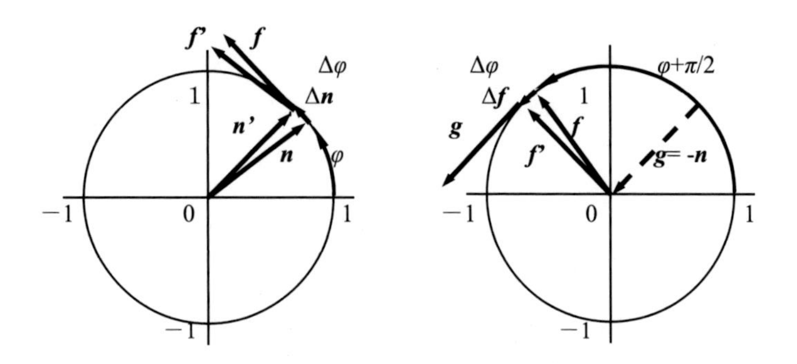

図 2.6　単位ベクトルの回転変化

ベクトルの平面内の回転変化における時間の２階微分は結局次の様になる．

$$\ddot{\boldsymbol{n}} = \frac{\partial}{\partial t}\dot{\varphi}\,\boldsymbol{f} = \ddot{\varphi}\,\boldsymbol{f} + \dot{\varphi}\,\dot{\boldsymbol{f}} = \ddot{\varphi}\,\boldsymbol{f} - \dot{\varphi}^2\,\boldsymbol{n}. \tag{2.20}$$

$$\dot{\boldsymbol{f}} = \frac{\partial}{\partial t}(-\sin\varphi\,\mathbf{i} + \cos\varphi\,\mathbf{j}) = -\dot{\varphi}(\cos\varphi\,\mathbf{i} + \sin\varphi\,\mathbf{j}) = -\dot{\varphi}\,\boldsymbol{n} \tag{2.21}$$

図 2.7 の様に位置ベクトル $\boldsymbol{r}$ が平面上で自由に変化するとしよう．これは長さ変化と単位ベクトルの回転変化になる．回転変化で回転速度の変化 $\ddot{\varphi} = \dot{\omega}$ を**角加速度**と言う．いずれにしても平面内のベクトルなので，それぞれの変化は２次元を張る２つの直交ベクトル $\boldsymbol{n}$ と $\boldsymbol{f}$ で表わされる．

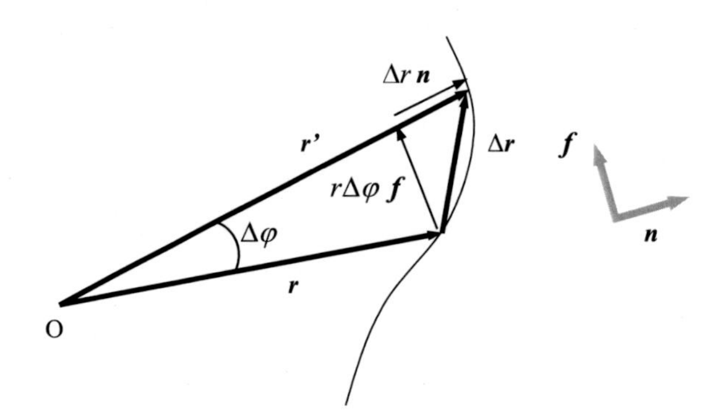

図 2.7　平面内の位置ベクトルの変化

結局，位置ベクトルの時間変化は

$$\boldsymbol{r} = r\boldsymbol{n} = x\mathbf{i} + y\mathbf{j} + z\mathbf{k} \tag{2.22}$$

$$\dot{\boldsymbol{r}} = \dot{r}\boldsymbol{n} + r\dot{\boldsymbol{n}} = \dot{r}\boldsymbol{n} + r\dot{\varphi}\boldsymbol{f} \tag{2.23}$$

$$\begin{aligned}\ddot{\boldsymbol{r}} &= (\ddot{r}\boldsymbol{n} + \dot{r}\dot{\varphi}\,\boldsymbol{f}) + (\dot{r}\dot{\varphi}\,\boldsymbol{f} + r\ddot{\varphi}\boldsymbol{f} + r\dot{\varphi}\,\dot{\boldsymbol{f}}) \\ &= (\ddot{r} - r\dot{\varphi}^2)\boldsymbol{n} + (2\dot{r}\dot{\varphi} + r\ddot{\varphi})\boldsymbol{f}\end{aligned} \tag{2.24}$$

と表わされる．１階微分の各項の意味は

$\dot{r}$	：直進速度
$r\dot{\varphi}$	：回転速度

となる．２階微分の各項目は次の様な意味を持っている．

$\ddot{r}$	：直進変化の加速度
$r\dot{\varphi}^2$	：一定回転に生ずる向心加速度
$2\dot{r}\dot{\varphi}$	：回転中に長さが変わる時に生ずる回転加速度
$r\ddot{\varphi}$	：回転変化の加速度

例題 2. 2 半径 a の円盤を平らな面上で一定速度で転がした．位置ベクトル $\boldsymbol{r}$ を求め円周上の点Ｐの軌跡を描け（サイクロイド）．回転の角度は $\theta=\omega t$ とする．

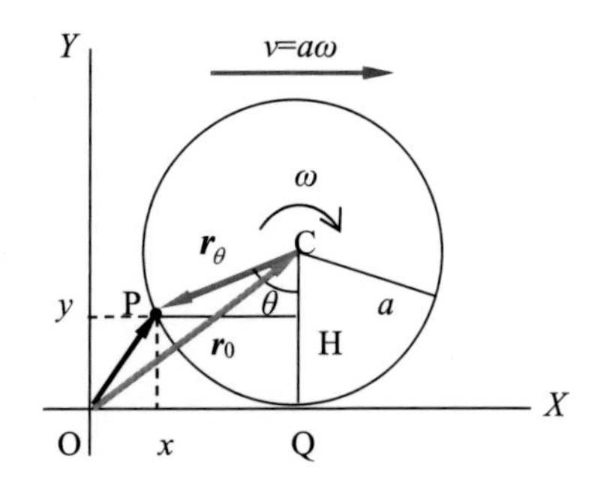

図 2.8　例題 2.2 サイクロイド

円周上の点Ｐの位置 $\boldsymbol{r}$ は，等速直線運動している円の中心位置 $\boldsymbol{r}_0$ と，半径 a の円周の回転位置 $\boldsymbol{r}_\theta$ との和 $\boldsymbol{r}=\boldsymbol{r}_0+\boldsymbol{r}_\theta$ であるから，円周の長さ $a\theta$ が転がる距離と等しいと置いて

$$\begin{aligned}\boldsymbol{r}=\boldsymbol{r}_0+\boldsymbol{r}_\theta &= a\theta\mathbf{i}+a\mathbf{j}-a(\sin\theta\,\mathbf{i}+\cos\theta\,\mathbf{j}) \\ &= a(\theta-\sin\theta)\mathbf{i}+a(1-\cos\theta)\mathbf{j}\end{aligned} \quad ①$$

$$\begin{aligned}x&=\overline{\mathrm{OQ}}-\overline{\mathrm{PH}}=a(\theta-\sin\theta)\\ y&=\overline{\mathrm{CQ}}-\overline{\mathrm{CH}}=a(1-\cos\theta)\end{aligned} \quad ②$$

と求まる．以下に作図と gcc プログラムを示す．

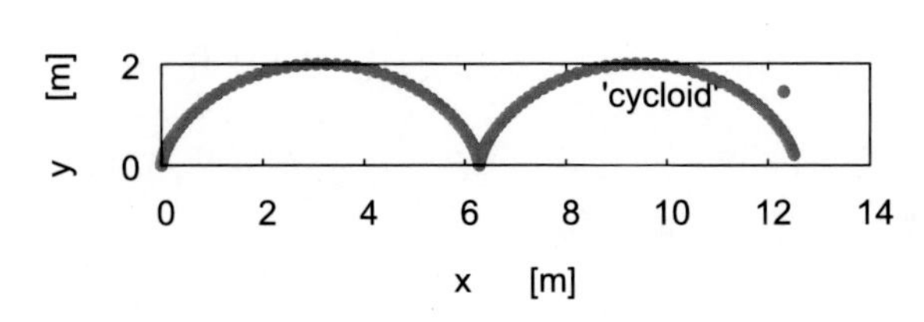

図 2.9　サイクロイド曲線

------------------------------ cycloid.c ------------------------

```
#include <stdio.h>
#include <math.h>
#define GP "gnuplot"
#define FO "cycloid"

int main(){
```

```
  int    i, n=120;
  double x, y, c ;
  double a=1.0, dc=0.1;
  FILE   *FF0, *PGP;

  FF0=fopen(F0,"w");
    for(i=0;i<n;i++){ c=dc*i; x=a*(c-sin(c)); y=a*(1.0-cos(c));
  fprintf(FF0,"%8.4f %8.4f ¥n",x,y);
    }
  fclose(FF0);

  PGP=popen(GP,"w");
   fprintf(PGP,"set term emf size 424,150 ¥n");
   fprintf(PGP,"set output 'fig.emf' ¥n");
   fprintf(PGP,"set xlabel 'x      [m]' ¥n");
   fprintf(PGP,"set ylabel 'y      [m]' ¥n");
   fprintf(PGP,"set size ratio -1 ¥n set ytics (0,2) ¥n");
   fprintf(PGP,"plot '%s' with points pt 7 ¥n",F0);
   fflush(PGP);
  pclose(PGP);

  return 0;
}
```

㉘　set size ratio -1　：グラフの縦横比を調節せず，数値通りの目盛を刻む.

㉙　set ytics 2　：y 軸の目盛を 2 刻みにする．x 軸は xtics ，直接値の挿入は(0,2,5)の様に指定する．

問 2.2　ヨーヨーを下に自由落下させた．糸巻き部分の半径を a，縁の半径を b として，縁上のある点 P の軌跡を図示せよ．a, b は適当でよい．

問 2.3　半径 a の円盤が平らな面上で一定速度 v で転がっている．円周上に 60° ずつ 6 点を定め速度ベクトルと加速度ベクトルを図示せよ．また円周上の点 P の接地点からの位置ベクトルと P 点の速度ベクトルが直交することを示せ．

問 2. 4　前問で点 P 上の加速度ベクトルが円盤の中心に向かう量になることを示せ．

◆2.　3 次元極座標における速度と加速度

図 2.9 に示す単位ベクトル $\boldsymbol{n}$ の θ 方向の回転変化についても，$\dot{\theta}$ と方向単位ベクトル $\boldsymbol{e}$ を用いて，$\boldsymbol{f}$ 方向の変化と同じ様に表される．基本ベクトル **i, j, k** とこれらの関係を次に示そう．3 次元極座標表現における位置ベクトル $\boldsymbol{r}$ を図 2.5 に示した．この位置ベクトルの時間の 1 階・2 階微分は，空間変数 $r\,\theta\,\varphi$ と直交単位ベクトル $\boldsymbol{n\,e\,f}$ を用いて次の様に表される．

$$\begin{aligned}
&\boldsymbol{r} = r\boldsymbol{n} = x\mathbf{i} + y\mathbf{j} + z\mathbf{k} \\
&\dot{\boldsymbol{r}} = \dot{r}\boldsymbol{n} + r\dot{\boldsymbol{n}} = \dot{r}\boldsymbol{n} + r\dot{\theta}\boldsymbol{e} + r\sin\theta\dot{\varphi}\boldsymbol{f}
\end{aligned} \tag{2.25}$$

$$\begin{aligned}
\ddot{\boldsymbol{r}} &= (\ddot{r}\boldsymbol{n} + \dot{r}\dot{\theta}\,\boldsymbol{e} + \dot{r}\sin\theta\,\dot{\varphi}\boldsymbol{f}) + (\dot{r}\dot{\theta}\,\boldsymbol{e} + r\ddot{\theta}\boldsymbol{e} + r\dot{\theta}\,\dot{\boldsymbol{e}}) \\
&\quad + (\dot{r}\sin\theta\dot{\varphi}\boldsymbol{f} + r\cos\theta\dot{\theta}\dot{\varphi}\boldsymbol{f} + r\sin\theta\ddot{\varphi}\boldsymbol{f} + r\sin\theta\dot{\varphi}\dot{\boldsymbol{f}}) \\
&= (\ddot{r} - r\dot{\theta}^2 - r\sin^2\theta\,\dot{\varphi}^2)\boldsymbol{n} + (2\dot{r}\dot{\theta} + r\ddot{\theta} - r\sin\theta\cos\theta\,\dot{\varphi}^2)\boldsymbol{e} \\
&\quad + (2\dot{r}\sin\theta\,\dot{\varphi} + 2r\cos\theta\,\dot{\theta}\dot{\varphi} + r\sin\theta\,\ddot{\varphi})\boldsymbol{f}
\end{aligned} \tag{2.26}$$

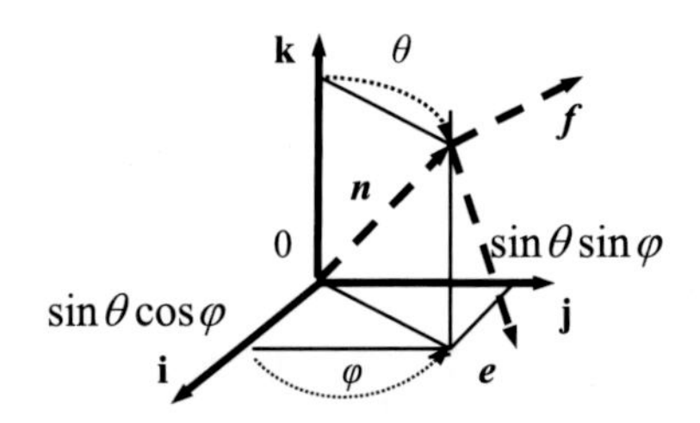

図 2.9 基本ベクトルと単位ベクトルの構成

こうした極座標表現は地球上で緯度・経度を用いた運動の表現に有効である．これらは各単位ベクトルとその時間変化の関係を用いて得られる：

$$
\begin{aligned}
\boldsymbol{e} &= \cos\theta\cos\varphi\,\mathbf{i} + \cos\theta\sin\varphi\,\mathbf{j} - \sin\theta\,\mathbf{k} \\
\boldsymbol{f} &= -\sin\varphi\,\mathbf{i} + \cos\varphi\,\mathbf{j}
\end{aligned}
\tag{2.27}
$$

$$
\begin{aligned}
\dot{\boldsymbol{n}} &= \dot{\theta}(\cos\theta\cos\varphi\,\mathbf{i} + \cos\theta\sin\varphi\,\mathbf{j} - \sin\theta\,\mathbf{k}) \\
&\qquad + \sin\theta\,\dot{\phi}(-\sin\varphi\,\mathbf{i} + \cos\varphi\,\mathbf{j}) \\
&= \dot{\theta}\,\boldsymbol{e} + \sin\theta\,\dot{\varphi}\,\boldsymbol{f}
\end{aligned}
\tag{2.28}
$$

$$
\dot{\boldsymbol{e}} = -\dot{\theta}\,\boldsymbol{n} + \cos\theta\,\dot{\varphi}\,\boldsymbol{f} \tag{2.29}
$$

$$
\dot{\boldsymbol{f}} = -\dot{\varphi}(\cos\varphi\,\mathbf{i} + \sin\varphi\,\mathbf{j}) = -\dot{\varphi}(\sin\theta\,\boldsymbol{n} + \cos\theta\,\boldsymbol{e})\,. \tag{2.30}
$$

ここで $\dot{\boldsymbol{f}}$ は回転軸に向かう加速度ベクトルになっている．

例題 2.3 北緯 α°の地上における見かけの重力加速度を式で表わせ．地球の半径を R，重力加速度を $\boldsymbol{g}$，自転の角速度を ω とする．

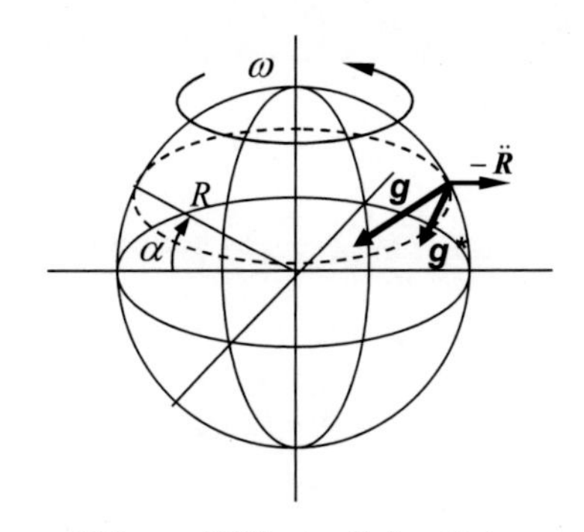

図 2.11 例題 2.3 地上の重力

式(2.26)で $\beta = \dfrac{\pi\alpha}{180}$，$\theta = \dfrac{\pi}{2} - \beta$ とし，$\dot{r} = \dot{\theta} = 0, r = R$ と置けば，回転によって生ずる遠心力は向心力の逆となるから $\dot{\varphi} = \omega$ として

$$
\boldsymbol{g}^* = \boldsymbol{g} - \ddot{\boldsymbol{R}} = -(g - R\cos^2\beta\omega^2)\boldsymbol{n} + R\cos\beta\sin\beta\omega^2\boldsymbol{e} \qquad ①
$$

$$
\begin{aligned}
g^* &= \{(g - R\cos^2\beta\omega^2)^2 + R^2\cos^2\beta\sin^2\beta\omega^4\}^{\frac{1}{2}} \\
&= \left(g^2 - 2gR\cos^2\beta\omega^2 + R^2\cos^2\beta\omega^4\right)^{\frac{1}{2}}
\end{aligned}
\qquad ②
$$

となる．注意：地球は回転楕円体なので半径 R は緯度によって異なる．

問 2. 5　北緯 45° の回転補正の無い重力加速度 g_0 はいくらか．但し北緯 45° の地点の重力加速度を g^*_0=9.80665 m/s^2 とする．ちなみに $\omega=2\pi/(24\times3600)$ rad/s として，地球の半径を R=6370 km とせよ．

図 2.12　銀河 M100　（ 写真提供：国立天文台 ）.

銀河全体に及ぶ重力の存在が分かる．銀河中心には巨大な重力場をつくるブラックホールが存在し，台風の眼に渦を巻いて吸い込まれる大気の様に，銀河中心に恒星が吸い込まれている様に見える．最近の考えでは，ブラックホールの存在とブラックマターを含む銀河物質は１体で，ブラックホールが形成される時に銀河物質も同時に生み出されるとの説も有る．知る限りの宇宙空間の中に銀河が２兆個も存在すると推定され，巨大な宇宙空間であるが，見える世界は３次元座標空間の中に表されている様に思われる．

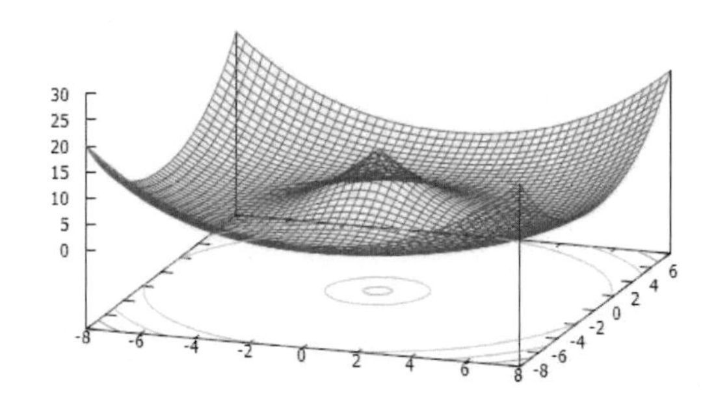

図 3.15　２次元バネの位置エネルギー

第３章 質点系の運動と力学法則

物体は質量を有する原子の結合体として存在し，物体の運動は質量を伴う空間座標（位置ベクトル）の変化として表わされる．時空間において質量の存在と質量の移動は特定の性質を持ち，それらは物理法則として表わされる．物体同士は銀河系を構成する規模で総てが互いに引き合い，この重力をもたらす重力質量は，外力により加速度運動を起こす慣性質量と等価であるとされる．

3. 1　質量と重力

◆ 1. 単位の定義

一般的に単位系は **MKSA 単位系**の拡張として**国際（SI）単位系**（Syste`me International d'Unite`s）が用いられ，単位として長さにメートル[m], 重さにキログラム[kg], 時間にセカント[s] ,電流にアンペア [A] が用いられる．本書ではすべてこの **SI** 単位系を用いる．これらの単位の定義は普遍的な物理定数を用いて，より精度の高い測定値に基づくように改訂されてきた．現在の改訂予定*も含めた定義を以下に示す．

1[s]：　セシウム 133 原子の絶対零度における基底状態の超微細構造準位間の遷移放射周期の 9192631770 倍の継続時間.

1[m]：　真空中で光が 1 / 299792458 [s] 間に進む距離.

1[kg]:　*周波数が $\{(299\ 792\ 458)^2/6.626\ 07015\}\times 10^{34}$ Hz の光子のエネルギーに等価な質量.

1[A]：　*素電荷を e=1.6021766208 $\times 10^{-19}$[C] とし，電荷が 1[s]間に 1[C]変化するときの電流.

これらの単位の定義には次の自然界に普遍的な物理定数を用いる．*印は改訂予定の定義.

- プランク定数 $\boldsymbol{h} = 6.62607015\times10^{-34}$　[J·s]
- 電気素量 $\boldsymbol{e} = 1.602\ 176\ 6208 \times 10^{-19}$　[C]
- ボルツマン定数 $\boldsymbol{k} = 1.380649\times10^{-23}$　[J·K^{-1}]
- アボガドロ定数 $\boldsymbol{N_A} = 6.02214076\times10^{23}$　[mol^{-1}]
- 基底状態のセシウム 133 原子の超微細構造の周波数 $\boldsymbol{\Delta\nu(^{133}Cs)_{hfs}} = 9192631770$　[Hz]
- 光速度 $\boldsymbol{c} = 299792458$　[m·s^{-1}]

静止質量は原子崩壊が起こらない限り保存される．物体が光速度に近い速度で運動する場合，特殊相対論的に扱い質量の変化を考えるが，それ以外は，質量は保存されるとして扱う．質量の単位は，古くは，身近な馴染みの有る重さで0℃の水 1*l* の質量が 1 kg として定義された．地上でこの重さはおよそ 1kgw=9.8 N となる．単位ニュートンは

$$N = kg \cdot m/s^2 \tag{3.1}$$

とも書ける．*今までの国際単位系の基本単位 1kg は，フランスのセーブルにある国際度量衡局 (BIPM) に保管される「kg 原器」により，「白金イリジウム合金の直径と高さが約 39mm の円柱状の金属塊の重さ」として定義された．この kg 原器も人工基準器として唯一 100 年以上にわたり現在まで使われてきたが，今年，質量基準の再定義が検討される．

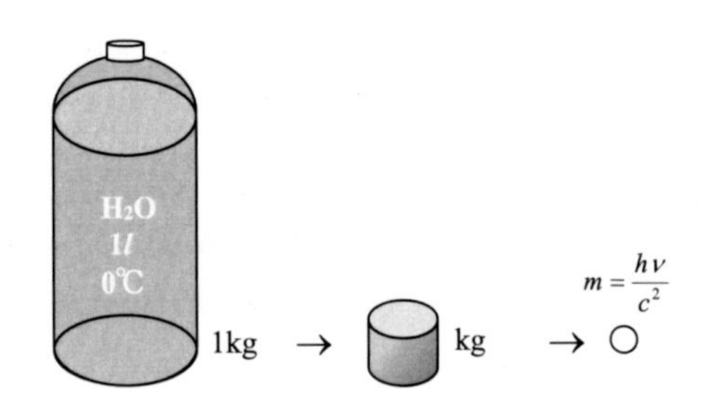

図 3.1　0℃1*l* の水と原器の 1 kg

長さの場合は，子午線弧長を基準にした定義で何度か更新されて来たが，1983 年に現在の 1[m]の定義となった．*電流の場合は，真空中で平行に 1 m の間隔で配置された小さな円形断面の無限に長い二本の直線状導体に等しく流れ，長さ 1 メートルにつき 2×10^{-7}[N]の力をもたらす電流を 1[A]と定義している．数年後には一覧に示した定義に改訂される予定であるが，精度が不完全な場合は単位決定が見送られる．kg 原器は真空中でも表面に分子が吸着し重さが変わる．

◆ 2. 万有引力

質量同士の引き合う力を**万有引力**と言う．この力は質量 M の太陽を周る質量 m の惑星の運動からニュートンによって明らかにされ，

$$\boldsymbol{F} = -G\frac{Mm}{r^2}\boldsymbol{n} \qquad \text{N} \tag{3.2}$$
$$\boldsymbol{n} = \frac{x}{r}\mathbf{i} + \frac{y}{r}\mathbf{j} + \frac{z}{r}\mathbf{k}$$

として物体間の距離 r^2 に反比例する形で記述される．力 F の単位は**ニュートン[N]**，M や m の質量の単位は**キログラム[kg]**が用いられる．***G*** は**万有引力定数**と呼ばれ

$$G = 6.672 \times 10^{-11} \qquad \text{Nm}^2/\text{kg}^2 \tag{3.3}$$

と僅かであるが，引き合う力は総ての物質に共通にそなわっている．この時の質量を**重力質量**と言う．地上での万有引力は**重力加速度** g で表わされる．この値は地球の質量と有効半径 R の関

係から定まるが，北緯 45°地点の海岸でおよそ次の様に定められる．

$$g \approx G\frac{m}{R^2} \to 9.80665. \qquad \text{m/s}^2 \qquad (3.4)$$

注：地球の回転による遠心力が作用することや地球が偏平球であることなどから見かけの重力は緯度によって異なる．さらに地形の影響など正規重力式で単純計算のできない量を重力異常と言う．

例題 3. 1　太陽と地球の間に働いている万有引力 F と地球が太陽から受ける引力加速度 α を求めよ．公転軌道長半径（１天文単位）を R=1.496×10⁸km，太陽と地球の質量をそれぞれ M=1.989×10³⁰kg と m=5.974×10²⁴ kg，として計算してみよう．

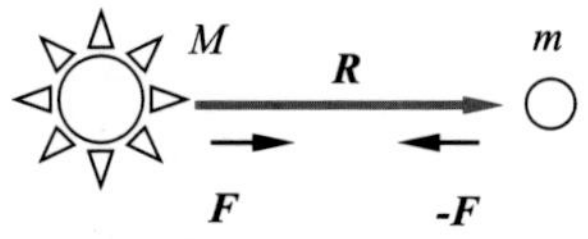

図 3.2　例題 3.1　太陽の万有引力

$$F = G\frac{Mm}{R^2}$$
$$= 6.672 \times 10^{-11} \times \frac{1.989 \times 10^{30} \times 5.974 \times 10^{24}}{1.496^2 \times 10^{22}} = 3.542 \times 10^{22} \qquad ①$$

$$\alpha = G\frac{M}{R^2} = 6.672\times10^{-11}\times\frac{1.989\times10^{30}}{2.238\times10^{22}} = 5.93\times10^{-3} \quad \text{m/s}^2 \qquad ②$$

問 3. 1　北極での重力加速度 g を，万有引力定数を用いて有効桁数４桁まで計算せよ．地球の極半径は R=6357 km である．また実測値と比較せよ．

問 3. 2　地球の月に働く引力と引力加速度はいくらか．（参考資料：理科年表（天文））

問 3. 3　月面上の重力加速度を求めよ．

問 3. 4　正規重力式について述べよ．（参考資料：理科年表（天文））

◆ 3. 重力質量と慣性質量

万有引力に関わる**重力質量** m と，次章で説明する運動量に関わる**慣性質量** m は同等と見なされている．これを質量の**等価原理**と言う．この関係は未だに解明されていないが，いずれは解明されることと思う．１つ分かっている重要な事は，重力質量 m が静的に $\boldsymbol{r}$ の位置に関係する空間歪を生み出し，慣性質量 m が動的に $\dot{\boldsymbol{r}}$ の速度に関係する空間歪を生み出すことである．本章の 3.6 節で，エネルギーが位置と運動に関わる２つの量を持ち，同じ質量が静的と動的に２次元量として時空間に歪場をもたらすことを説明する．更にラグランジュの運動方程式を以て，物体の運動法則が１次元の時間，２次元の位相エネルギー空間，３次元のベクトル空間の 3 つを交えた最小作用の原理で導出されることを説明する．この様に重力質量と慣性質量の関係はラグランジュの運動方程式が物理法則の根幹となることと結びつく．

3. 2　物体の直進運動と運動量保存の法則

◆ 1. 運動量と保存則

まず実３次元空間での物体の運動について考えてみよう．系を定め物体の座標を決めると，ある時刻 t で重心の質量位置ベクトル $m\boldsymbol{r}$ が定まる．物体が時間と共に一定の**速度** $\boldsymbol{v}$ で移動する場合，その量は**運動量（質量速度ベクトル）**

$$\boldsymbol{p} = m\dot{\boldsymbol{r}} = m\boldsymbol{v} \qquad \text{kg m/s} \qquad (3.5)$$

と呼ばれる量となる．この時の質量 m を**慣性質量**と言う．この物体の運動は，外力が無い場合，空間の性質から**等速直進運動**として永久に保存される。この直進運動を続ける性質を**慣性**と言い，この保存則を慣性の法則もしくは

$$\dot{\boldsymbol{p}} = 0 \qquad \text{N} \qquad (3.6)$$

運動量保存の法則と言う．この運動量は物体内部に働く力で物体が変形しても，外力が無ければ保存される．この保存則はいくつかの物体の存在する系についても成り立ち，系に外力が働かない限り物体同士が衝突しても系の運動量は保存される．

$$\begin{aligned} \boldsymbol{P} &= \sum_i \boldsymbol{p}_i = \sum_i m_i \boldsymbol{v}_i \\ \dot{\boldsymbol{P}} &= 0 \end{aligned} \qquad (3.7)$$

外力 $\boldsymbol{f}$ が働く場合は運動量保存の法則が破れ「**物体の運動の変化は外力に従う**」，物体は並進運動の速度変化を引き起こす．これを**加速度**と言い $\ddot{\boldsymbol{r}} = \boldsymbol{a}$ [m/s²]で表わす．速度が光速度より十分小さい場合は質量変化が無視できて，加速度運動（**質量加速度ベクトル**）

$$\boldsymbol{f} = \ddot{\boldsymbol{p}} = m\ddot{\boldsymbol{r}} = m\dot{\boldsymbol{v}} = m\boldsymbol{a} \qquad \text{N} \qquad (3.8)$$

は物体に働く外力 $\boldsymbol{f}$ と等しくなる．この関係式をニュートンの**運動方程式**と言う．複数の力が合わさっている場合，その**合力**が外力となる．外力が加わると物体は速度を変え運動量が変化する．

$$\boldsymbol{F} = \sum_i \boldsymbol{f}_i = \dot{\boldsymbol{P}} \qquad \text{N} \qquad (3.9)$$

$$\int \boldsymbol{F}\,dt = \int \dot{\boldsymbol{P}}\,dt = \boldsymbol{P} \qquad \text{N s} = \text{kg m/s} \qquad (3.10)$$

これを**力積**と言う．衝突が起きる場合は瞬時の力積が働いているとして扱われる．系の中で力が働く場合，系の運動量は保存される．この時，系の中での力積は二つの反対向きの量の和として表わすことができ，常に反対向きの二つの力が働くように捉えることができる．これを**作用反作用の法則**と言う．

◆ 2. 運動の３法則

Newton は以上の運動法則を３つにまとめて次の様に表わした.

$$\text{第一法則：} \dot{\boldsymbol{p}} = \boldsymbol{f} = 0 \quad \text{（運動量保存の法則）} \qquad \text{:一貫性}$$

$$\text{第二法則：} \boldsymbol{f} = m\boldsymbol{a} = m\ddot{\boldsymbol{r}} \quad \text{（運動方程式）} \qquad \text{:荷の力} \qquad (3.11)$$

$$\text{第三法則：} \boldsymbol{f} + (-\boldsymbol{f}) = 0 \quad \text{（作用反作用の法則）} \qquad \text{:参作用反作用}$$

我々の存在する時空間において，質量位置ベクトル $m\boldsymbol{r}$ の時間変化は２階微分量までが物理量としての意味を持つ．従って

$$\dot{\boldsymbol{f}} = m\dot{\boldsymbol{a}} = m\dddot{\boldsymbol{r}} \quad \text{：力の時間変化（基本的な物理量にはならない）}$$

は単なる変化として扱われるだけで，新たな物理量としての意味を持たない．このことは力とエネルギーの関係に由来するが，詳しくは第６節最小作用の原理の説明で明らかにする.

例題 3. 2　1 トン (10^3kg) の静止していた車が，方向転換とバックをした後，前に動き出した．前後 (x) 方向の駆動力 f[N] は時刻 t [s]に関し次式のようであった.

$$f_x(t) = 100 \qquad 0 \le t < 6$$

$$f_x(t) = -200 \qquad 6 \le t < 15 \qquad ①$$

$$f_x(t) = 100(t-10) \qquad 15 \le t < 20$$

x 方向の加速度，速度，位置の図を描け.

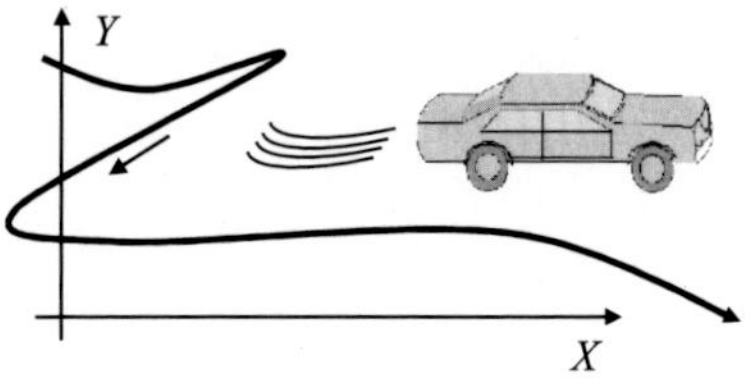

図 3.3　例題 3.2　車の動き

加速度と速度および位置は次式で表される.

$$a(t) = \frac{f}{m} = \frac{f_x(t)}{10^3} \qquad \text{m/s}^2$$

$$v(t) = \int a(t)\,dt \qquad \text{m/s} \qquad ②$$

$$x(t) = \int v(t)dt \qquad \text{m}$$

これより速度は $t_0 = 0,\ t_1 = 6,\ t_2 = 15,\ t_3 = 20$ で区切ることで次の様に求まる.

$$v_1(t) = \int_0^t a_1 dt = [0.1t]_0^t = 0.1t\,; \qquad 0 \le t < 6,$$

$$v_1(t_1) = 0.6$$

$$v_2 = \int_{t_1}^t a_2 dt + v_1(t_1) = [-0.2t]_{t_1}^t + 0.6 = -0.2t + 1.8\,; \qquad 6 \le t < 15,$$

$$v_2(t_2) = -1.2 \qquad ③$$

$$v_3 = \int_{t_2}^t a_3 dt + v_2(t_2) = 0.1[\frac{t^2}{2} - 10t]_{t_2}^t - 1.2 = \frac{1}{20}t^2 - t + 2.55\,; \qquad 15 \le t < 20,$$

$$v_3(t_3) = 2.55$$

$$v_4 = 2.55\,; \qquad 20 \le t.$$

の様に求まる．さらにこれらを積分すれば位置が求まる.

$$x_1 = \int_0^t v_1 dt = 0.1[\frac{t^2}{2}]_0^t = 0.05t^2; \qquad 0 \le t < 6,$$

$$x_1(t_1) = 1.8$$

$$x_2 = \int_{t_1}^t v_2 dt + x_1(t_1) = [-0.2\frac{t^2}{2} + 1.8t]_{t_1}^t + 1.8 = -0.1t^2 + 1.8t - 5.4; \qquad 6 \le t < 15,$$

$$x_2(t_2) = -0.9 \qquad ④$$

$$x_3 = \int_{t_2}^t v_3 dt + x_2(t_2) = [\frac{t^3}{60} - \frac{t^2}{2} + 2.55t]_{t_2}^t - 0.9 \qquad 15 \le t < 20,$$

$$= \frac{1}{60}t^3 - \frac{1}{2}t^2 + 2.55t + 17.1$$

$$x_3(t_3) = 1.433$$

$$x_4 = \int_{t_3}^t v_4 dt + x_3(t_3) = [2.55t]_{t_3}^t + 1.433 = 2.55t - 49.566; \qquad 20 \le t.$$

以下に結果とプログラムを示す.

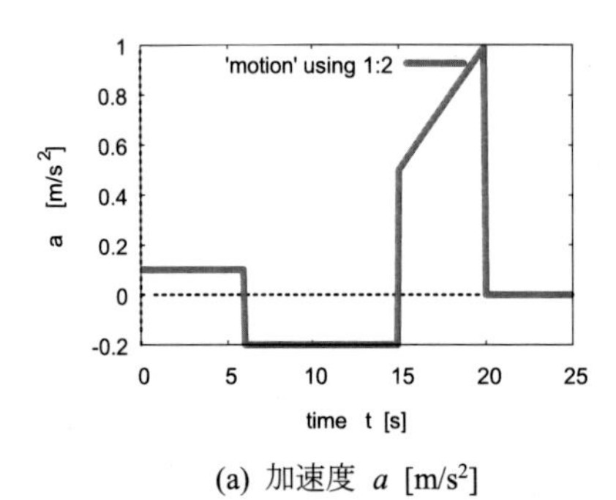

(a) 加速度 a [m/s^2]

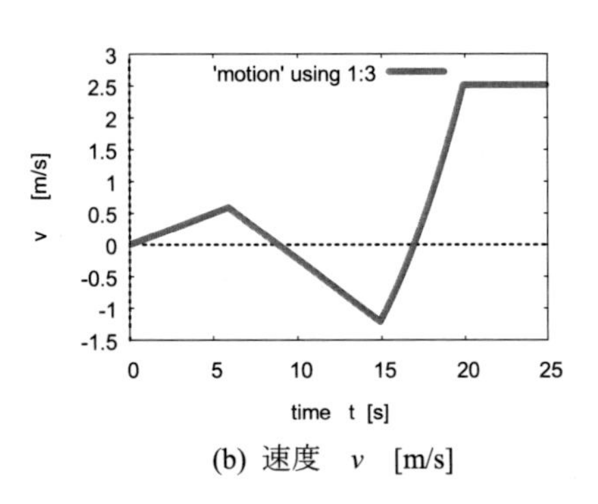

(b) 速度 v [m/s]

```
-------------  車の移動  -----------
#include <stdio.h>
#include <math.h>
#define GP "gnuplot"

int main(){

  int    i, ii, NT=250;
  double ti, a[NT], v[NT], x[NT], dt=0.1;
  char   *fg[3], *lab[3], *F0="motion";
  FILE   *FF0, *PGP ;

  FF0=fopen(F0,"w");   v[0]=0.0; x[0]=0.0;
    for(i=1;i<NT;i++){ ti=i*dt;
        if(0.<=ti && ti<6.)    a[i]=0.1;
        if(6.<=ti && ti<15.)   a[i]=-0.2;
        if(15.<=ti && ti<20.)  a[i]=0.1*(ti-10.0);
        if(20.<=ti)            a[i]=0.0;
    v[i]=v[i-1]+a[i]*dt; x[i]=x[i-1]+v[i]*dt;
    fprintf(FF0,"%8.3f %8.3f %8.3f %8.3f ¥n",ti,a[i],v[i],x[i]);
    }
  fclose(FF0);
```

'motion' using 1:4

x [m]

time t [s]

t [s]

(c) 位置 x [m]

図 3.4　例題 3.2　車の移動

```
  fg[0]="fg0.emf"; fg[1]="fg1.emf"; fg[2]="fg2.emf";
  lab[0]="a    [m/s^2]"; lab[1]="v      [m/s]"; lab[2]="x      [m]";

  PGP=popen(GP,"w");
   fprintf(PGP,"set term emf size 424,300 ¥n set key left ¥n");
   fprintf(PGP,"set zeroaxis lt -1 lw 2 dt 3 ¥n set xlabel 'time   t  [s]' ¥n");
    for(i=0;i<3;i++){ii=i+2;
     fprintf(PGP,"set output '%s' ¥n",fg[i]);
     fprintf(PGP,"set ylabel '%s' ¥n",lab[i]);
     fprintf(PGP,"plot '%s' using 1:%d with lines lw 5 ¥n",FO,ii);
    fflush(PGP);
    }
  pclose(PGP);

  return 0;
}
```

㉚ using 1:%d ：欄記述子の桁指定 1:%d は整数で行う．ここでは ii の値が代入され，1 と ii 桁のデータが x 軸 y 軸に読み込まれる．文字やファイル名の様に ’ ‘ で囲む必要は無く直接入力となる．

㉛ if(0.<=ti && ti<6.) ：0<=ti<6 の条件設定．if で文を 1 行の中に記述する場合は{ } を省く．演算は &&：論理積，||：論理和，!：否定 を示し，== ：等しい，!= ：違う，<=, < ：大小関係を示す．

問 3. 5　加速度の関数を適当に定め，例題 3.2 の様に速度と位置を計算し，それぞれ図示せよ．

問 3. 6　地上で M kg のエレベーターを次の関数化した力で上げ下げしている．

$$f = Mg + Ma_n(t) : n < 5 .$$

力を適当に決め，加速度変化を数回行って静かに上階で止まる状態をシミュレーションせよ．またその時の加速度，速度，位置（高さ）を図示せよ．

3. 3　物体の回転運動と角運動量保存の法則

◆ 1. 角運動量と保存則

長さ λ の糸に吊るした重りを回転させ，回転振り子として図 3.5 のように円運動させたとする．この時，回転運動は保存され重りは回転し続ける．ここで，重りの高さを変えずに糸を少しずつ静かに縮めると，回転しているフィギュア・スケートの選手が体を縮めるときと同じ様に，小さい回転半径で回転が速くなることは我々の認識していることがらである．こうした性質は**角運動量の保存則**と呼ばれ物理学の基本法則となる．単位は[kg·m²/s = N·m·s] である．この**角運動量**は，x-y 平面内での回転の場合，半径 $\boldsymbol{r}$ と回転体の運動量 $\boldsymbol{p}$ との**外積**

$$\begin{aligned}\boldsymbol{L} &= \boldsymbol{r} \times \boldsymbol{p} = (x\,\mathbf{i} + y\,\mathbf{j}) \times (p_x\mathbf{i} + p_y\mathbf{j}) \\ &= (xp_y - yp_x)\,\mathbf{k} = rp\,\mathbf{k}\end{aligned} \tag{3.12}$$

として定義される．

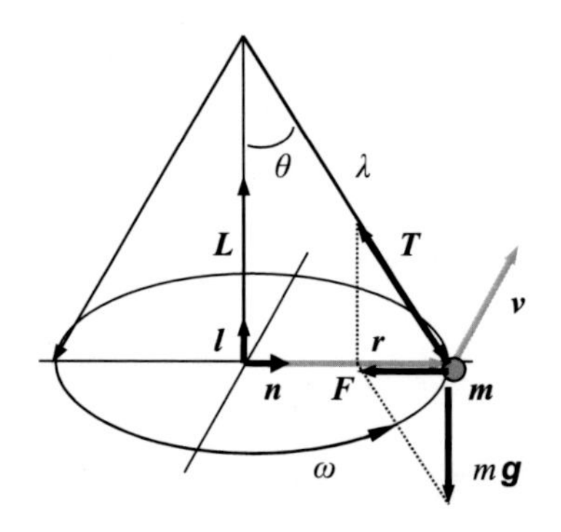

図 3.5　円錐振り子と角運動量

ベクトルの外積は**右手系**で扱い，$\boldsymbol{L}$ は回転面に垂直なベクトルとなる．**k** はその単位ベクトルである．一般的には第 2 章 3 節のベクトルの回転変化を用い，**k** を $\boldsymbol{l}$ に替えて

$$\boldsymbol{L} = \boldsymbol{r} \times \boldsymbol{p} = \boldsymbol{r} \times m\boldsymbol{v} = r \cdot mr\omega\, \boldsymbol{l} = mr^2 \omega\, \boldsymbol{l} = I\, \omega\, \boldsymbol{l} \tag{3.13}$$

と書きまとめる．I を**慣性モーメント**と言う．外力が働くと角運動量は保存されない．

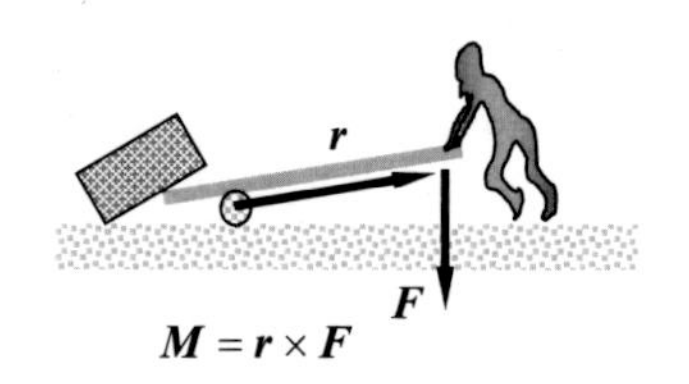

図 3.6　テコの回転力

図 3.6 の様に力 $\boldsymbol{F}$ が梃として働く回転力 $\boldsymbol{M}$ は式(3.12)で表される．

$$\boldsymbol{M} = \dot{\boldsymbol{L}} = \boldsymbol{r} \times \dot{\boldsymbol{p}} == \boldsymbol{r} \times \boldsymbol{F} \tag{3.14}$$

回転の状態を変える**一般的な回転力 $\boldsymbol{M}$ を偶力**（**偶力のモーメント**）または**トルク**と言う．

$$\boldsymbol{M} = \dot{\boldsymbol{L}} = \frac{\partial}{\partial t} I\omega\, \boldsymbol{l} = \dot{I}\omega\, \boldsymbol{l} + I\dot{\omega}\, \boldsymbol{l} + I\omega\, \dot{\boldsymbol{l}} \tag{3.15}$$

これらは，第一項：慣性モーメントの変化，第二項：外力 $\boldsymbol{F}$ による回転速度の変化，第三項：回転面の首振り，を意味する．外力が無く角運動量が保存される時は，時間変化を 0 として

$$\dot{\boldsymbol{L}} = 0 \tag{3.16}$$

と表される．これを**角運動量保存の法則**と言う．

◆ 2. 円錐振り子

図 3.5 での回転の様子をもう少し詳しく考えてみよう．運動量の変化は糸の張力 $\boldsymbol{T}$ と重力 $m\boldsymbol{g}$ の和によって引き起こされる．一定回転なので，(2.19) 式で力は回転面内の向心力だけとなり

$$\boldsymbol{F} = \boldsymbol{T} + m\boldsymbol{g} = -mg\tan\theta\boldsymbol{n}$$

$$= \dot{\boldsymbol{p}} = m\ddot{\boldsymbol{r}} = -m\frac{v^2}{r}\boldsymbol{n} \qquad \text{N} \qquad (3.17)$$

となり，**向心力と重力と張力が釣り合**う．速さと角速度は

$$v = r\omega = \sqrt{rg\tan\theta} \qquad \text{m/s}$$

$$\omega = \sqrt{\frac{g\tan\theta}{r}} = \sqrt{\frac{g}{l\cos\theta}} \qquad \text{rad/s} \qquad (3.18)$$

なる関係を満たしていることが分かる．これより角運動量は

$$\boldsymbol{L} = m\lambda^2\sin^2\theta\sqrt{\frac{g}{\lambda\cos\theta}}\,\boldsymbol{l} \qquad \text{kg m}^2\text{/s} \qquad (3.19)$$

と表わされる．周期 τ は次の様になる．

$$\tau = 2\pi\sqrt{\frac{\lambda\cos\theta}{g}} \qquad (3.20)$$

例題 3. 3　遊園地に 1 台 80kg の飛行機が 6 台，長さ λ=10m の鎖で柱に釣り下げられた回転浮遊型の乗り物がある．この乗り物が平均 50kg の客をそれぞれに乗せて回転を始めた．開角が 20° から浮き上がるようになっているが，止め具から浮き上がるまでに動き出してから t=3 分かかった．鎖の重さ等は無視できるとして答えよ，a) 装置と人の角運動量の総和 $\boldsymbol{L}$ はいくらか. b) この遊戯装置の作り出す平均のトルク M はいくらか．c) 一回転するのに何秒かかるか. d) 子供がお菓子を落としたらどうなるか. e) また角運動量保存の法則として 1 つ 1 つの角運動量はどうなったか.

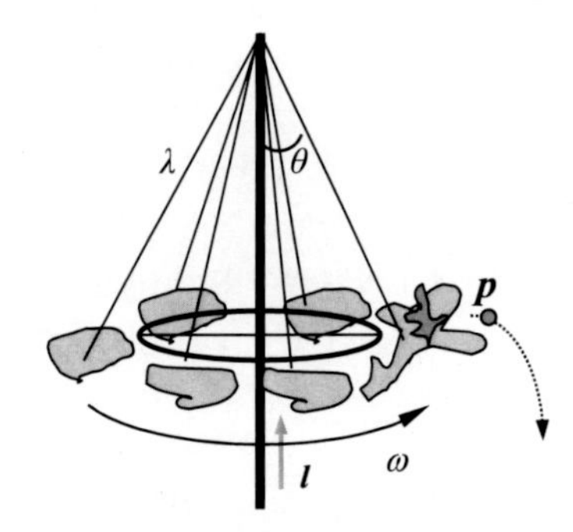

(a) 回転する乗り物

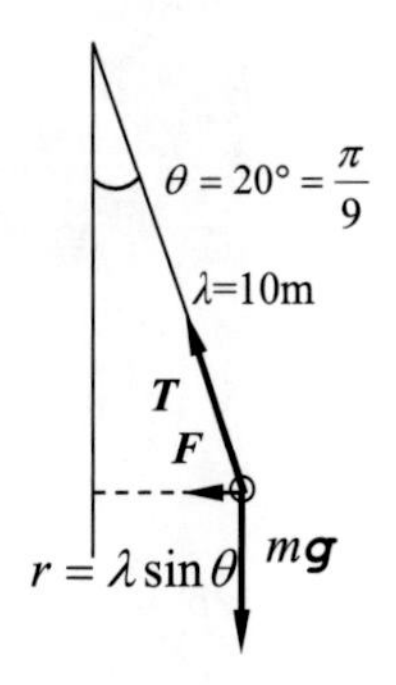

(b) 張力，重力，向心力

図 3.7　例題 3.3
回転浮遊型の乗り物

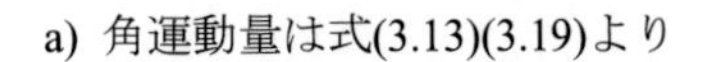
a) 角運動量は式(3.13)(3.19)より

$$\boldsymbol{L} = \boldsymbol{M}t = m\lambda^2\sin^2\theta\sqrt{\frac{g}{\lambda\cos\theta}}\,\boldsymbol{l}$$

$$= 7.8\times10^4\times0.117\sqrt{9.8/9.4} = 9.312\times10^3\,\boldsymbol{l} \qquad ①$$

となる．$\boldsymbol{l}$は支柱の空に向かう単位ベクトルである．b) これよりトルクMは

$$M = L / t = 9.312\times10^3 / 3\times60 = 51.73\dot{3} \qquad \text{Nm} \qquad ②$$

となる．c) 回転周期は

$$\tau = 2\pi\sqrt{\frac{\lambda\cos\theta}{g}} = 6.28\times0.98 = 6.15 \qquad \text{s} \qquad ③$$

となる．d) 落としたお菓子は初速度

$$v = r\omega = \sqrt{rg\tan\theta} = \sin\theta\sqrt{\frac{\lambda g}{\cos\theta}}$$

$$= 0.342\sqrt{\frac{98}{0.94}} = 3.492 \qquad \text{m/s} \qquad ④$$

で前方（接線方向）に飛び出し２次関数（放物線）を描いて落下する．e) 乗り物を回転させるトルク$\boldsymbol{M}$が生まれるとき，支柱を回転軸に地球を逆方向に回転させ，地球を含む全角運動量は不変となる．お菓子の支柱に対する角運動量$\boldsymbol{r}\times\boldsymbol{p}$は落下中も不変であるが，系として乗り物からお菓子を切り離すと，系の角運動量$\boldsymbol{L}$はその分減少する．

問 3. 7　開き角がθ=30°で周期がτ=１秒の円錐振り子の紐の長さλはいくらか. この時 1kg の重りを付けたら角運動量Lはいくらになるか．ひもの張力Tはいくらか.

問 3. 8　サーキットで 1000 kg の車が曲率半径r=100 m のカーブを時速v=100 km/h で曲がった．タイヤ全体の受ける力Fはいくらか．横ずれ力の無い路面の斜度θは何度か.

◆ 3. 惑星の運動

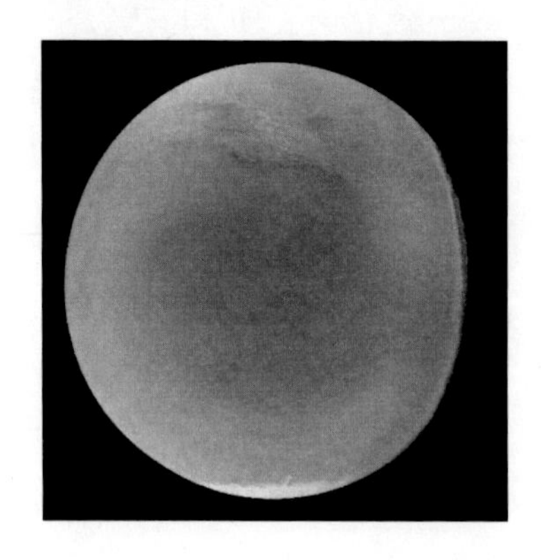

図 3.8 NASA が Web 上で公開している天体写真の火星と土星
火星には影と極の部分の観察から大気が存在することが分かる．土星はボイジャー２による映像.

太陽の周りには、水金地球火木土天王海王（星）なる惑星が存在する．惑星は太陽を含むほぼ 1 つの平面内に公転軌道が収まり，地球から見ると天空上で黄道の近くを移動し，図 3.9 の様に時々逆方行に向きを取るので惑星と名付けられた．総ての惑星の移動を問 3.9 で確かめよう．

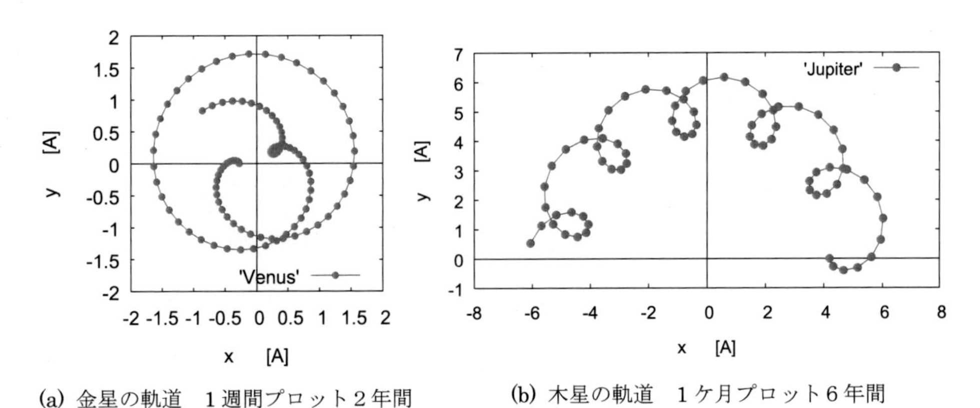

(a) 金星の軌道　1 週間プロット 2 年間　　(b) 木星の軌道　1 ケ月プロット 6 年間

図 3.9　惑星軌道平面で地球を中心とした金星と木星の位置

惑星は原点から描点の方角に天球儀上を移動する．最近接 y=0 を初期位置とした移動を示す．

単位 A を天文単位（地球と太陽の距離）の A=1.496×10^{11} m として，地球から見た木星の位置を $P(x,y)$で表した．以下に gcc プログラムを示す．

-------------------------------------- jupiter.c -----------------------------------

```
#include <stdio.h>
#include <math.h>
#define GP "gnuplot"
#define F0 "Jupiter"

int main(){

  int    i, m=12, n=72;
  double dx, dy, c, c1;
  double r=1.0, r1=5.2, t=1.0, t1=11.86, pi=3.1415;
  FILE   *FF0, *PGP;

  FF0=fopen(F0,"w");
    for(i=0;i<n;i++){ c=i*2*pi/(t*m); c1=i*2*pi/(t1*m);
        dx=r1*cos(c1)-r*cos(c); dy=r1*sin(c1)-r*sin(c);
  fprintf(FF0,"%8.4f %8.4f ¥n",dx,dy);
    }
  fclose(FF0);

  PGP=popen(GP,"w");
   fprintf(PGP,"set term emf size 560,300 ¥n set output 'jupi.emf' ¥n ");
   fprintf(PGP,"set xlabel 'x      [A]' ¥n set ylabel 'y     [A]' ¥n ");
   fprintf(PGP,"set size ratio -1 ¥n set zeroaxis lt 8 ¥n");
   fprintf(PGP,"plot '%s' with linespoints pt 7 ¥n",F0);
  fflush(PGP);  pclose(PGP);

  return 0;
}
```

㉜ set zeroaxis lt 8 ：形式 8 の線を使い，原点上に座標を描く．
㉝ set size ratio -1 ：plot で縦横比を変更せずに寸法通りに描く．
㉞ plot '%s' with linespoints pt 7 ：形式 7 の点描で，線と点の両方でグラフを描く．

問 3. 9　地球から見た全惑星の天球儀上の運動を示せ．

太陽の万有引力による惑星の運動を考えてみよう．ケプラー(Kepler)はチコ・ブラーエ(Tycho Brache)の天体観測結果を地動説に従って整理し，惑星の運動に関し次の様な法則を得た（**ケプラーの法則**）．こうした運動法則は第二章で学んだベクトルの時間変化を用いて的確に記述される．

（1）公転の面積速度（$\frac{1}{2}r^2\dot{\varphi}$）が一定となる．
（2）太陽を焦点とする楕円軌道をとる．
（3）公転周期 τ の 2 乗と軌道の長軸 a の 3 乗との比は惑星に関係なく一定である．

ニュートンは，これらの結果が万有引力によって説明されることを示した．惑星を系とする時，系に働く外力は式(2.24)と式(3.2)で表され，太陽に向かう向心力のみとなる．

$$\begin{aligned} \boldsymbol{F} &= -G\frac{Mm}{r^2}\boldsymbol{n} \qquad \text{N} \\ &= m\ddot{\boldsymbol{r}} = m\left(\ddot{r} - r\dot{\varphi}^2\right)\boldsymbol{n} + m\left(2\dot{r}\dot{\varphi} + r\ddot{\varphi}\right)\boldsymbol{f} = m\left(\ddot{r} - r\dot{\varphi}^2\right)\boldsymbol{n} \end{aligned} \tag{3.21}$$

ここで 2 項目の $\boldsymbol{f}$ ベクトルは係数が 0 で

$$\frac{1}{r}\frac{d}{dt}\left(r^2\dot{\varphi}\right) = 2\dot{r}\dot{\kappa} + r\ddot{\varphi} = 0 \tag{3.22}$$

と書きまとめられる．これはケプラーの第一法則に他ならない．ここで角運動量について考えてみよう．惑星の角運動量は平面上の位置ベクトルと速度ベクトルの関係から

$$\boldsymbol{r} = r\,\boldsymbol{n}, \qquad \boldsymbol{v} = \dot{\boldsymbol{r}} = \dot{r}\,\boldsymbol{n} + r\dot{\varphi}\,\boldsymbol{f}$$

$$\boldsymbol{L} = \boldsymbol{r} \times m\boldsymbol{v} = mr^2\dot{\varphi}\,\boldsymbol{l} = I\omega\,\boldsymbol{l} \qquad \text{kg m}^2\text{/s} \tag{3.23}$$

と書き表わされる．この時間変化は式(3.14)そのもので

$$\dot{\boldsymbol{L}} = 0 \tag{3.24}$$

となり角運動量が保存される．この様にケプラーの第一法則は角運動量保存の法則と等価である．ケプラーの第二法則によれば，惑星の軌道は楕円となる．楕円軌道は a, b をそれぞれ長軸と短軸の長さとすると，**二つの焦点からの距離の和が 2*a*** となる

$$\overline{\text{OP}} + \overline{\text{O'P}} = \overline{\text{OB}} + \overline{\text{O'B}} = 2a \tag{3.25}$$

点 $P(x,y)$の集合として定義される．焦点位置は離心率 e を用いて ea で表わされ，三角形Δ0OBで

$$e = \sqrt{1 - b^2/a^2} \tag{3.26}$$

なる関係が満たされる（図 3.9）．焦点の太陽から一番近い場所A点を近日点と言い，中心から近日点までの距離を長軸半径（$a=\overline{0\mathrm{A}}$）と言う．

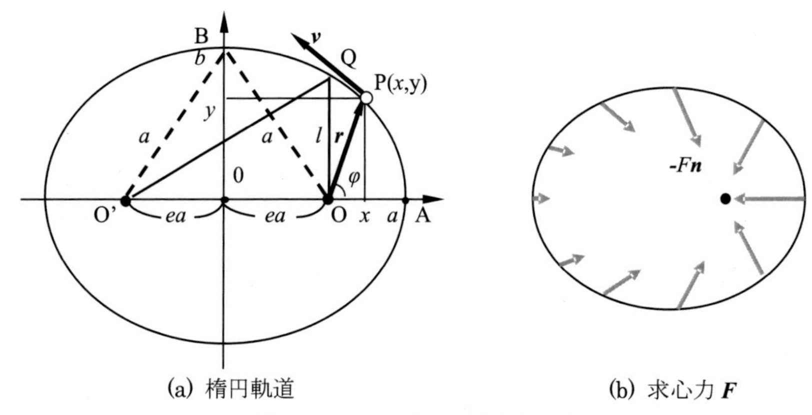

(a) 楕円軌道　　(b) 求心力 ***F***

図 3.10　惑星の楕円軌道と求心力

x が 1 つの焦点位置に来たとき y の値を半直弦 $l=\overline{\mathrm{OQ}}$ とすれば，三角形 ΔO'OQ で次式が成立つ．

$$
\begin{aligned}
&(2a-l)^2=(2ea)^2+l^2\\
&\rightarrow\quad l=a\left(1-e^2\right)=\frac{b^2}{a}
\end{aligned}
\tag{3.27}
$$

焦点の回りの任意の回転角を φ とすれば，直角三角形 ΔO'xP での r,x,y と $2a-r=\overline{\mathrm{O'P}}$ より

$$
y^2=r^2\left(1-\cos^2\varphi\right) \tag{3.28}
$$

$$
(2a-r)^2=(2ea+r\cos\varphi)^2+y^2 \tag{3.29}
$$

なる関係が成り立つ．ここに r を $\cos\varphi$ で表すことが出来て，結局，軌道半径と回転角度の関係は

$$
\begin{aligned}
&r\left(1+e\cos\phi\right)=a\left(1-e^2\right)\\
&r=\frac{a\left(1-e^2\right)}{1+e\cos\varphi}=\frac{l}{1+e\cos\varphi}
\end{aligned}
\tag{3.30}
$$

と書きまとめられる．角速度は角運動量の大きさを L とすると(3.23)式から

$$
\dot{\varphi}=\frac{L}{mr^2}\qquad \text{rad/s} \tag{3.31}
$$

となる．これより軌道半径の変化は

$$
\dot{r}=\frac{dr}{d\varphi}\frac{d\varphi}{dt}=\frac{el\sin\varphi}{(1+e\cos\varphi)^2}\dot{\varphi}=\frac{er^2\sin\varphi}{l}\frac{L}{mr^2}=\frac{eL\sin\varphi}{lm} \tag{3.32}
$$

$$
\ddot{r}=\frac{eL\cos\varphi}{lm}\dot{\varphi}=\frac{L}{lm}\left(\frac{l}{r}-1\right)\frac{L}{mr^2}=\frac{L^2}{m^2}\left(\frac{1}{r^3}-\frac{1}{lr^2}\right) \tag{3.33}
$$

と展開される．この$\dot{\varphi}$と$\ddot{r}$の式を求心力の (3.21) 式に代入すれば

$$\boldsymbol{F} = -G\frac{Mm}{r^2}\boldsymbol{n} = m\left(\ddot{r} - r\dot{\phi}^2\right)\boldsymbol{n} = -\frac{L^2}{mlr^2}\boldsymbol{n} \tag{3.34}$$

なる関係を得る．これは惑星に働く求心力がケプラーの第二法則から導かれることを意味する．

いま楕円の面積を面積速度と回転周期τで表わせば角運動量は

$$\pi ab = \frac{1}{2}r^2\dot{\varphi}\tau = \frac{L}{2m}\tau \qquad \mathrm{m^2} \tag{3.35}$$

$$L = \frac{2\pi abm}{\tau} \qquad \mathrm{kg\ m^2/s} \tag{3.36}$$

となるから，(3.34)式の求心力の式は$l = b^2 / a$を用いて

$$\boldsymbol{F} = -G\frac{Mm}{r^2}\boldsymbol{n} = -\frac{4\pi^2 a^3 m}{\tau^2}\frac{1}{r^2}\boldsymbol{n} \tag{3.37}$$

と書かれる．　これより

$$GM = \frac{4\pi^2 a^3}{\tau^2} = \mathrm{const} \qquad \mathrm{m^3/s^2} \tag{3.38}$$

となってケプラーの第三法則が導かれる．

図 3.11　Hyakutake 彗星（NASA JPL 公開写真集より）by Shigemi Numazawa /Niigata, Jpn.

Hyakutake 彗星は 1996 年春に夜空を賑わした．太陽風を受け彗星から蒸発した水やメタンや塵などの気体が太陽の反対方向になびき，太陽から放射される光やイオンによる圧力が彗星の重力よりも大きい部分はちぎれ飛ぶ．

問 3.10　静止衛生軌道の公転半径を求めよ．又地球半径の何倍か．

問 3.11　太陽中心の地球の角運動量と地球中心の月の角運動量はいくらか．

例題 3. 4　Faye 彗星の軌道について答えよ．a) 面積速度はいくらか．b) 太陽から受ける万有引力加速度の最大値・最小値を求めよ．c) 近日点の速度を求めよ．軌道は公転周期 $\tau(P)$=7.52 年，離心率 e=0.568，近日点は q=1.657 天文単位となる．

1 天文単位は $A=1.496\times10^{11}$m である．近日点距離 q と長軸半径 a と遠日点距離 Q は，楕円軌道（惑星や太陽や他の天体の影響を受け軌道と周期は変化することがある）として扱うと

$$q = 1.657A = 1.657\times1.496\times10^{11} = 2.48\times10^{11} \quad ①$$

$$a = \frac{q}{1-e} = \frac{2.48\times10^{11}}{0.432} = 5.74\times10^{11} \quad ②$$

$$Q = \frac{1+e}{1-e}q = \frac{1.568}{0.432}\times2.48\times10^{11} = 9.0\times10^{11} \quad ③$$

となる．a) 面積速度は角運動量と周期との関係より(3.25),(3.35),(3.36)式を用いて

$$b = a\sqrt{1-e^2} \quad ④$$

$$\frac{1}{2}r^2\dot{\varphi} = \frac{L}{2m} = \frac{\pi ab}{\tau} = \frac{\pi a^2\sqrt{1-e^2}}{\tau}$$
$$= \frac{3.14\times5.74^2\times10^{22}\sqrt{1-0.568^2}}{2.37\times10^8} \quad \mathrm{m^2/s} \quad ⑤$$
$$= 3.59\times10^{15}$$

となる．b) 太陽から受ける万有引力加速度は近日点，遠日点で

$$\alpha = q\dot{\varphi}^2 = \frac{GM}{q^2} = \frac{6.672\times10^{-11}\times1.989\times10^{30}}{2.48^2\times10^{22}} = 2.16\times10^{-3} \quad ⑥$$

$$\beta = \frac{GM}{Q^2} = \frac{1.327\times10^{20}}{81.0\times10^{22}} = 1.64\times10^{-4} \quad ⑦$$

となる．c) 近日点の速度は近日点距離 $r=q, \varphi_q=0$ に式①②の結果と式(3.30)(3.35)を用いて

$$r = a(1-e^2)/(1+e\cos\varphi) \quad ⑧$$

$$\dot{S} = \frac{\pi a^2\sqrt{(1-e^2)}}{\tau} = \frac{1}{2}r^2\dot{\varphi} \quad \mathrm{m^2/s} \quad ⑨$$

$$v_q = q\dot{\varphi}_q = q\frac{2\pi(1+e)^2}{(1-e^2)^{3/2}\tau} \quad \mathrm{m/s} \quad ⑩$$

なる関係式を得る．なを近遠日点では $\ddot{r}=0$ である．これより

$$v_q = 2.48\times10^{11}\times\frac{2\times3.14\times1.528^2}{0.677^{3/2}\times2.37\times10^8} = 2.90\times10^4 \quad ⑪$$

となる．この速度は円軌道の $v_{citcle} = \sqrt{GM/q} = 2.31\times10^4$ よりも若干早い．

問 3.12　地球を回る人工衛星の円軌道半径が半分になった．角運動量は何倍になったか．
問 3.13　太陽系のある離心率を持った彗星について，近日点の速度を求めよ．

3.4　エネルギー保存の法則と外力

◆ 1. エネルギー保存則

重たい物を持ち上げたり，物体に速度を与え運動を引き起こすことを**仕事**と言う．この仕事は**力 $\boldsymbol{F}$ と運ぶ距離 $\boldsymbol{r}$ の内積**（スカラー量）として

$$\begin{aligned}\int \boldsymbol{F}\cdot d\boldsymbol{r} &= \int (F_x\mathbf{i}+F_y\mathbf{j}+F_z\mathbf{k})(dx\,\mathbf{i}+dy\,\mathbf{j}+dz\,\mathbf{k}) \\ &= \int F_x dx + \int F_y dy + \int F_z dz \qquad \mathrm{J} \qquad (3.39) \\ &= \int F\cos\theta dr\end{aligned}$$

と書き表される．こうした量は**エネルギー**と言う概念で統一的に扱うことができる．エネルギーの単位を**ジュール[J]**で表わす．外力が物体の運動を引き起こすとして上式を変形すると

$$\int \boldsymbol{F}\cdot d\boldsymbol{r} = \int m\frac{d\boldsymbol{v}\cdot d\boldsymbol{r}}{dt} = \int m\boldsymbol{v}\cdot d\boldsymbol{v} = \frac{1}{2}m\boldsymbol{v}^2 = \frac{\boldsymbol{p}^2}{2m} = T \qquad (3.40)$$

なる式が得られる．この $\boldsymbol{T}$ を**運動エネルギー**と言う．これに対し空間の歪場（重力場，電場，磁場，あるいは物体のひずみやバネなど）の力に逆らってした仕事はその分だけ**場の歪**に蓄えられる量となる．これは

$$U = -\int \boldsymbol{F}\cdot d\boldsymbol{r} = -(\int F_x dx + \int F_y dy + \int F_z dz) \qquad (3.41)$$

と表される．この $\boldsymbol{U}$ を**位置エネルギー（ポテンシャル・エネルギー）**と言う．運動エネルギー $\boldsymbol{T}$ と位置エネルギー $\boldsymbol{U}$ の和 E は，系を決めると保存され

$$E = T + U = \frac{1}{2}m\boldsymbol{v}^2 + U(r) \qquad \mathrm{J}$$

$$= \frac{1}{2}m(v_x^2+v_y^2+v_z^2) + U(r) \qquad : \mathrm{const} \qquad (3.42)$$

としてエネルギーを一定にする方程式を形成する．これを**エネルギー保存の法則**と言う．摩擦熱も原子や分子の結合における運動エネルギーと結合の位置エネルギーとなる．この様にエネルギーには**運動**と**場の歪**と言う二つの形態が有り，**エネルギーは２次元量**を成す．
ちなみにバネ振動や惑星の運動を示す極座標系でのエネルギー保存の法則は次の様に表される．

$$E = \frac{1}{2} m \dot{x}^2 + \frac{1}{2} k x^2 \qquad (3.43)$$

$$E = \frac{1}{2} m (\dot{r}^2 + r^2 \dot{\phi}^2) - G \frac{Mm}{r} \qquad (3.44)$$

例題 3. 5　a) バネの位置エネルギーと，b) 万有引力の位置エネルギーの基本式を求めよ．

a) 自然長の長さを 0 としてバネを x 方向に伸ばし，方向単位ベクトルを $\boldsymbol{n}$ とする．バネの伸び方向を $\boldsymbol{n}$ とすると，力 $\boldsymbol{F}$ と蓄える位置エネルギーは次の様になる．

$$U = -\int \boldsymbol{F} \cdot d\boldsymbol{x} = -\int -k\, x\, \boldsymbol{n} \cdot dx\, \boldsymbol{n}$$
$$= k \int x\, dx = \frac{1}{2} k\, x^2 \qquad ①$$

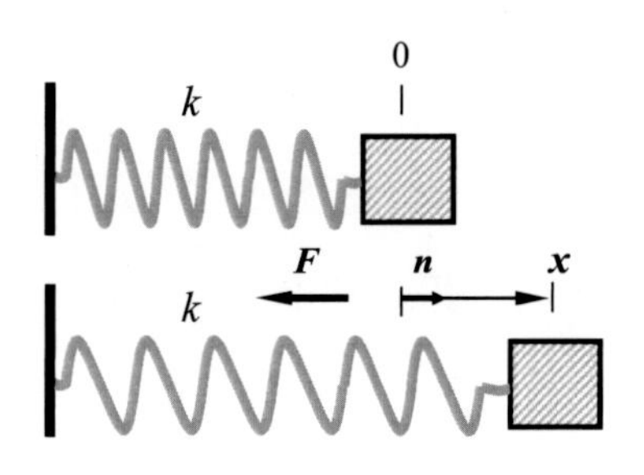

図 3.12　バネの位置エネルギー

b) 万有引力の場合は無限遠 $r=\infty$ を $U=0$ として基準に取る．力 $\boldsymbol{F}$ の方向は太陽の方向で，位置ベクトル $\boldsymbol{r}$ の単位方向ベクトル $\boldsymbol{n}$ とは逆向きとなる．よって積分した値は次の様になる．

$$U = -\int \boldsymbol{F} \cdot d\boldsymbol{r} = -\int_{\infty}^{r} -G \frac{Mm}{r^2} \boldsymbol{n} \cdot dr\, \boldsymbol{n}$$
$$= G Mm \int_{\infty}^{r} \frac{1}{r^2} \cdot dr = G Mm [-\frac{1}{r}]_{\infty}^{r} \qquad ②$$
$$= -G \frac{Mm}{r}$$

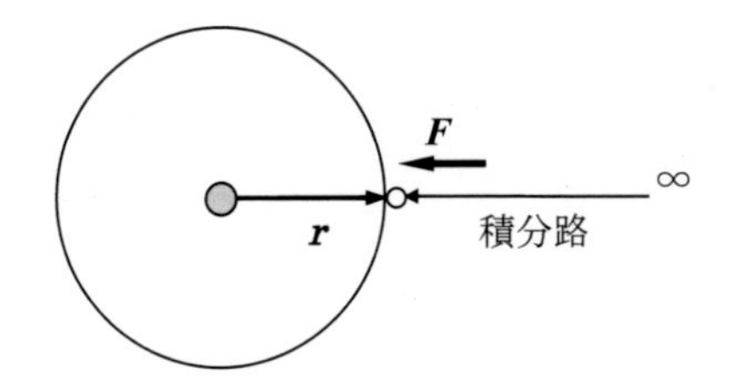

図 3.13　万有引力の位置エネルギー

問 3.14　太陽を中心とした地球の運動エネルギーと位置エネルギーを別々に求め比較せよ．
問 3.15　地表近くで水平に飛び出したロケットが人工衛星になる条件を求めよ．
問 3.16　ロケットが地球から地球の引力圏外に飛び出すのに最低いくらの初速度が必要か．
問 3.17　地球の公転軌道から太陽の引力圏外へ飛び出すロケットの脱出速度はいくらか．

◆ 2. エネルギーと力

位置エネルギーは水を山の上に運ぶこととして考えておくと分かりやすい．このイメージは運動が引き起こされる時の幾つかの基本的現象を見るのに都合が良い．水は山の上からより低い谷間に向けて流れ出す．流れ出す力は水車をも動かし，位置エネルギー分だけ運動エネルギーに入れ換わる．この様に位置エネルギーには質量の有る物体の運動を引き起こす能力を持つ．

3.4-2　エネルギーと力

位置エネルギーを力に逆らって進む変位ベクトルの内積積分で表わしたが，これと逆に力を位置エネルギーの位置ベクトルの微分で表わしてみよう：

$$U=-\int \boldsymbol{F}\cdot d\boldsymbol{r} \Leftrightarrow \boldsymbol{F}=-\nabla U \quad \left\{=-\frac{\partial U}{\partial \boldsymbol{r}}\right\}. \qquad \text{J} \tag{3.45}$$

ここで{ }は形式的な意味で分かり易く書いたが，数学では用いない．記号**∇はナブラ**と言い，偏微分 ∂（ラウンド）を用いた空間座標に関するベクトル微分を意味する：

$$\nabla=\frac{\partial}{\partial x}\mathbf{i}+\frac{\partial}{\partial y}\mathbf{j}+\frac{\partial}{\partial z}\mathbf{k} \quad . \tag{3.46}$$

２次元極座標では

$$\nabla=\frac{\partial}{\partial r}\boldsymbol{n}+\frac{\partial}{r\partial \varphi}\boldsymbol{f} \quad . \tag{3.47}$$

となる．$\partial/\partial x$ は**偏微分**記号で，変数による微分に関しその変数以外の量は一定とする．

$$\frac{\partial}{\partial x}U(r)=\lim_{\Delta x\to 0}\frac{U(x+\Delta x,y,z)-U(x,y,z)}{\Delta x} \tag{3.48}$$

$$\boldsymbol{F}=-\nabla U(r)=-\frac{\partial U}{\partial x}\mathbf{i}-\frac{\partial U}{\partial y}\mathbf{j}-\frac{\partial U}{\partial z})\mathbf{k}$$

$$=F_x\mathbf{i}+F_y\mathbf{j}+F_z\mathbf{k} \qquad \text{N} \tag{3.49}$$

このように力$\boldsymbol{F}$は位置エネルギーの微分（**傾き**）グラディエントとして表わされる．これを

$$\boldsymbol{F}=-\nabla U=-\mathrm{grad}U \tag{3.50}$$

と書く．

例題 3. 6　右図の様に滑車を使って物を持ち上げた．エネルギーと力の関係を述べよ．

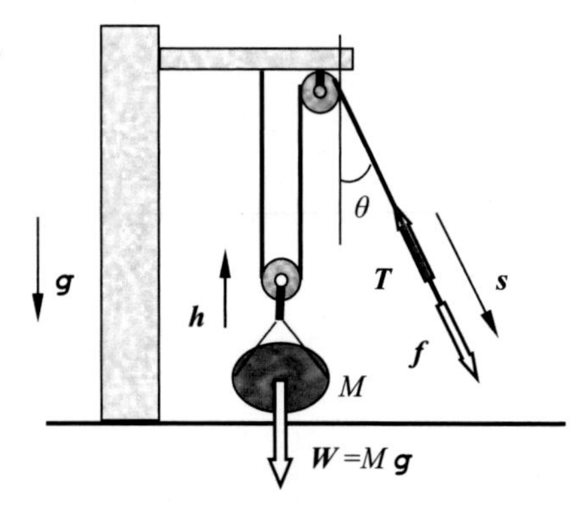

図 3.14　例題 3.6 滑車とエネルギー

滑車はロープの方向を終端の力の方向に自由に変えるから，仕事は角度θに関係なく単に引っ張る力Fとロープの長さsとの積$F\ s$で与えられる．荷物を持ち上げる高さは引っ張ったロープの長さの半分であることをすると，荷物の位置エネルギーと仕事の関係は，外からの仕事が直接荷物の位置エネルギーとなって，位置エネルギーの増加は単に

$$U = \int \boldsymbol{f} \cdot d\boldsymbol{s} = -\int \boldsymbol{T} \cdot d\boldsymbol{s} = f\,S$$
$$= -\int \boldsymbol{W} \cdot d\boldsymbol{h} = Wh = \frac{1}{2} W\,S \qquad ①$$

$$S = 2h \qquad \text{m} \qquad ②$$

で与えられる．ここで荷物の荷重ベクトル $\boldsymbol{W}$ と位置の変位ベクトル $\boldsymbol{h}$ は逆向きなので，積分の負の符号は取れる．力と荷重との関係は

$$f = \frac{1}{2} W \qquad \text{N} \qquad ③$$

となる．

問 3.18　クレーン車が質量 M の荷物をロープで吊るしている．h だけ自由落下させた後、長さ y でロープの動きを止めた．止まるまでの位置エネルギーはいくらか，止まるまでのロープの張力 T と長さ y との関係を示せ．急に止めると危ないのは何故か．

◆ 3. 位置エネルギーの色々

◇　位置エネルギー関数

場の歪エネルギーの形には色々なものがあるが，代表的なものを上げておこう．

$$V(r) = \frac{1}{2} k(r_0 - r)^2 \quad \text{：バネ} \qquad (3.51.a)$$

$$V(r) = -G\frac{Mm}{r} \quad \text{：万有引力} \qquad (3.51.b)$$

$$V(r) = \frac{qq'}{4\pi\varepsilon_0 r} \quad \text{：静電荷（クーロン）} \qquad (3.51.c)$$

$$V(r) = -\frac{q\boldsymbol{v} \cdot q'\boldsymbol{v}'}{4\pi\varepsilon_0 r} \quad \text{：動電荷（アンペール）} \qquad (3.51.d)$$

$$V(r) = \frac{A}{r^{12}} - \frac{B}{r^6} \quad \text{：レナード・ジョーンズ（中性原子）} \qquad (3.51.e)$$

$$V(h) = mgh \quad \text{：地上位置（万有引力近似式）} \qquad (3.51.f)$$

変数 r は２つの物体間の距離を表し，基本的に位置エネルギーは２体が生み出す場の歪エネルギーの重ね合わせとして構成される．a)~e)までの位置は $r = \sqrt{x^2 + y^2 + z^2}$ として３次元で表され，各位置エネルギーは３次元関数となる．

エネルギーの概念には熱エネルギーもあるが，結局は原子レベルでの運動エネルギーと位置エネルギーの和として理解される．電磁波のようなエネルギーは，磁場のエネルギーが運動エネルギーに静電エネルギーが位置エネルギーに対応し，エネルギーは２次元で構成される．

◇　*x-y* 平面に於ける位置エネルギー関数の３Ｄ表現

惑星の運動の様に，位置エネルギーが２次元平面上に制約される様な場合を考えてみる．この場合のポテンシャルエネルギーは x,y の平面関数として立体的に図示することが可能となる．３次元空間での物理量を表す場合，３次元空間の中に透けて見える状態で物理量を作図しなければならず，なかなか難しい．透けて見えない状態では，立体を板の積み重ねとして区分し，２次元平面上での表現を並べて表す方法や，動画として割り出し面を移動させて表現する方法が考えられる．いずれにせよ，３次元物理量の表現は２次元物理量の表現を工夫することで得られる．以下に，２体の１つを原点に固定しもう１つを x,y 平面上に置いて，そのエネルギー関数を立体表現してみよう．式(3.51)のエネルギー関数 a)~ f) は大きく次の３つに分けられる．

①　バネ：　$r=\sqrt{x^2+y^2}$ ，　　$V(r)=\dfrac{1}{2}k(r_0-r)^2$， $k=1, r_0=5$.

バネ a) の変数は１次元で x のみ，２次元で xy，３次元で xyz とする．r-r_0 はバネの全体の伸びだけが歪となること示す．異方性が有る場合は複雑な関数となる．バネを構成する原子同士の結合がずれることで場の歪が増す．その歪エネルギーは原子の結合をもたらす静電的なクーロンエネルギーである．２次元の歪場のエネルギー状態を３章表題の図 3.15 に示す．

②　中心力場：　$r=\sqrt{x^2+y^2}$ ，　　$V(r)=-\dfrac{a}{r}$， $a=1$.

b)~d) は中心力場と呼ばれ単純に２つの物体同士の真空歪のエネルギー場を表す．質量や電荷とその運動の中心は１点に集中し，真空に球対称のベクトルの歪場を生み出す（図 1.27-図 1.29）．２つの存在は単純に図 3.16 に示す様な $1/r$ の距離関数で表される場の歪エネルギーをもたらす．

③　レナード・ジョーンズ：$r=\sqrt{x^2+y^2}$ ，$V(r)=\dfrac{A}{r^{12}}-\dfrac{B}{r^6}$， $A=B=1$.

e) は中性原子同士の関係で，引力的ファンデルワールス力と電子軌道の重なりによる反発力とが互いに打ち消し合った歪場のエネルギーを表し，図 3.17 に示す様な間隔 r の関数となる．

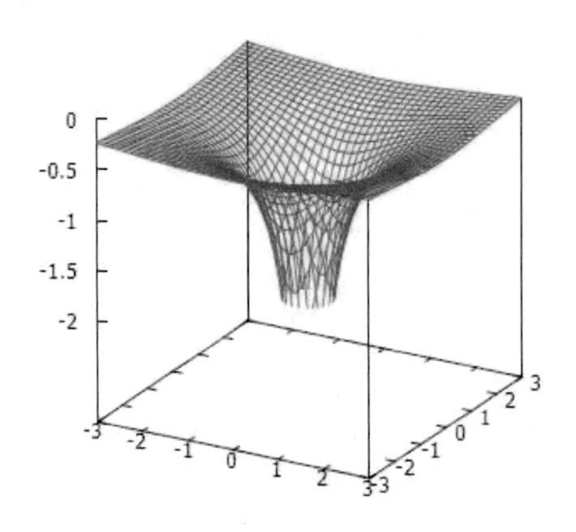

図 3.16　中心力場の位置エネルギー

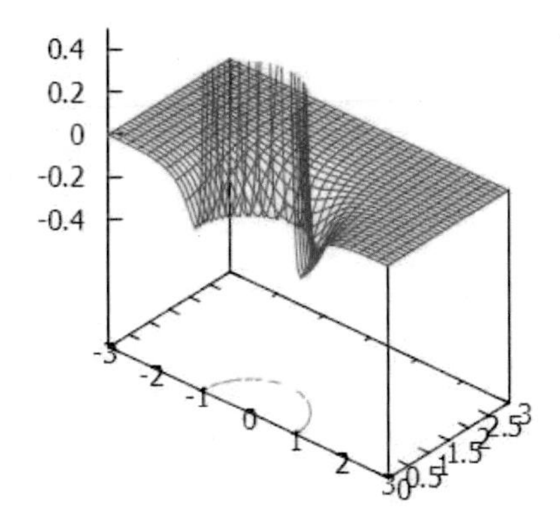

図 3.17　Lennard-Jones ポテンシャル

現実的には３次元ポテンシャルが多くの物質の相互作用を支配している．これは図には簡単に描けないので概念で補って頂きたい．ポテンシャルエネルギーから生まれる力 $\boldsymbol{F}$ はこれらの傾き $\boldsymbol{F}=-\nabla U$ として式(3.49)により単純に定まる．以下に gnuplot のみの入力プログラムを示す．以下のコードを potential3D.dem に入力する．拡張子 dem は gnuplot の実行ファイルを指定する

---------------------------------- potential3D.dem -----------------------------------

```
set term windows size 500,400
set isosamples 40
set contour

f1(x,y)=0.5*(5-sqrt(x*x+y*y))**2
splot [-8:8][-8:8][-5:30] f1(x,y)
pause -1 "Hit return to continue"

f2(x,y)=-1/sqrt(x*x+y*y)
splot [-3:3][-3:3][-2:0] f2(x,y)
pause -1 "Hit return to continue"

set view equal xy
f3(x,y)=1/(x*x+y*y)**6-1/(x*x+y*y)**3
splot [-3:3][0:3][-0.5:0.5] f3(x,y)
pause -1 "Hit return to continue"
```

㉟ set term windows size 500,400：ターミナルを Windows に指定し画面の大きさを 500,400 にする．ターミナル windows は常用画面に指定されているので設定を省くことができる．emf 画面は出力先の指定が必要になる．

㊱ set isosamples 40：描画メッシュを 40 本ずつにする．数が多いと緻密な曲面になる．

㊲ set contour：曲面の等高線を底面に描く．

㊳ splot [-8:8][-8:8][-5:30] f1(x,y)：領域を[x 範囲][y 範囲][f1 範囲]で指定し f1 を３次元表現する．

㊴ pouse -1 "Hit return to continue " で画面の切り替えを行う．set output "+++" でファイルを保存する場合はこの操作は必要ない．画面をコピーして windows ファイルにペーストする．

例題 3. 7　太陽の周りでの重力加速度の働くベクトル場を位置エネルギーから求めよ．

太陽のもたらす重力加速度の場は，惑星の位置エネルギーを

$$U=-G\frac{Mm}{r}=-G\frac{Mm}{\sqrt{x^2+y^2+z^2}} \qquad \text{J} \qquad ①$$

とした時，その傾きを取り質量 m をはずせば

$$\begin{aligned}\boldsymbol{a}&=-\frac{1}{m}\operatorname{grad}U=-\frac{1}{m}\nabla U=G\left(\frac{\partial}{\partial x}\mathbf{i}+\frac{\partial}{\partial y}\mathbf{j}+\frac{\partial}{\partial z}\mathbf{k}\right)\frac{M}{\sqrt{x^2+y^2+z^2}}\\&=-GM\frac{x\mathbf{i}+y\mathbf{j}+z\mathbf{k}}{(x^2+y^2+z^2)^{\frac{3}{2}}}=-G\frac{M}{r^2}\frac{x\mathbf{i}+y\mathbf{j}+z\mathbf{k}}{\sqrt{x^2+y^2+z^2}} \qquad ②\\&=-G\frac{M}{r^2}\boldsymbol{n} \qquad \text{m/s}^2\end{aligned}$$

として得られる．これより太陽からの位置ベクトルに対し，反対向きに距離の２乗に反比例する求心加速度の場が得られる．

◆ 4. ポテンシャル場の衝突

質量 m の粒子がある空間で位置エネルギー$V(\boldsymbol{r})$ を持っていたとする．粒子はこの位置エネルギー場から外力を受けて運動する．第３章，式(3.50)から運動方程式は

$$\boldsymbol{F} = m\ddot{\boldsymbol{r}} = -\nabla V(\boldsymbol{r}) \qquad \text{N}$$

であった．２体の相互作用の場合は作用反作用で互いに反対向きに等しい力を及ぼし合う．位置ベクトルは加速度運動と共に刻々と変化し，相互作用もそれにつれて変化する．次の５節で示す分子動力学法の基本式はこのポテンシャル場の衝突を基礎にする．

例題 3.8　図 4.10 の様な位置エネルギーが２次関数で表される壁にボールが衝突した．ボールの位置を時間の関数として表わせ．質量 m，初速度 v_0 として位置エネルギーが

$$V(x) = ax^2 \qquad \text{J} \qquad ①$$

であるとする．

運動方程式は

$$m\ddot{x} = -\nabla V(x) = -2ax \qquad ; x > 0 \qquad ②$$
$$m\ddot{x} = 0 \qquad ; x < 0 \qquad ③$$

となる．これはバネ振動の半分で開放される運動となる．

$$x = A\sin\omega t \qquad ④$$

を，壁にぶつかり始める時間を $t = 0$ として，代入すると

$$v = \dot{x} = A\omega\cos\omega t \qquad ⑤$$
$$F = -m\omega^2 A\sin\omega t = -2aA\sin\omega t \qquad ⑥$$
$$\omega = \sqrt{\frac{2a}{m}} \qquad \rightarrow \tau = 2\pi\sqrt{\frac{m}{2a}} \qquad ⑦$$
$$\frac{1}{2}mv_0^2 = aA^2 \qquad \rightarrow A = v_0\sqrt{\frac{m}{2a}} \qquad ⑧$$

より位置が定まる．

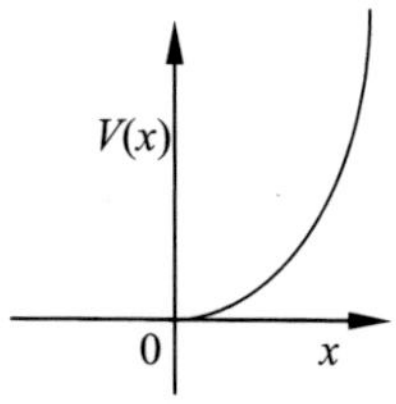

図 4.10　例題 4.4
位置エネルギー

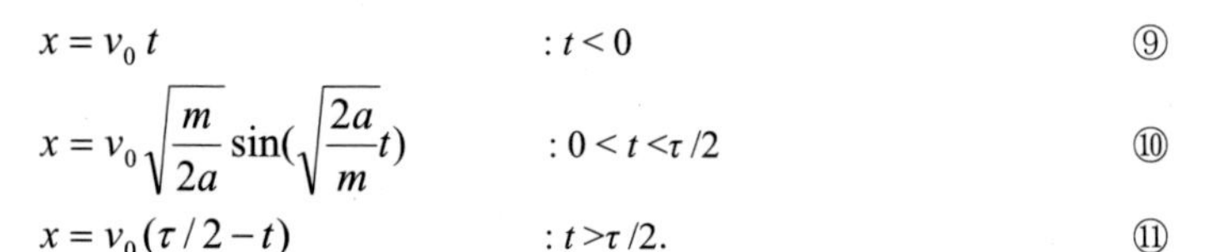

$$x = v_0 t \qquad : t < 0 \qquad ⑨$$
$$x = v_0\sqrt{\frac{m}{2a}}\sin(\sqrt{\frac{2a}{m}}t) \qquad : 0 < t < \tau/2 \qquad ⑩$$
$$x = v_0(\tau/2 - t) \qquad : t > \tau/2. \qquad ⑪$$

問 3.19　太陽の重力場は地球の近辺でほぼ平行である．地球の周りの重力場を 3 次元のベクトル図を用いて表現せよ．

問 3.20　質量mの二つの重りを滑らかな平面に置き，長さ$2l$のひもで結んで角速度ωで回転させた．角運動量はいくらか．ひもの長さを真ん中でゆっくりと半分にしたとき，角速度，角運動量，張力，エネルギーはどの様に変化するか．また，エネルギー保存の法則はどの様に解釈すれば良いか．

問 3.21　距離がR離れた質量mと$2m$の星が連星として角速度ωで回転している．回転の様子を詳しく説明せよ．

3.5　分子動力学法

◆ 1. 時間微分の差分展開

どんな物質も原子の結合体でできていることは前にも述べた．原子の結合は，原子と言う＋電荷を持つ原子核と－電荷を持つ電子の雲からなる存在が単体では不安定であることから，安定になろうとして生ずる．こうした結合では，大方，電場の位置エネルギー（ポテンシャル）の一番低くなる場所が安定位置として結合が成立する．この結合はバネのような性質を持ち，原子の運動は位置エネルギー場の衝突として扱うことができる．

複雑で同じ様なことが繰り返される衝突により系全体で何かが起こる時，粒子１つ１つの運動について途中の状況を 計算機を用い 丹念に追いかけることが有効であることが多い．ここに分子動力学法を紹介しよう．今，有る時刻でのi番目の粒子の位置ベクトルを$\boldsymbol{r}_i(t)$とし，その微少時間Δtだけ前後にずれた時刻の位置ベクトルを$\boldsymbol{r}_i(t-\Delta t)$と$\boldsymbol{r}_i(t+\Delta t)$の様に設定する．これを$n$次まで微分展開を行う Taylor 展開を用いて書き直す．

$$f(x)=\sum_{n=0}^{\infty}\frac{f^{(n)}(0)}{n!}x^n\,. \tag{3.52}$$

ここで$n!$はnの階乗$n!=1\cdot 2\cdots\cdot n$である．Taylor 展開に関しては大学初学年の解析学で学ぶはずなのでその方面の教科書を読んで頂きたい．この微分展開公式によりこれらの位置ベクトルは

$$\boldsymbol{r}_i(t-\Delta t)=\boldsymbol{r}_i(t)-\dot{\boldsymbol{r}}_i(t)\Delta t+\frac{1}{2!}\ddot{\boldsymbol{r}}_i(t)\Delta t^2-\frac{1}{3!}\dddot{\boldsymbol{r}}_i(t)\Delta t^3+\cdots \tag{3.53}$$

$$\boldsymbol{r}_i(t+\Delta t)=\boldsymbol{r}_i(t)+\dot{\boldsymbol{r}}_i(t)\Delta t+\frac{1}{2!}\ddot{\boldsymbol{r}}_i(t)\Delta t^2+\frac{1}{3!}\dddot{\boldsymbol{r}}_i(t)\Delta t^3+\cdots \tag{3.54}$$

と展開される．結局この二つの式の和を取ると

$$\boldsymbol{r}_i(t+\Delta t)=2\boldsymbol{r}_i(t)-\boldsymbol{r}_i(t-\Delta t)+\ddot{\boldsymbol{r}}_i(t)\Delta t^2+O(\Delta t^4) \tag{3.55}$$

なる展開式が得られる．Oの記号は高次の無限小と言い，Δtの 4 乗より小さい数の集まりを表わす．こうした量は小さいので無視できる．

◆ 2. 時間発展方程式に基づく分子動力学法

Δt^2 の項は加速度ベクトルで，加速度運動を起こさせる要素が質量 m_i の i 番目の粒子に働く外力 $\boldsymbol{F}_i$ であることから，式(3.55)は

$$\boldsymbol{r}_i(t+\Delta t)=2\boldsymbol{r}_i(t)-\boldsymbol{r}_i(t-\Delta t)+\ddot{\boldsymbol{r}}_i\,\Delta t^2 \tag{3.56}$$

$$\boldsymbol{r}_i(t+\Delta t)=2\boldsymbol{r}_i(t)-\boldsymbol{r}_i(t-\Delta t)+\frac{\boldsymbol{F}_i(t)}{m_i}\Delta t^2 \tag{3.57}$$

と書きまとめられる．外力 $\boldsymbol{F}$ は式(3.50)のポテンシャルの傾きで表わされる．Δt ごとの時刻を n で番号付ければ，n 番目の位置とその一つ前の n-1 の位置からポテンシャルの傾きを用いて次ぎの n+1 番目の位置を知ることが出来る．分子や原子が凝集し位置エネルギーと運動エネルギーを持って熱運動をしている場合，その運動は分子 1 つ 1 つが位置エネルギーによる作用・反作用の力を互いに受け，連続的な衝突を起こしている状態として扱うことができる．外力は分子 i への全ての粒子からの寄与を考える．従って，粒子質量 m_i の加速度運動 $\ddot{\boldsymbol{r}}_i(t)$ は，粒子間の位置エネルギー V_{ij} の総和を粒子の位置 $\boldsymbol{r}_i$ に於いて ∇i を施し座標微分した量として

$$m_i\ddot{\boldsymbol{r}}_i(t)=\boldsymbol{F}_i(t)=-\nabla_i V_i(\boldsymbol{r}_i)\ \Rightarrow\ \sum_{j\neq i}\boldsymbol{F}_{ij}=-\sum_{j\neq i}\nabla_i V_{ij}(\boldsymbol{r}_i) \tag{3.58}$$

と表わされる．この計算を全ての粒子について行えば，考えている粒子全体の Δt だけ後の時刻の位置が決定される．

$$\boldsymbol{r}_i(t_{n+1})=2\boldsymbol{r}_i(t_n)-\boldsymbol{r}_i(t_{n-1})-\sum_{j\neq i}\frac{\nabla_i V_{ij}(\boldsymbol{r}_i(t_n))}{m_i}\Delta t^2\,. \tag{3.59}$$

この展開を用いて**全ての粒子の動きについて逐次計算する方法**を**分子動力学法**と言う．この式は本書の表題に掲げた「数値計算で理解する」内容の要の 1 つであり、自然界の未来予知を行うための基本方程式となる．こうした分子動力学法を用いて，衝撃による物体の破壊現象，融解，蒸発，乱流と言った現象を時間発展の中に詳しく調べることができる．現在，巨大なスーパーコンピュータの利用が可能となり，大規模計算による様々な研究が進められている．

例題 3. 9　例題 3. 4 で調べた Faye 彗星の運動を分子動力学法でシミュレーションせよ．

太陽を中心とする中心力場であるから，太陽を原点とした x-y 平面を考える．運動方程式は外力と位置変位の関係式(3.58)に対し，外力(3.34)式を適用すれば分子動力学法の展開式が得られる．

$$\ddot{\boldsymbol{r}}=-\frac{GM}{r^2}\boldsymbol{n} \qquad ①$$

$$\boldsymbol{r}_{n+1} = 2\boldsymbol{r}_n - \boldsymbol{r}_{n-1} - \frac{GM}{r_n^{\ 2}}\boldsymbol{n}_n \Delta t^2 \quad ②$$

これよりシミュレーションで用いる時間発展式が

$$r_n = \sqrt{x_n^2 + y_n^2} \quad ③$$

$$\begin{aligned} \boldsymbol{r}_{n+1} &= x_{n+1}\mathbf{i} + y_{n+1}\mathbf{j} \\ &= (2x_n - x_{n-1} - \frac{GM\,x_n}{r_n^3}\Delta t^2)\mathbf{i} \\ &\quad + (2y_n - y_{n-1} - \frac{GM\,y_n}{r_n^3}\Delta t^2)\mathbf{j} \end{aligned} \quad ④$$

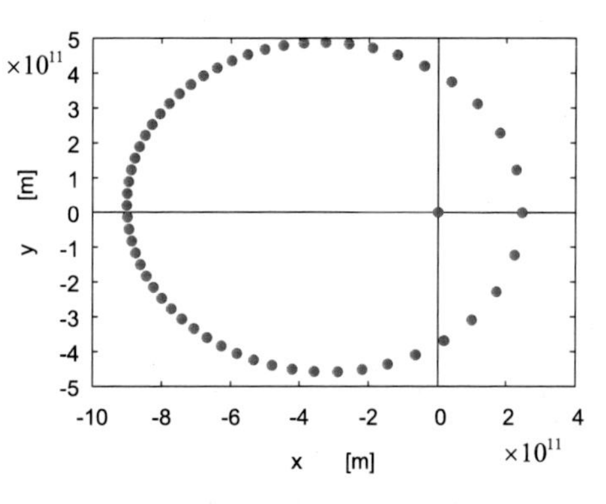

図 3.18　例題 3.9　Faye 彗星の分子動力学的シミュレーション

と求まる．彗星の軌道は太陽の質量 $M = 1.989\times10^{30}$ kg，万有引力定数 G と近日点距離

$$q = 1.657\times1.496\times10^{11} = 2.48\times10^{11} \quad \text{m} \quad ⑤$$

と離心率 $e = 0.568$ で決定される．今，近日点を出発点として５日刻みに計算し，５０日ごとにプロットして軌道を描くとしよう．これより時間きざみは

$$\Delta t = 24\times3600\times5 = 8.64\times10^4\times5 \quad \text{s} \quad ⑥$$

となる．近日点で初期値を与えると x 座標と軌道径の値は直ちに求まり $x_1 = x_0 = q$ である．y 座標の値は初期値として 0 に設定するが，1 つ目の座標はシミュレーション上，速度を与える重要な値で正確な数値を入れる必要がある．例題 3.4 の結果を用いれば

$$GM = 6.672\times10^{-11}\times1.989\times10^{30} = 1.327\times10^{20} \quad ⑦$$

及び離心率 $e = 0.568$ で決定される．長軸半径と軌道の周期は次のように求まる．

$$a = \frac{q}{1-e} = 5.74\times10^{11}, \quad \text{m} \quad ⑧$$

$$\tau = 2\pi\sqrt{\frac{a^3}{GM}} = 7.52\times3.1557\times10^7 \quad \text{s} \quad ⑨$$

今，近日点を出発点として１日刻みに計算し，５日間ごとにプロットして軌道を描くとしよう．近日点で初期値を与えると x 座標と軌道径の値が直接定まり

$$x_1 = x_0 = q \quad ⑩$$

となる．y 座標の値は初期値を 0 とするが，1 つ目の座標はシミュレーション上，速度を与える重要な量で正確な数値を入れる必要がある．例題 3.4 の結果を用いて

$$\Delta y = q\Delta\phi_0 = q\frac{2\pi(1+e)^2}{(1-e^2)^{\frac{3}{2}}}\frac{\Delta t}{\tau} \quad ⑪$$

$$y_0 = 0, \quad y_1 = \Delta y \quad ⑫$$

を代入する．これらの結果を数値計算すると図 3.18 の結果を得る．５日ごとに計算したのは計算精度を保つためで１ヶ月間隔のプロットでは正確な図は描けない．遠日点／近日点=3.63 で結果の正しいことが確認できる．以下に gcc プログラムを示す．

-------------------------------------- Faye.comet.c -------------------------------------

```
#include <stdio.h>
#include <math.h>
#define GP "gnuplot"
#define FO "faye"

int main(){

  int     i, ii, j=5, k, N=560, nn=N/10;
  double x[N], y[N], r[N], q0, a0, t, dt, dt2, t1, year, gm, e1, e2;
  double q=1.657, e=0.568, pi=3.1415, qq=1.496E11, day=24.*3600;
  double po=1.0E-11, g=6.672*po, m=1.989E30;
  FILE   *FFO, *PGP ;

   q0=qq*q; a0=q0/(1-e); gm=g*m; t=2*pi*pow(a0,1.5)/pow(gm,0.5);
   year=day*365.25; t1=t/year; dt=j*day; k=t/dt; x[0]=q0; x[1]=q0; y[0]=0;
   e1=(1+e)*(1+e); e2=pow((1-e*e),1.5); y[1]=q0*2*pi*e1*dt/(e2*t);
   printf("Faye %8.4f %8.4f %8.4f %12.4e %5d ¥n",q,e,t1,y[1],k);

     for(i=1;i<N-1;i++){ r[i]=sqrt(x[i]*x[i]+y[i]*y[i]);
        x[i+1]=2*x[i]-x[i-1]-gm*x[i]*dt*dt/pow(r[i],3);
        y[i+1]=2*y[i]-y[i-1]-gm*y[i]*dt*dt/pow(r[i],3);
     }
  FFO=fopen(FO,"w");
     for(i=0;i<nn;i++){ii=i*10;
       fprintf(FFO,"%8.4f %8.4f ¥n",x[ii]*po,y[ii]*po);
     }
       fprintf(FFO,"%8.4f %8.4f ¥n",0.0,0.0);
  fclose(FFO);
  PGP=popen(GP,"w");
   fprintf(PGP,"set term emf size 560,400 ¥n set output 'faye.emf ¥n");
   fprintf(PGP,"set size ratio -1 ¥n set zeroaxis lt 8 ¥n");
   fprintf(PGP,"set key outside ¥n");
   fprintf(PGP,"set xlabel 'x       [m]' ¥n set ylabel 'y       [m]' ¥n");
   fprintf(PGP,"plot '%s' with points pt 7 ¥n",FO);
   fflush(PGP);
  pclose(PGP);

  return 0;
}
```

㊵ set key outside　：データ名の記述場所を指定する．left., right, outside, top, bottom, below, (x,y)が有る．key はタイトルと言う意味でキー操作とは関係ない．

問 3.22　いろいろな彗星の軌道を分子動力学的手法でシミュレーションせよ．

問 3.23　Faye 彗星で近日点移動速度が 0.8 倍と 1.2 倍になるとどうなるのか，軌道をシミュレーションせよ．彗星にならない天体軌道の条件を示し，0.8 倍と 1.2 倍の条件を言え．

問 3.24　質量 m と $2m$ の２つの重りがバネでつながっている．バネ定数を k として３次元空間での振動の様子をシミュレーションせよ．

3.6　ラグランジアンとハミルトニアン

◆ 1. 最小作用の原理とラグランジュの運動方程式

エネルギーは２次元量であり，運動エネルギーT と位置エネルギーU からなる．ここでこれらの差をL として

$$L = T - U \qquad \mathrm{J} \qquad (3.60)$$

なる量を考えてみよう．このL の大きさから，ある時刻での系のエネルギー形態が運動エネルギー的か位置エネルギー的かについて分析され，さらに系の構造が把握できていれば系の状態がどうなっているかについても大まかに知る事ができる．系の内部の運動が周期的であれば，この量も時間変化して周期的になる．このようにL は系の１つの状態を表わす量として定義される．このt と$\boldsymbol{r}$ と$m\dot{\boldsymbol{r}}$ を変数とする$\boldsymbol{L}$ を**ラグランジアン:Lagrangian**（**ラグランジュ関数**）と呼び

$$L_i(t, x_i, y_i, z_i, \dot{x}_i, \dot{y}_i, \dot{z}_i) \Rightarrow L(t, \boldsymbol{r}_1, \cdots \boldsymbol{r}_n, \dot{\boldsymbol{r}}_1, \cdots \dot{\boldsymbol{r}}_n) \qquad (3.61)$$

なる多変数関数として扱う．i は存在する粒子の番号で多粒子の場合は和を取る．このラグランジアンの時間積分を**作用積分**（作用量）と言う．

$$S = \int_{t_1}^{t_2} L dt \quad . \qquad \mathrm{J\,s} \qquad (3.62)$$

この作用積分に変分（総ての自由度に対する変化）を施し，最小となる条件を求める．ここで時空の自由度となる位置と速度についての変分を考え，３次元に於ける空間微分と速度微分を

$$\nabla_i \equiv \partial / \partial \boldsymbol{r}_i , \quad \nabla_{vi} \equiv \partial / \partial \dot{\boldsymbol{r}}_i$$

と表し，粒子i について和を取る．この最小状態の変分は

$$\begin{aligned} \delta S &= \int_{t_1}^{t_2} \delta L dt = \sum_i \int_{t_1}^{t_2} \left(\frac{\partial L}{\partial \boldsymbol{r}_i} \cdot \delta \boldsymbol{r}_i + \frac{\partial L}{\partial \dot{\boldsymbol{r}}_i} \cdot \delta \dot{\boldsymbol{r}}_i\right) dt \\ &= 0 \end{aligned} \qquad (3.63)$$

となる．総ての物体はこの最小条件を満足して運動する．これを**最小作用の原理**と言う．質量が固定された原子の運動については，自由度の変数は $\boldsymbol{r}$ と $\dot{\boldsymbol{r}}$ となる．連続体の様に質量密度が変化する系ではその条件での自由度を考慮する．ここで**第二項目を部分積分**すると

$$\delta S = \sum_i \left\{ \int_{t_1}^{t_2} \frac{\partial L}{\partial \boldsymbol{r}_i} \cdot \delta \boldsymbol{r}_i dt + \left[\frac{\partial L}{\partial \dot{\boldsymbol{r}}_i} \cdot \delta \boldsymbol{r}_i \right]_{t_1}^{t_2} - \int_{t_1}^{t_2} \frac{d}{dt} \frac{\partial L}{\partial \dot{\boldsymbol{r}}_i} \cdot \delta \boldsymbol{r}_i dt \right\} = 0 \qquad (3.64)$$

となる．時間の微分は真ん中の項は時間 t_1, t_2 で停留点になると考え変分を０として消す．さらに

変数 i ごとの独立な変分 $\delta \boldsymbol{r}_i$ を考えると，個々の粒子ごとの積分について

$$\frac{d}{dt}\frac{\partial L}{\partial \dot{\boldsymbol{r}}_i} - \frac{\partial L}{\partial \boldsymbol{r}_i} = 0 \quad \Rightarrow \quad \frac{d}{dt}\nabla_{vi} L - \nabla_i L = 0 \qquad \text{N} \qquad (3.65)$$

なる関係式が得られる．これを**ラグランジュの運動方程式**と言う．時間変化は式(2.6)で表した全微分で時空間における自由度の総ての変化を考える．<注>この最小作用の原理は，物質を存在させる時空間の神秘が隠されているとも言え，L を構成する T や U を勝手に考えて自然の法則とすることはできない．停留点として消した項は不確定性原理のプランク定数 h が関わる量で，短い時間では更なる説明が必要となる．

ニュートンの運動方程式では，運動エネルギーT と位置エネルギーU が $\boldsymbol{p}_i = m_i \dot{\boldsymbol{r}}_i$ と $\boldsymbol{r}_i$ の関数で与えられ，運動方程式は運動量の変化が位置エネルギーのもたらす外力に従うとして展開される．

$$T = \sum_i \frac{1}{2} m_i \dot{\boldsymbol{r}}_i^2 , \qquad U = \sum_{i>j} U(\boldsymbol{r}_{ij}) \qquad (3.66)$$

$$\dot{\boldsymbol{p}}_i = F_i = -\nabla_i U \quad \rightarrow \boldsymbol{F}_i = m\ddot{\boldsymbol{r}}_i = -\nabla_i U \qquad \text{N} \qquad (3.67)$$

これに対しラグランジュの運動方程式は，これらが結びついた形で

$$\frac{d}{dt}\frac{\partial (T-U)}{\partial \dot{\boldsymbol{r}}_i} - \frac{\partial (T-U)}{\partial \boldsymbol{r}_i} = 0 \qquad \text{N} \qquad (3.68)$$

と展開され，場の運動量が存在しない場合，ニュートンの運動方程式と等しい結果を導く．

◆ 2. ハミルトニアン

さてラグランジュの運動方程式から次の重要な結果を導いておこう．ラグランジアン L の独立変数は位置 $\boldsymbol{r}_i$ と速度 $\dot{\boldsymbol{r}}_i$ であった．場の運動量を含む運動量 $\boldsymbol{p}_i$ とその時間変化 $\boldsymbol{F}_i = \dot{\boldsymbol{p}}_i$（外力）は L の速度 $\dot{\boldsymbol{r}}_i$ と位置 $\boldsymbol{r}_i$ による微分

$$\frac{\partial L}{\partial \dot{\boldsymbol{r}}_i} = \nabla_{vi} L = \boldsymbol{p}_i \qquad \text{kg m/s} \qquad (3.69)$$

$$\frac{\partial L}{\partial \boldsymbol{r}_i} = \nabla_i L = \frac{d}{dt}\boldsymbol{p}_i = \boldsymbol{F}_i \qquad \text{N} \qquad (3.70)$$

として与えられる．これらの量よりラグランジアンの時間変化として

$$\begin{aligned}\frac{dL}{dt} &= \sum_i (\dot{\boldsymbol{r}}_i \cdot \frac{\partial L}{\partial \boldsymbol{r}_i} + \bar{\boldsymbol{r}}_i \frac{\partial L}{\partial \dot{r}_{i}}{}_i) = \sum_i (\dot{\boldsymbol{r}}_i \cdot \frac{d}{dt}\frac{\partial L}{\partial \dot{\boldsymbol{r}}_i} + \bar{\boldsymbol{r}}_i \frac{\partial L}{\partial \dot{r}_{i}}{}_i) \\ &= \frac{d}{dt}\sum_i \frac{\partial L}{\partial \dot{\boldsymbol{r}}_i}\dot{\boldsymbol{r}}_i = \frac{d}{dt}\sum_i \boldsymbol{p}_i \cdot \dot{\boldsymbol{r}}_i \\ \rightarrow \quad & \frac{d}{dt}(\sum_i \boldsymbol{p}_i \cdot \dot{\boldsymbol{r}}_i - L) = 0 \end{aligned} \qquad (3.71)$$

なる展開が得られる．ここにハミルトニアン H がエネルギーの保存量を表す式として

$$H = \sum_i \boldsymbol{p}_i \cdot \dot{\boldsymbol{r}}_i - L \qquad \text{J} \tag{3.72}$$

$$\frac{d}{dt} H = 0 \tag{3.73}$$

と定義される．式(3.73)をエネルギー保存の法則と言う．

例題 3.10　位置エネルギーが座標の伸び縮みに関して相似的

$$U(r) = Ar^k, \qquad kU = r\frac{\partial U}{\partial r} \qquad ①$$

であるとき，座標を α 倍，時間を β 倍した時の軌道はどのように変化するか.

まず運動エネルギーから考えてみる.

$$r \to \alpha r, \quad t \to \beta t \qquad ②$$

とするわけであるから，運動エネルギーは

$$T = \frac{1}{2}m(\frac{dr}{dt})^2 \to \frac{1}{2}m(\frac{dr}{dt})^2 \frac{\alpha^2}{\beta^2} \qquad ③$$

なるスケール変換が行われることになる．ラグランジアンはこのスケール変換で

$$L = T - U \to T\frac{\alpha^2}{\beta^2} - U\alpha^k \qquad ④$$

なる相似性を持つ．同じ運動を、座標系を変えて見ているだけだからこの変換では

$$\frac{\alpha^2}{\beta^2} = \alpha^k \qquad ⑤$$

でなければならない．これより

$$\beta = \alpha^{1-\frac{k}{2}} \qquad ⑥$$

なる関係が導かれる．l を軌道の大きさとすると，各物理量のスケール変換はこの軌道の大きさのスケーリングに基づき次の様に行われる.

$$\frac{t'}{t} = \left(\frac{l'}{l}\right)^{1-\frac{k}{2}}, \frac{v'}{v} = \left(\frac{l'}{l}\right)^{\frac{k}{2}}, \frac{E'}{E} = \left(\frac{l'}{l}\right)^{k}, \frac{L'}{L} = \left(\frac{l'}{l}\right)^{1+\frac{k}{2}} \qquad ⑦$$

これより重力場では k=-1 で

$$\frac{t'}{t} = \left(\frac{l'}{l}\right)^{\frac{3}{2}} \to t^2 \approx l^3 \qquad ⑧$$

なる関係が得られる．これはケプラーの第三法則に他ならない.

例題 3. 11　質量mなる物体が長さlのひもにぶら下がり振動している．物体の運動方程式を導け．

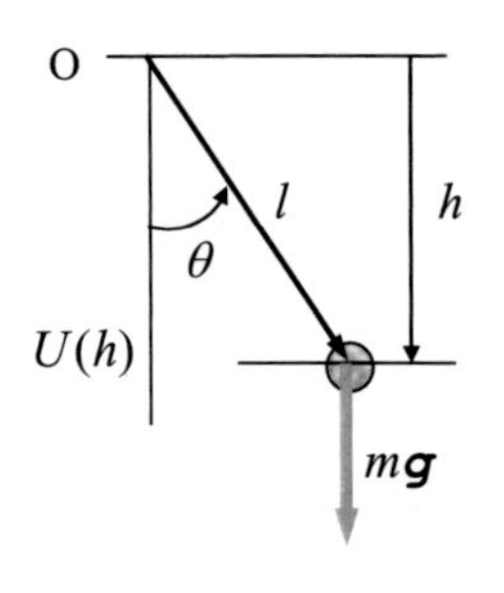

図 3.19 振り子の運動方程式

半径lの円周に束縛された振り子の運動エネルギーは

$$T = \frac{1}{2} m \dot{\boldsymbol{r}}^2 = \frac{1}{2} m l^2 \dot{\theta}^2 \qquad ①$$

となる．ひもの付け根(O 点)からの位置エネルギーは

$$U = -mgh = -mgl\cos\theta \qquad ②$$

となる．ここで長さと速度の独立な２変数を

$$q = l\theta,\ \dot{q} = l\dot{\theta} \quad (l\ 一定) \qquad \mathrm{m} \qquad ③$$

とすればラグランジの運動方程式より

$$\frac{d}{dt} = \dot{\theta}\frac{\partial}{\partial\theta} + \ddot{\theta}\frac{\partial}{\partial\dot{\theta}} \qquad ④$$

$$L = T - U = \frac{1}{2} m l^2 \dot{\theta}^2 + mgl\cos\theta \qquad \mathrm{J} \qquad ⑤$$

$$(\dot{\theta}\frac{\partial}{\partial\theta} + \ddot{\theta}\frac{\partial}{\partial\dot{\theta}})\frac{\partial L}{l\partial\dot{\theta}} - \frac{\partial L}{l\partial\theta} = 0 \qquad \mathrm{J/s} \qquad ⑥$$

を計算して

$$ml\ddot{\theta} + mg\sin\theta = 0 \qquad \mathrm{N} \qquad ⑦$$

$$\ddot{\theta} = -\frac{g}{l}\sin\theta \qquad \mathrm{rad/s^2} \qquad ⑧$$

なる運動方程式を得る．

例題 3. 12　太陽を中心とする中心力の働く空間では，物体の運動エネルギーと位置エネルギーの時間平均の比（ビリアル係数）が $\overline{U}/\overline{T} = -2$ となることを示せ．

惑星の運動エネルギーは

$$T = \frac{1}{2} m \dot{\boldsymbol{r}}^2 \qquad ①$$

であるから，速度微分の係数は２で次式となる．

$$\dot{\boldsymbol{r}} \cdot \frac{\partial T}{\partial \dot{\boldsymbol{r}}} = 2T \qquad ②$$

今（位置・運動量）の時間微分を考えてみると

$$\frac{d}{dt} = \dot{\boldsymbol{r}}\frac{\partial}{\partial \boldsymbol{r}} \cdot + \ddot{\boldsymbol{r}}\frac{\partial}{\partial \dot{\boldsymbol{r}}} \qquad ③$$

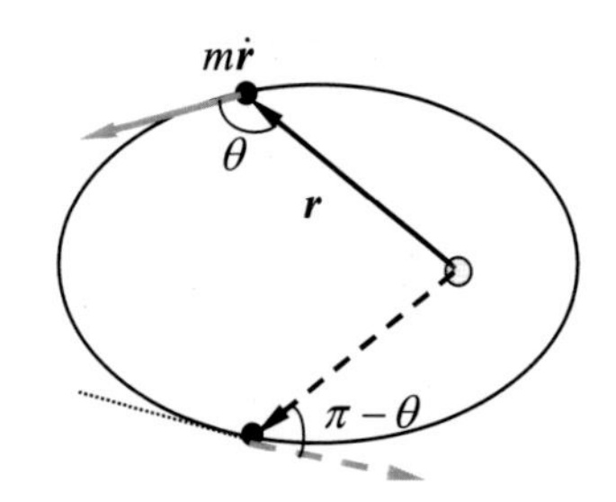

図 3.20　例題 3.12 中心力場

$$\frac{d}{dt}(\boldsymbol{r}\cdot m\dot{\boldsymbol{r}}) = \dot{\boldsymbol{r}}\cdot m\dot{\boldsymbol{r}} + \boldsymbol{r}\cdot m\ddot{\boldsymbol{r}} = 2T + \boldsymbol{r}\cdot\boldsymbol{f} \qquad ④$$

となる．$m\ddot{\boldsymbol{r}} = \boldsymbol{f}$ は外力である．ここで $\boldsymbol{r}\cdot m\dot{\boldsymbol{r}}$ の時間平均 $\overline{\boldsymbol{r}\cdot m\dot{\boldsymbol{r}}}$ を考えてみよう．運動と位置ベクトルの内積は図 3.20 の様に正負対称の値を繰り返すのであるから, この量の平均は 0 となる．

$$\overline{\boldsymbol{r}\cdot m\dot{\boldsymbol{r}}} = \overline{mr\dot{r}\cos\theta} = 0 \qquad ⑤$$

よって例題 3.10 の式①で用いた位置エネルギーの座標微分係数と式④の時間平均から

$$2\overline{T} = -\overline{\boldsymbol{r}\cdot\boldsymbol{f}} = \overline{\boldsymbol{r}\cdot\nabla U} = k\overline{U} \qquad ⑥$$

なる式が導かれる．太陽の中心力の場は $k = -1$ を満足するから結局次式を得る．

$$\frac{\overline{U}}{\overline{T}} = \frac{2}{k} = -2 \qquad ⑦$$

問 3.25　ばねの振動系での運動エネルギーと位置エネルギーの時間平均の比はいくらか．

これまで前半の第 1 章から第 3 章にかけては，物体の存在する時空間（時間と 3 次元ベクトル空間) の基本的な性質について述べ, 質点の運動とその記述に必要な数学的基礎について述べた．後半の第 4 章から第 6 章にかけては, 並進運動と回転運動の絡み合う総合的な運動について述べ, 剛体（形を持つ物体）のなす力学系について説明する．

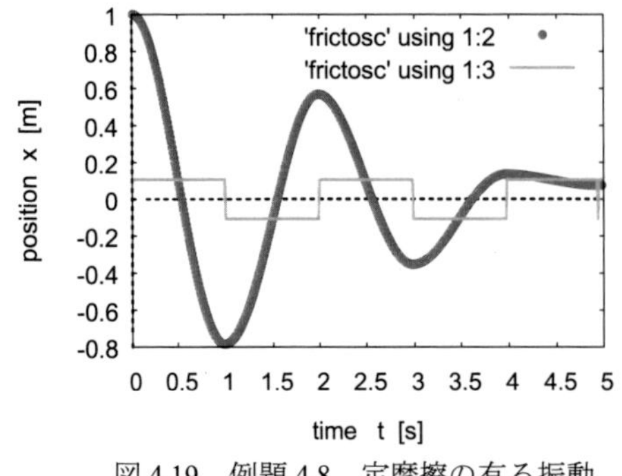

図 4.19　例題 4.8　定摩擦の有る振動

第4章

質点の様々な運動

３章までは時空間の性質と数学的基礎について述べ，質点系の基本的な運動法則を説明した．本章ではその発展として摩擦を含む複合系の運動について説明する．運動は総て微分方程式で記述されるが，解析的な解を求めることが困難な場合でも，これらが数値解析で容易に解き明かされることを示す．

4.1　物体の衝突

◆ 1.　１次元衝突：衝突と反発の法則

速度 v_1 と v_2 で運動している 2 つの物体が直線的に衝突したとしよう．系全体の運動量は保存されるが，それぞれの物体の運動は反対向きに力積が働き運動量が変化する．このときの衝突前後の相対速度の比は

$$e = -\frac{v'_1 - v'_2}{v_1 - v_2}, \qquad 0 \le e \le 1 \tag{4.1}$$

となる．この $\boldsymbol{e}$ を**跳ね返りの係数**（反発係数）と言い，この式の形で速度変化が記述できることをニュートンの**反発の法則**と言う．この衝突の違いは物体の変形が物体内部の原子の運動の変化を引き起こすために生ずる．係数が $e < 1$ の場合，物体の見かけの運動エネルギーは物体の変形（位置）のエネルギーや熱エネルギーに変わり減少する．衝突により運動エネルギーが減少しても，衝突で生じた力積は系の中では作用反作用で打ち消し合うから，衝突の前後で 2 つの物体の運動量は変わらない．

$$P = m_1 v_1 + m_2 v_2 = m_1 v'_1 + m_2 v'_2 \qquad \text{kg m/s} \tag{4.2}$$

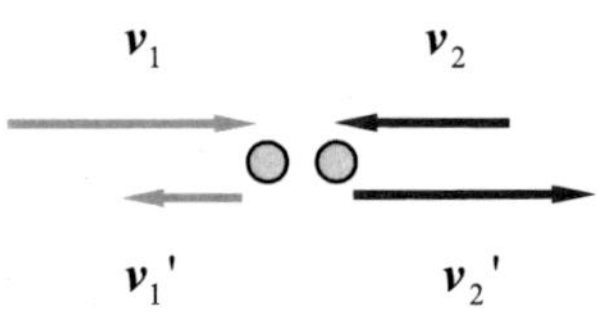

$\boldsymbol{v}_1$　　$\boldsymbol{v}_2$

$\boldsymbol{v}_1{}'$　　$\boldsymbol{v}_2{}'$

図 4.1　小物体の１次元衝突

この２つの式を用いると衝突前の速度から衝突後の速度が決定される．今図 4.1 の様に２つの物体が衝突を起こしたとする．重心の移動は衝突の前後で変わらず式(4.2)より

$$v_G = \frac{m_1 v_1 + m_2 v_2}{m_1 + m_2} \qquad \text{m/s} \qquad (4.3)$$

となる．また重心からの速度は

$$u_1 = v_1 - v_{\boldsymbol{G}} = \frac{m_2}{m_1 + m_2}(v_1 - v_2) \qquad (4.4a)$$

$$u_2 = v_2 - v_{\boldsymbol{G}} = -\frac{m_1}{m_1 + m_2}(v_1 - v_2) \qquad (4.4b)$$

となる．ここで衝突前後の速度を重心位置からの相対速度で表わし，反発係数 e をその速度比で定義すれば

$$u_1' = v_1' - v_{\boldsymbol{G}} = -e\,u_1 \qquad (4.5a)$$

$$u_2' = v_2' - v_{\boldsymbol{G}} = -e\,u_2 \qquad (4.5b)$$

と書けることが分かる．式(4.5)で $(u_1'-u_2')$ を計算すれば式(4.1)が導かれる．式(4.1)(4.2)より衝突後の速度は

$$v_1' = v_1 - \frac{m_2(1+e)}{m_1 + m_2}(v_1 - v_2) = \frac{(m_1 - m_2 e)}{m_1 + m_2}v_1 + \frac{m_2(1+e)}{m_1 + m_2}v_2 \qquad (4.6a)$$

$$v_2' = v_2 + \frac{m_1(1+e)}{m_1 + m_2}(v_1 - v_2) = \frac{m_1(1+e)}{m_1 + m_2}v_1 + \frac{(m_2 - m_1 e)}{m_1 + m_2}v_2 \qquad (4.6b)$$

となる．衝突により失われるエネルギーは

$$\Delta E = \frac{1}{2}m_1\left(v_1^{\,2} - v_1'^2\right) + \frac{1}{2}m_2\left(v_2^{\,2} - v_2'^{\,2}\right)$$

$$= \frac{1}{2}\left(1 - e^2\right)\frac{m_1 m_2}{m_1 + m_2}(v_1 - v_2)^2 \qquad \text{J} \qquad (4.7)$$

となる．$e = 1$ の場合は，エネルギー変化は無く弾性衝突と言う．$e < 1$ の場合はエネルギーが減少する．これを非弾性衝突と言う．

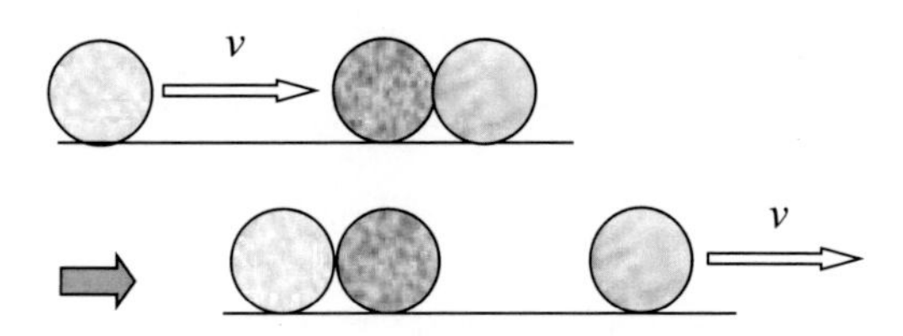

図 4.2　質量の同じ物体の弾性衝突

弾性衝突で質量の同じ物体が図 4.2 の様に連続的に衝突する場合を考えよう．式(4.3)より

$$v_1' = v_2, \qquad v_2' = v_1 \tag{4.8}$$

となり，衝突の前後で速度が入れ替わることが分かる．また e=0 の場合，2つの物体は 1 つになって運動する．これは重心の速度に等しい：

$$v_1' = v_2' = \frac{m_1 v_1 + m_2 v_2}{m_1 + m_2}. \tag{4.9}$$

例題 4. 1　高さ h の所から質量 m の小さなボールを落とした．床との反発係数が e であるとして n 回目の跳ね返りの最高点はいくらか，また失われるエネルギーは幾らか．止まるまでに動いた全長と要した時間はいくらか．

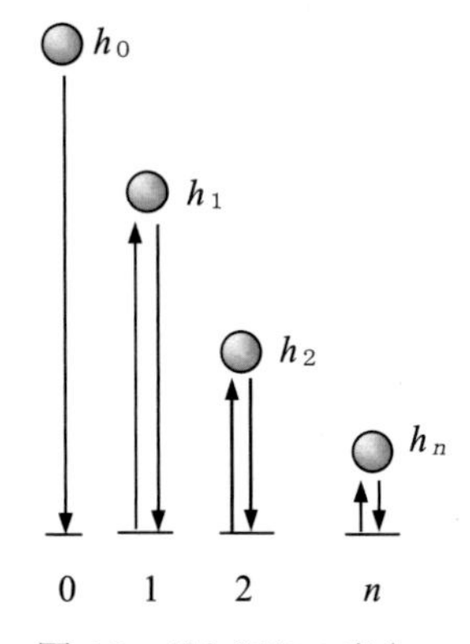

図 4.3　跳ね返りの高さ

1 回目の衝突の速さは

$$\frac{1}{2} m v_0{}^2 = mgh_0, \quad v_0 = \sqrt{2gh_0} \qquad ①$$

である．式(4.1)から床の速度を 0 として，跳ね返りの速度は

$$v_1 = ev_0 \qquad ②$$

となる．簡単のため符号を外した．最高点は

$$h_1 = \frac{1}{2g} v_1{}^2 = \frac{1}{2g} e^2 v_0{}^2 = e^2 h_0 \qquad ③$$

となり，最高点に上がるまでの時間は

$$gt_1 = v_1 = ev_0 = egt_0, \qquad t_1 = et_0 \qquad ④$$

となる．2 回目以降の関係は落ちてくる速度が跳ね上がったときの速度と同じとなるので

$$\begin{aligned} v_n &= ev_{n-1} = e^n v_0 && \text{m/s} \\ h_n &= e^2 h_{n-1} = e^{2n} h_0 && \text{m} \\ t_n &= et_{n-1} = e^n t_0 && \text{s} \end{aligned} \qquad ⑤$$

となることが分かる．n 回目で失われるエネルギーはこれより

$$\begin{aligned} \Delta E_n &= E_{n-1} - E_n = \frac{1}{2} m (v_{n-1}{}^2 - v_n{}^2) = \frac{1}{2} m (1 - e^2) v_{n-1}{}^2 \\ &= \frac{1}{2} m (1 - e^2) e^{2(n-1)} v_0^2 = (1 - e^2) e^{2(n-1)} E_0 \quad \text{J} \end{aligned} \qquad ⑥$$

となる．結局，総合的に動いた距離は n-1 回目までと，極限までを求めて

$$l = h_0 + 2(h_1 + h_2 + \cdots h_n) = h_0[2(1 + e^2 + e^4 + \cdots e^{2n}) - 1]$$
$$= h_0(2\frac{1 - e^{2n}}{1 - e^2} - 1) = h_0\frac{1 + e^2 - 2e^{2n}}{1 - e^2} \quad ⑦$$
$$l_\infty = h_0\frac{1 + e^2}{1 - e^2} \quad \text{m} \quad ⑧$$

となる．時間も同じように求まる．

$$t = t_0 + 2(t_1 + t_2 + \cdots t_n) = \frac{1 + e - 2e^{2n}}{1 - e}\sqrt{\frac{2h_0}{g}} \quad ⑨$$
$$t_\infty = \frac{1 + e}{1 - e}\sqrt{\frac{2h_0}{g}} \quad \text{s} \quad ⑩$$

◆補講：無限回と数

等比数列の和の公式は次ぎの手順で求められる．ここで１から n までの和を

$$S = 1 + r + r^2 + \cdots + r^n \quad (4.10.a)$$

としよう．これは

$$1 + rS = 1 + r + r^2 + \cdots + r^{n+1} = S + r^{n+1} \quad (4.10.b)$$
$$S = \frac{1 - r^{n+1}}{1 - r} \quad \rightarrow \quad \frac{1}{1 - r} \quad (4.10.c)$$

となる．r が 1 よりも小さければ十分大きな n で r^{n+1} は省略できる．ここで物理学的に注意するべきことは指数 n の大きさである．r =1/2 の n に対する値 r^n は表 4-1 の様になる．

表 4-1　r =1/2 の r^n 値

n	5	10	15	20	25	30
$1/2^n$	3.125×10^{-2}	9.765×10^{-4}	3.051×10^{-5}	9.536×10^{-7}	2.980×10^{-8}	9.31×10^{-10}

1 m から半分を繰り返すと数十回で原子の大きさ以下になる．この様に数学的な無限回はどこまでが数として意味を持つのか認識する必要がある．

例題 4. 2　質量 M の重いボールと質量 m の軽いボールを重ねて床に落とした．跳ね返りの時間が判別できるとして跳ね返る様子について述べよ．(a) 上のボールが一番高く跳ね上がる状態について説明せよ．(b) 車の正面衝突として考えよ．

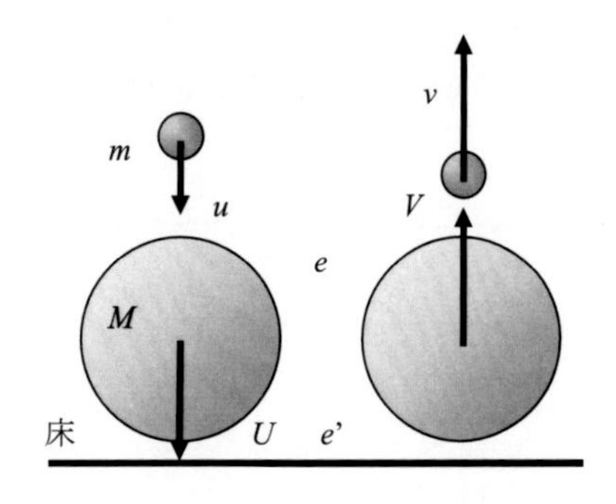

図 4.4　２つのボールの跳ね返り

(a) 重さを $m<M$, 最初のボールの速さを u と U （下向きを負）とする．衝突の状態は１回目の衝突の後の速さを v, V として次の３つに場合分けが出来る．

（1） 床に着く前にボール同士が衝突する．

① 衝突後の速さが $v>V>0$ の時は，その後の速さの関係は変わらない．

② 衝突後の速さが $0<v<V$ の時，下のボールが追いつき再度衝突を起こすことが有る．

（2） ２つのボールが接触した状態で床に衝突する．必ず①で跳ね返る．

（3） 下のボールが床で跳ね返った後，ボール同士が衝突する．

v の跳ね返りが一番大きい状態は，正面衝突で相対速度の一番速い(3)の場合となる．床との衝突後の下のボールは，

$$V=-e'U \qquad ①$$

なる上向き（正）の運動となる．これでボール同士の衝突を考えれば良いから，上向きを正として式(4.6a), (4.6b)より

$$v=u-\frac{M(1+e)}{m+M}(u-V) \qquad ②$$

$$V'=V+\frac{m(1+e)}{m+M}(u-V) \qquad ③$$

なる関係が得られる．$u=-1$, $e'=1$, $a=M/m$ とし a と V をパラメーターに取り v と V' の値を調べてみよう．

$$v=-1+\frac{a(1+e)}{1+a}(1+V) \qquad ④$$

$$V'=V-\frac{1+e}{1+a}(1+V) \qquad ⑤$$

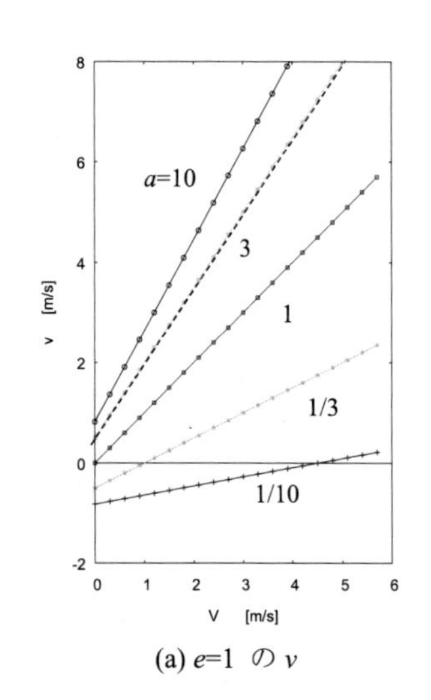

(a) e=1 の v

結果は図 4.5 の様になる．

具体的にテニスボールとバスケットボールを重ねて床に落とした場合を考えて見る．テニスボールの重さは約 57.7g, バスケットボールの重は約 608.5 g である．この質量比は約 a=10.55 で同じ速度の v=V=1 を設定すると e=1 として最終速度は v=2.65 と V'=0.65 となる．以下にプログラムを示す．

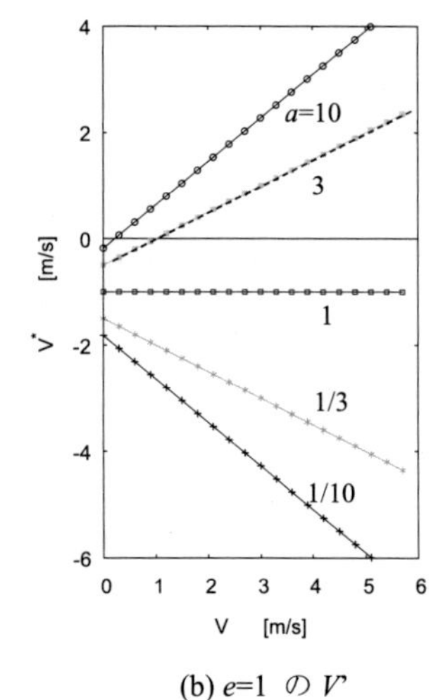

(b) e=1 の V'

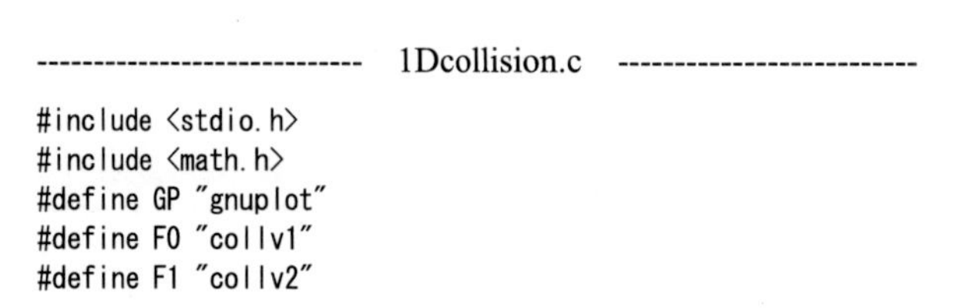

---------------------------- 1Dcollision.c -------------------------

```
#include <stdio.h>
#include <math.h>
#define GP "gnuplot"
#define F0 "collv1"
#define F1 "collv2"

int main(){
```

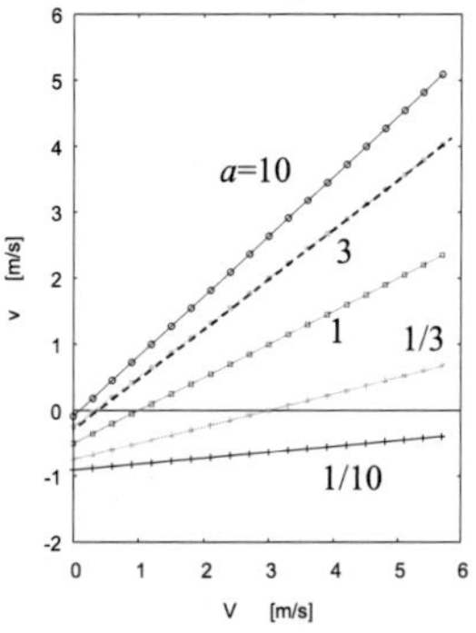

```
  int    i, i1, j;
  double x, y, v, s[5], t[5], a[5], e=1.0;
  FILE   *FF0, *FF1, *PGP;

  a[0]=0.1;a[1]=1/3.0;a[2]=1.0;a[3]=3.0;a[4]=10.0;

  FF0=fopen(F0,"w");FF1=fopen(F1,"w");
    for(j=0;j<20;j++){v=0.3*j;
     for(i=0;i<5;i++){
        s[i]=-1+a[i]*(1+e)*(1+v)/(1+a[i]);
        t[i]=v-(1+e)*(1+v)/(1+a[i]);
     }
     fprintf(FF0,"%8.4f %8.4f %8.4f %8.4f %8.4f %8.4f ¥n",
                                  v,s[0],s[1],s[2],s[3],s[4]);
     fprintf(FF1,"%8.4f %8.4f %8.4f %8.4f %8.4f %8.4f ¥n",
                                  v,t[0],t[1],t[2],t[3],t[4]);
    }
  fclose(FF0);fclose(FF1);

  PGP=popen(GP,"w");
   fprintf(PGP,"set term emf size 400,600 ¥n set
                                         zeroaxis lt 8 ¥n");
   fprintf(PGP,"set size ratio -1 ¥n unset key ¥n");
     fprintf(PGP,"set output 'collv1.emf' ¥n");
     fprintf(PGP,"set xlabel 'V       [m/s]' ¥n");
     fprintf(PGP,"set ylabel 'v      [m/s]' ¥n");
     fprintf(PGP,"  plot [0:6][-2:8] '%s' using 1:2 with linespoints lt 1 ¥n",F0);
    for(i=1;i<5;i++){i1=i+2;
     fprintf(PGP,"replot '%s' using 1:%d with linespoints lt %d ¥n",F0,i1,i1);
    }
    fflush(PGP);
    fprintf(PGP,"set term emf size 400,500 ¥n");
     fprintf(PGP,"set output 'collv2.emf' ¥n");
     fprintf(PGP,"set xlabel 'V       [m/s]' ¥n");
     fprintf(PGP,"set ylabel 'V^*      [m/s]' ¥n");
     fprintf(PGP,"  plot [0:6][-6:4] '%s' using 1:2 with linespoints lt 1 ¥n",F1);
    for(i=1;i<5;i++){i1=i+2;
     fprintf(PGP,"replot '%s' using 1:%d with linespoints lt %d ¥n",F1,i1,i1);
    }
   fflush(PGP);

  pclose(PGP);

  return 0;
}
```

(c) e=0 の v=V'

図 4.5　例題 4.2 u=－1 と V とした１次元衝突の速度 v と V'．
e=1 で(a) v, (b) V', (c)は e=0 の v=V'.

(b) ここで，速さの違う車同士の衝突事故を考えてみよう．速度０の座標と比較して数値を見比べると良く分かる．図 4.5 は質量比 a を下から 1/10, 1/3, 1, 3, 10 に設定し，V を０から６までとした．ここで a=10 の一番上のグラフ線から，質量が 10 倍違う車同士が弾性衝突すると，ほぼ２倍の速度で軽い車が弾き飛ばされ，重い車は２割ほどのスピードダウンしかしないことが分かる．(b)の V' は a によって大きく変わり正と負の値を取る．

問 4. 1　質量 1kg と 0.1kg の 2 つのボールを重ねて少し離し速さ 5m/s で床にぶつけた．弾性衝突をしたとして一番高く跳ね上がるボールの位置はどこか．

問 4. 2　質量 2kg で速さ 3m/s の球が質量 3kg で速さ v (m/s) の球に衝突し止まった．反発係数が 0.7 であるとして衝突前後の速度 v, v' と失われたエネルギーを求めよ．

問 4. 3　例題 4.2 で e=0.5 とした結果について述べよ．

◆ 2.　2次元衝突

物体には必ず大きさがあり，2つの物体が重心から外れて衝突すると色々な方向に跳ね返る．物体が形を持った大きな物であると，剛体の衝突として回転運動も含めた衝突を考えなければならない（第 6 章参照）．今，図 4.6 の様に原子同士が衝突して，大きさはあるが回転を含まない衝突が起きたとしよう．衝突は位置エネルギーを介して弾性的に起こる．

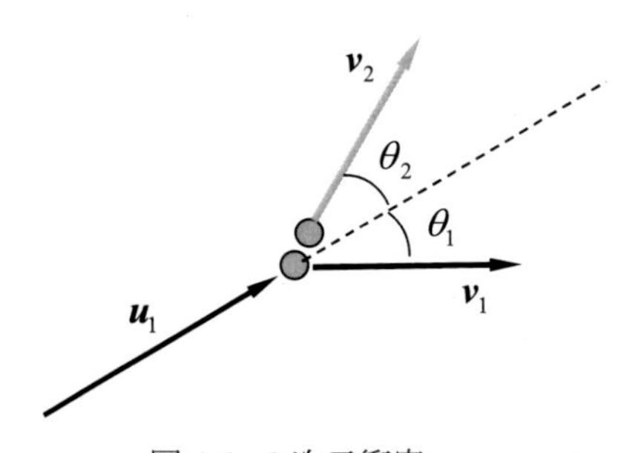

図 4.6　2 次元衝突

このような衝突で前後の軌跡が平面内に有るときこれを 2 次元衝突と言う．不活性ガスの液体に単体粒子が進入するとき，核融合や核分裂が起きない限りは，弾性 2 次元衝突を起こす．任意の方向から来た 2 つの粒子が非弾性衝突を起こす場合，新たな運動のベクトル成分が発生するため単純に反発係数 e を使用することはできない．この場合は，衝突前後の相対速度をベクトルの**絶対値に直し**その比として表わす．この場合も運動量は保存される．

2 次元弾性衝突で，速度 $\boldsymbol{u}_1$ 質量 m_1 の粒子が速度 $\boldsymbol{v}_1$ になって散乱し，進行方向に対し角度が θ_1 になったとする．衝突を受けた質量 m_2 の原子が角度 θ_2，速度 $\boldsymbol{v}_2$ で飛び出したとすると運動量保存の法則とエネルギーの保存の法則からその軌跡を限定することができる．速度ベクトル $\boldsymbol{u}_1$ の方向を x 軸にとり新たな速度ベクトルの発生方向を y 軸にとると運動量保存則から

$$m_1u_1 = m_1v_1\cos\theta_1 + m_2v_2\cos\theta_2 \tag{4.11}$$

$$m_1v_1\sin\theta_1 = m_2v_2\sin\theta_2 \tag{4.12}$$

なる関係が得られる．またエネルギー保存則から

$$\frac{1}{2}m_1u_1^2=\frac{1}{2}m_1v_1^2+\frac{1}{2}m_2v_2^2 \tag{4.13}$$

なる式が得られる．これより質量が等しいときは　$\theta_1+\theta_2=\pi/2$ が導かれる．

例題 4. 3　図 4.6 の様に，質量 m の球が静止している質量 $a\,m$ の球に弾性衝突し，$a\,m$ の球の角度が直進方向から θ_2 曲がって飛んだ．初速度を u_1=1m/s とすると２つの球の速さ v_1，v_2 はいくらか．　a と θ_2 をパラメーターとして２次元衝突の様子を数値解析せよ．

まず一般式を求め a=2, θ_2=60°として数値を求める．

式(4.10)-(4.12)を，質量比 a を使って書き直すと

$$u_1=v_1\cos\theta_1+av_2\cos\theta_2 \qquad ①$$

$$v_1\sin\theta_1=av_2\sin\theta_2 \qquad ②$$

$$u_1^2=v_1^2+av_2^2 \qquad ③$$

となる．①②③より

$$u_1=v_1\cos\theta_1+\frac{v_1\sin\theta_1}{\sin\theta_2}\cos\theta_2 \qquad ④$$

$$u_1^2=v_1^2+a^{-1}(\frac{v_1\sin\theta_1}{\sin\theta_2})^2 \qquad ⑤$$

を得る．よって u_1 を消去すると，v_1 も消去され

$$(\cos\theta_1+\frac{\sin\theta_1}{\sin\theta_2}\cos\theta_2)^2=1+a^{-1}(\frac{\sin\theta_1}{\sin\theta_2})^2$$

$$-\sin^2\theta_1\sin^2\theta_2+\sin^2\theta_1(\cos^2\theta_2-a^{-1})+2\sin\theta_1\cos\theta_1\sin\theta_2\cos\theta_2=0 \qquad ⑤$$

$$\rightarrow -\sin^2\theta_2+\cos^2\theta_2-a^{-1}+2\cot\theta_1\sin\theta_2\cos\theta_2=0$$

なる関係を得る．これを単純化すると

$$\sin 2\theta=2\sin\theta\cos\theta,$$

$$\cos 2\theta=\cos^2\theta-\sin^2\theta$$

$$\tan\theta_1=\frac{\sin 2\theta_2}{1/a-\cos 2\theta_2} \qquad ⑦$$

となる．これより v_1，v_2 は

$$v_1=\frac{u_1}{(1+a^{-1}(\frac{\sin\theta_1}{\sin\theta_2})^2)^{1/2}} \qquad ⑧$$

$$v_2=\frac{v_1\sin\theta_1}{a\sin\theta_2} \qquad ⑨$$

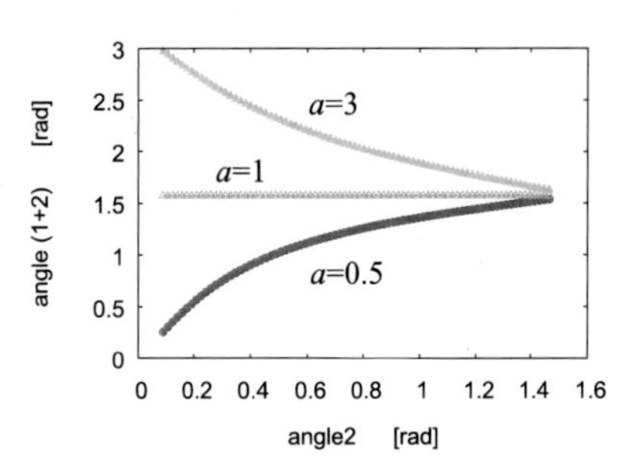

(a) 粒子の跳ね返り角度 $\theta_1+\theta_2$

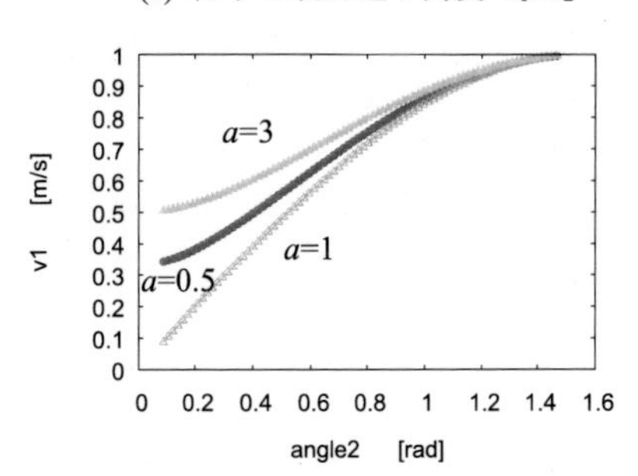

(b) 粒子 1 の跳ね返り速度 v_1

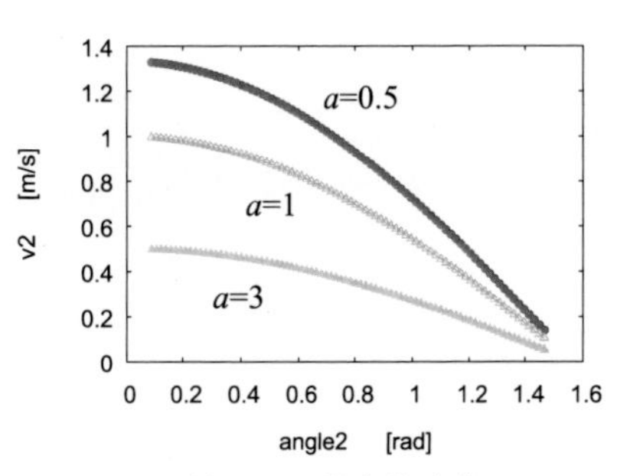

(c) 粒子 2 の衝突後速度 v_2

図 4.7　　例題 4.3　２次元衝突．
θ_2 に対する(a)θ_1, (b)v_1, (c)v_2 の結果を示す．質量比を $a=m_2/m_1$= 0.5, 1, 3 とした．

となる．a=2，θ_2=60°を代入すると

$$\tan\theta_1 = \frac{\sqrt{3}/2}{1/2+1/2} \to \theta_1 = 40.9°$$

$$\frac{\sin\theta_1}{\sin\theta_2} = 0.756 \qquad ⑩$$

$$v_1 = \frac{1}{(1+0.5\times 0.756^2)^{1/2}} = 0.882 \qquad \text{m/s} \qquad ⑪$$

$$v_2 = 0.882\times 0.756/2 = 0.333 \qquad \text{m/s} \qquad ⑫$$

$$u_1^2 = 0.882^2 + 2\times 0.333^2 = 1.0$$

と言う結果を得る．a=1 のときは非常に綺麗な関係

$$-2\sin^2\theta_1\sin^2\theta_2 + 2\sin\theta_1\cos\theta_1\sin\theta_2\cos\theta_2 = 0$$

$$\to \quad \cos(\theta_1+\theta_2) = 0 \quad \Rightarrow \theta_1+\theta_2 = \frac{\pi}{2} \qquad ⑬$$

が得られる．u_1=1m/s のまま質量比を a=0.5, 1, 3 の 3 つを選んで，θ_2 に対する式⑦⑧⑨の変化を調べてみる．図 4.7 に結果を示す． gcc プログラムは以下の様になる．

---------------------------------- 2Dcollision.c --------------------------------------

```
#include <stdio.h>
#include <math.h>
#define GP "gnuplot"
#define N 85

int main(){

  int    i, j, jj;
  double x, r, s, c1, c2, c12, v1, v2, a[3], u=1.0, pi=3.1415;
  char *lab[3], *fg[3], *fo[3];
  FILE *PGP, *FFO;

  fg[0]="fgc1.emf", fg[1]="fgv1.emf", fg[2]="fgv2.emf";
  fo[0]="fo0", fo[1]="fo1", fo[2]="fo2";
  a[0]=0.5, a[1]=1.0, a[2]=3.0;
  lab[0]="angle (1+2)       [rad]"; lab[1]="v1       [m/s]"; lab[2]="v2      [m/s]";

  for(j=0;j<3;j++){ FFO=fopen(fo[j],"w");
    for(i=5;i<N;i++){ c2=i*pi/180.0; x=sin(2*c2)/(1/a[j]-cos(2*c2));
     c1=atan(x);c12=c1+c2; if(c1<0) c1=c1+pi; if(c12<0) c12=c12+pi;
     s=sin(c1)/sin(c2); r=1+s*s/a[j]; v1=u/sqrt(r); v2=v1*s/a[j];
     fprintf(FFO,"%8.4f %8.4f %8.4f %8.4f ¥n",c2,c12,v1,v2);
    }
   fclose(FFO);
  }

  PGP=popen(GP,"w");
   fprintf(PGP,"set term emf size 424,300 ¥n");
   fprintf(PGP,"set xlabel 'angle2      [rad]' ¥n");

   for(j=0;j<3;j++){ jj=j+2; fprintf(PGP," set ylabel '%s' ¥n",lab[j]);
    fprintf(PGP,"set output '%s' ¥n unset key ¥n",fg[j]);
```

```
    fprintf(PGP,"  plot '%s' using 1:%d with linespoints pt 7 ¥n",fo[0],jj);
    fprintf(PGP,"replot '%s' using 1:%d with linespoints pt 8 ¥n",fo[1],jj);
    fprintf(PGP,"replot '%s' using 1:%d with linespoints pt 9 ¥n",fo[2],jj);
   fflush(PGP);
  }
 pclose(PGP);

return 0;
}
```

問 4.4　質量 m の中性子が静止している質量 X の原子に衝突し角度が直進方向から θ_1 の角度で散乱した．原子の進む角度が直進方向から θ_2 であるとき原子の質量を示せ．

◆ 3. ロケット燃料噴射

ロケットの燃料噴射による推進は燃料とロケットとの連続衝突として考えられる．宇宙空間において燃料噴射を始めたとき，運動量保存の法則により天体からの引力が働かない限り燃料とロケットの総運動量は保存される．

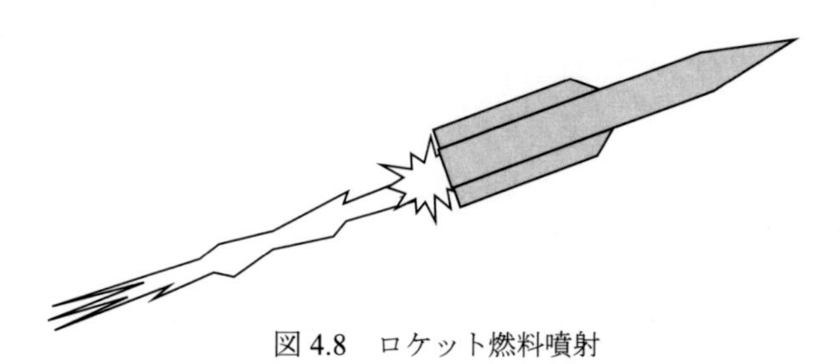

図 4.8　ロケット燃料噴射

質量 M のロケットが速度 $\boldsymbol{v}$ で進みながら Δt の時間に ΔM の燃料をロケットから速度 $\boldsymbol{V}$ で噴射したとしよう．静止系から見ての燃料の速さは $\boldsymbol{n}$ を単位ベクトルとすると

$$\boldsymbol{v}+\boldsymbol{V}=(v-V)\boldsymbol{n} \qquad \text{m/s} \qquad (4.14)$$

となる．この系に働く外力と力積は

$$\begin{aligned}\Delta\boldsymbol{P}=\boldsymbol{F}\Delta t&=(M-\Delta M)(\boldsymbol{v}+\Delta\boldsymbol{v})+\Delta M(\boldsymbol{v}+\boldsymbol{V})-M\boldsymbol{v}\\&=M\Delta\boldsymbol{v}+\boldsymbol{V}\Delta M\end{aligned} \qquad (4.15)$$

$$d\boldsymbol{P}=\boldsymbol{F}dt=Md\boldsymbol{v}+\boldsymbol{V}dM=0 \qquad \text{kg m/s} \qquad (4.16)$$

となる．宇宙空間では外力が無いのでこれは 0 として良い．直進方向のスカラー量で記述するとロケットの速度変化は

$$dv=-V\frac{dM}{M} \qquad (4.17)$$

となる．これはロケットの加速運動量が質量の減損運動量となっているとして理解できる．ロ

ケットの初速度 v_0，最初の質量を M_0，総燃料を m，総燃焼時間を t_0 とし，一定に噴射したとすれば，t 秒後の速さと質量まで直接積分すると

$$\int_{v_0}^{v} dv = -V\int_{M_0}^{M}\frac{dM}{M} \tag{4.18}$$

$$M = M_0 - \frac{m}{t_0}t \tag{4.19}$$

となって

$$[v]_{v_0}^{v} = -V[\ln M]_{M_0}^{M}$$

$$v - v_0 = -V\ln\frac{\mathrm{M}}{\mathrm{M}_0} \tag{4.20}$$

なる式が得られる．質量 m の燃料を使ったロケットの速度は

$$v = v_0 + V\ln\frac{M_0}{M_0 - m} \quad \text{m/s} \tag{4.21}$$

となる．この場合も外力が働かない限り考えている系の運動量は保存される．

例題 4. 4　初速度 0，初期質量 M_0 から一定速度 V で燃料 m を放出したロケットの運動エネルギーを図に表せ．

ロケットの運動エネルギーは使用燃料を m とすると

$$E = \frac{1}{2}Mv^2 = \frac{1}{2}(M_0 - m)(V\ln\frac{M_0 - m}{M_0})^2 \quad ①$$

となる．E は V=1, M_0=1 とすると図 4.9 の様になる．gnuplot の直接入力プログラムを以下に示す．

---------------------------- rocket.dem ------------------------

```
set term emf size 420,300
set output  “rocket.emf”
f(x)=0.5*(1-x)*(log(1-x))**2
plot [0:1] f(x)
```

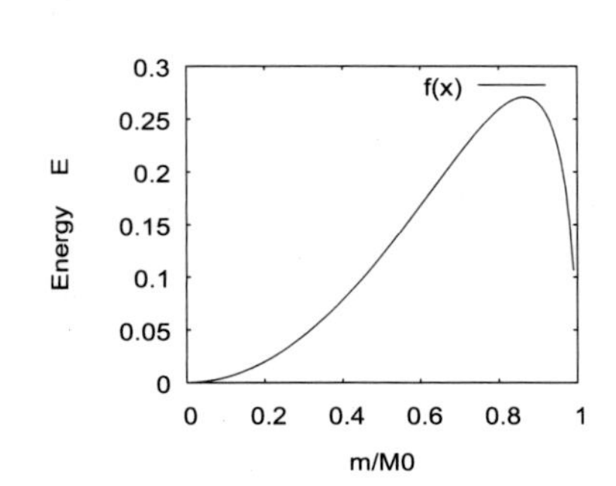

図 4.9　例題 4.4
ロケットの運動エネルギー．

問 4. 5　総てが燃料で出来ている質量 M のロケットがある．初速度 0 のロケットで，一定速度 V で単位時間当たり ρ の燃料を放出した．燃料が静止して見える燃料の使用量はいくらか．放出燃料とロケットの運動量を時間の関数として描け．

問 4. 6　一定速度で燃料 m を放出する初速度 0 で初期質量 M_0 のロケットがある．ロケットの運動エネルギーが最大となる m の条件を求めよ．

4. 2　摩擦

我々の生活の中で「止まる」と言うことは非常に重要である．歩いても車でも止まれなければどうにもならない．物体の運動にも色々な止まり方があるが，その仕組みを探ってみよう．我々は止まることに摩擦を多いに利用していることに気が付くであろう．

◆ 1. 静止摩擦と動摩擦

物を引きずって運ぶと抵抗力を受ける．この抗力はほぼ重さに比例し，重力に対して真横に働く力を妨げる．

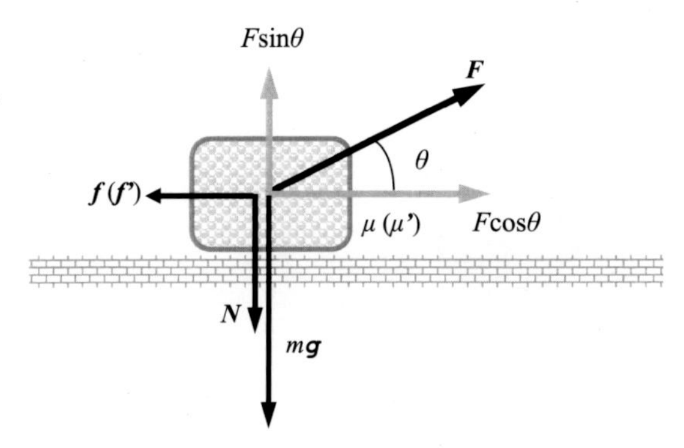

図 4.11　物体に働く摩擦力

図 4.8 の様に質量 m の物体が力 $\boldsymbol{F}$ で運ばれているとしよう．この時，持ち上げる力と重力の差が物体の床面に垂直に働く力 $\boldsymbol{N}$ となる．

$$N = mg - F\sin\theta . \tag{4.22}$$

引きずる力 $F\cos\theta$ に対し，この床面に働く力 Nに比例して 静止しているときには**静止摩擦係数** μ，動いているときには**動摩擦係数** μ' をもって抗力が働く．面積の大きさの問題が関係することもあるがここでは力のみの関係とする．

$$f = \mu N \quad ：静止摩擦力 \tag{4.23}$$
$$f' = \mu' N \quad ：動摩擦力 \tag{4.24}$$

この様な原理で殆どのブレーキ装置が作られていると言っても過言ではない．こうした摩擦力は我々の生活には身近に起きていることである．歩いている時に突然 μ が変わると転んでしまうのも，無意識で摩擦を利用しているからである．表 4-2 に同じもの同士の静止摩擦係数を示しておく．テフロンは低い摩擦係数を持つ材料の 1 つで，多くの機械部品に使われている．鉄などは潤滑剤などを使用して摩擦係数を軽減させる．

表 4-2　同じもの同士の静止摩擦係数

鉄	アルミニュウム	ガラス	テフロン
0.7	1.05	0.94	0.04

◆ 2. 斜面と滑り

角度のついた台に荷物を置いた時どんな運動をするのか考えてみよう．静止摩擦係数を μ として何度（θ_0）で滑り落ちるか．角度が 2 段になった台で，長さ x_1 角度 θ_1 の台から荷物がずり落ち角度 θ_2 の台で止まるとすると何処に止まるか．荷物の動いた全長はいくらか．摩擦エネルギーはいくらか．これらは荷物の集配作業などで見る日常の光景の問題である．

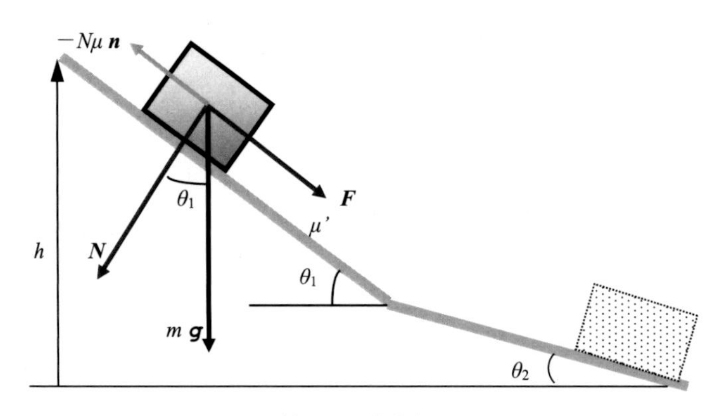

図 4.12　斜面上の荷物

◇ 摩擦角

重力による力 $\boldsymbol{mg}$ は斜面に平行な力 $\boldsymbol{F}$ と垂直な力 $\boldsymbol{N}$ とに分けられる：

$$F = mg\sin\theta\,, \tag{4.25}$$
$$N = mg\cos\theta\,. \tag{4.26}$$

荷物にかかる外力で移動する力は

$$f = F - N\mu = mg(\sin\theta - \mu\cos\theta) \tag{4.27}$$

である．f が正の時初めて動き出すから，動き出す条件は

$$\mu = \tan\theta_0\,,\quad \tan\theta > \mu \tag{4.28}$$

となる．θ_0 を**摩擦角**と言う．

◇ 摩擦のある斜面での運動

さて 2 段角度の荷物作業台についてもう少し分析してみよう．動摩擦係数を μ' として荷物の運動を考える．力積が運動量となるから傾きが θ_1 での t_1 秒後の速度と距離 x_1 は

$$v_1 = \frac{1}{m}\int_0^{t_1} f\,\mathrm{d}t = g\left(\sin\theta_1 - \mu'\cos\theta_1\right)t_1 \tag{4.29}$$

$$x_1 = \int_0^{t_1} v_1\,\mathrm{d}t = \frac{1}{2}g\left(\sin\theta_1 - \mu'\cos\theta_1\right)t_1^2 \tag{4.30}$$

となる．傾きが θ_2 に変わって止まったとすると，t_2 秒後の速度が v_1 分だけ負になるので

$$t_2 = -\frac{\left(\sin\theta_1 - \mu'\cos\theta_1\right)}{\left(\sin\theta_2 - \mu'\cos\theta_2\right)}t_1 \quad . \tag{4.31}$$

$$\begin{aligned} x_2 &= \int_0^{t_2} v_2\,\mathrm{d}t = \int_0^{t_2}(v_1 + g\left(\sin\theta_2 - \mu'\cos\theta_2\right)t)\mathrm{d}t \\ &= g\left(\sin\theta_1 - \mu'\cos\theta_1\right)t_2 + \frac{1}{2}g\left(\sin\theta_2 - \mu'\cos\theta_2\right)t_2^2 \\ &= -\frac{1}{2}g\frac{\left(\sin\theta_1 - \mu'\cos\theta_1\right)^2}{\sin\theta_2 - \mu'\cos\theta_2}t_1^2 \end{aligned} \tag{4.32}$$

全距離は

$$x = x_1 + x_2 = x_1\left\{1 - \frac{\sin\theta_1 - \mu'\cos\theta_1}{\sin\theta_2 - \mu'\cos\theta_2}\right\} \tag{4.33}$$

$$x_2 / x_1 = -\frac{\sin\theta_1 - \mu'\cos\theta_1}{\sin\theta_2 - \mu'\cos\theta_2} \tag{4.34}$$

となる．摩擦による損失エネルギーは摩擦力と移動距離の内積となるから

$$\begin{aligned} E &= \int N\mu'\,ds \\ &= mgu'(\cos\theta_1 x_1 + \cos\theta_2 x_2) \\ &= mgx_1u'\frac{\cos\theta_1(\sin\theta_2 - \mu'\cos\theta_2) - \cos\theta_2(\sin\theta_1 - \mu'\cos\theta_1)}{\sin\theta_2 - \mu'\cos\theta_2} \\ &= mgx_1u'\frac{\cos\theta_1\sin\theta_2 - \cos\theta_2\sin\theta_1}{\sin\theta_2 - \mu'\cos\theta_2} \qquad \mathrm{J} \end{aligned} \tag{4.35}$$

となる．ここで滑り落ちた高さを考えてみよう．この位置エネルギーは

$$\begin{aligned} mgh &= mg(\sin\theta_1 x_1 + \sin\theta_2 x_2) \\ &= mgx_1\frac{\sin\theta_1(\sin\theta_2 - \mu'\cos\theta_2) - \sin\theta_2(\sin\theta_1 - \mu'\cos\theta_1)}{\sin\theta_2 - \mu'\cos\theta_2} \\ &= mgx_1\mu'\frac{\sin\theta_2\cos\theta_1 - \sin\theta_1\cos\theta_2}{\sin\theta_2 - \mu'\cos\theta_2} \\ &= E \qquad \mathrm{J} \end{aligned} \tag{4.36}$$

となって摩擦で消耗したエネルギーに等しい．

問4.7　スノーボードに乗った選手が動摩擦係数μ'の半円柱状斜面で水平点からずり落ちて止まった．水平からの角度がθの所で止まったとき動摩擦係数μ'はいくらか．止まるまでの摩擦エネルギーが位置エネルギーと等しいことを利用せよ．

◆ 3. 速度関数の抗力

速度に比例する抗力$\boldsymbol{f}=-K\dot{\boldsymbol{r}}$の有る場合の落下運動を考えてみよう．水の中での移動やパラシュートでの落下など，運動速度と共に抗力が増す物体の運動は数多い．気体や液体の中での運動はほとんど総てこうした抗力を伴う．流体中では速度が増して渦ができるようになると，速度の２乗に比例する抗力$f=-b\dot{r}^2$（慣性抵抗）が働くようになる．ここで空気中の雨滴のように速度に比例して抗力の働く場合の運動を調べてみよう．

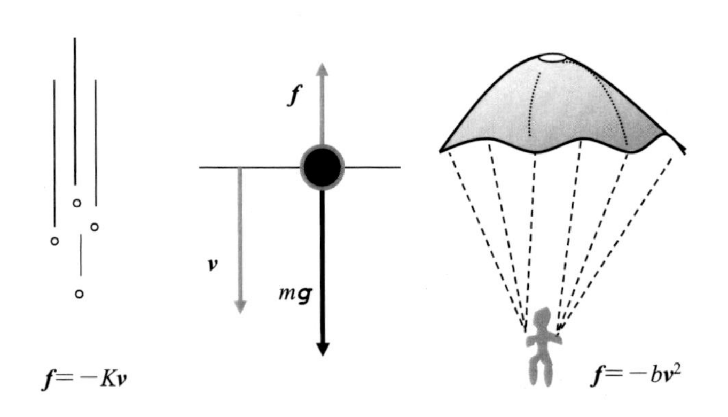

(a) 雨滴抗力_速度に比例　　(b) 落下傘抗力_速度の２乗に比例

図4.13　速度に比例する抗力と速度の２乗に比例する抗力

雨滴が空気抵抗を受けて落下しているとする．　速度に比例する係数をKとすると抗力$\boldsymbol{f}$は

$$\boldsymbol{f}=-K\boldsymbol{v}=-K\dot{\boldsymbol{r}} \tag{4.37}$$

と表わされる．物体の運動方程式は質量m，$K=km$と置いて，運動量変化＝外力和とすれば

$$\begin{aligned} m\ddot{\boldsymbol{r}} &= \boldsymbol{F}+\boldsymbol{f}=m\boldsymbol{g}-km\dot{\boldsymbol{r}} \\ m\ddot{y}\mathbf{j} &= -mg\mathbf{j}-km\dot{y}\mathbf{j} \end{aligned} \tag{4.38}$$

（負）　（負）　（正）

$$\ddot{y}=-k\left(\frac{g}{k}+\dot{y}\right) \tag{4.39}$$

なる式が導かれる．座標変数はy軸の負の値を取る．式と図との対応が分かり難いときは，$\boldsymbol{g}$を正に置き落下部の図を逆さまにして上昇する状態を考えると分かり易い．ベクトル$\boldsymbol{r}$の基本

方程式は変わらない．初速度を $\boldsymbol{v}_0$ として運動方程式を解いてみよう．今(4.39)式で

$$Y = \dot{y} + \frac{g}{k} \tag{4.40}$$

$$\dot{Y} = \frac{\mathrm{d}Y}{\mathrm{d}t} = -kY \tag{4.41}$$

なる微分方程式を満足する．これより一連の不定積分を行うと Y が解けて

$$\int \frac{\mathrm{d}Y}{Y} = -k\int \mathrm{d}t, \qquad \ln Y = -kt + c_1,$$

$$Y = \dot{y} + \frac{g}{k} = C_1 e^{-kt} \tag{4.42}$$

なる式が得られる．さらに不定積分をつづけると y が求まって

$$y = \int \left(C_1 e^{-kt} - \frac{g}{k} \right) dt = -\frac{C_1}{k} \mathrm{e}^{-kt} - \frac{g}{k} t + C_2 \tag{4.43}$$

となる．ここで t=0 で $\dot{y} = v_0,\ y = 0$，の初期条件を満足するように c_1, c_2 を決めると

$$\dot{y} = \left(v_0 + \frac{g}{k} \right) \mathrm{e}^{-kt} - \frac{g}{k} \tag{4.44}$$

$$y = \frac{1}{k} \left(v_0 + \frac{g}{k} \right) \left(1 - \mathrm{e}^{-kt} \right) - \frac{g}{k} t \tag{4.45}$$

なる式が得られる．$t=\infty$ で $\mathrm{e}^{-kt} = 0$ であるから

$$\dot{y}(\infty) = -\frac{g}{k} \tag{4.46}$$

なる一定速度の値が得られる．これを**終速度**と言う．

例題 4. 5　パラシュートの落下抗力が速度の２乗に比例するとして時間と落下速度の関係を分子動力学法でシミュレーションせよ．

まず質量を m として，摩擦力を速度の関数で

$$f = mk\,|\,\dot{y}\,|^n, \quad n=2 \qquad ①$$

と表わすと，パラシュートの運動方程式は

$$m\ddot{y}\mathbf{j} = -mg\,\mathbf{j} + km\dot{y}^2\,\mathbf{j} \qquad ②$$

となる．Δt =0.01 s 刻みで $\ddot{y}$ を差分展開すれば

$$y_{n+1} = 2y_n - y_{n-1} + \{-g + k(\frac{y_{n-1} - y_n}{\Delta t})^2\}\Delta t^2$$

$$\rightarrow y_{n+1} = 2y_n - y_{n-1} - g\Delta t^2 + k(y_{n-1} - y_n)^2 \qquad ③$$

$$T_n = \frac{1}{2} m\{(y_{n-1} - y_n)/\Delta t\}^2 \qquad ④$$

なる時間発展方程式が得られる．これを安全な速度となる様に $y_0=y_1=0$, $g=9.8$, $k=1.0$, $m=1$ と置いて数値計算すると図 4.11 の結果を得る．gcc プログラムを以下に示す．

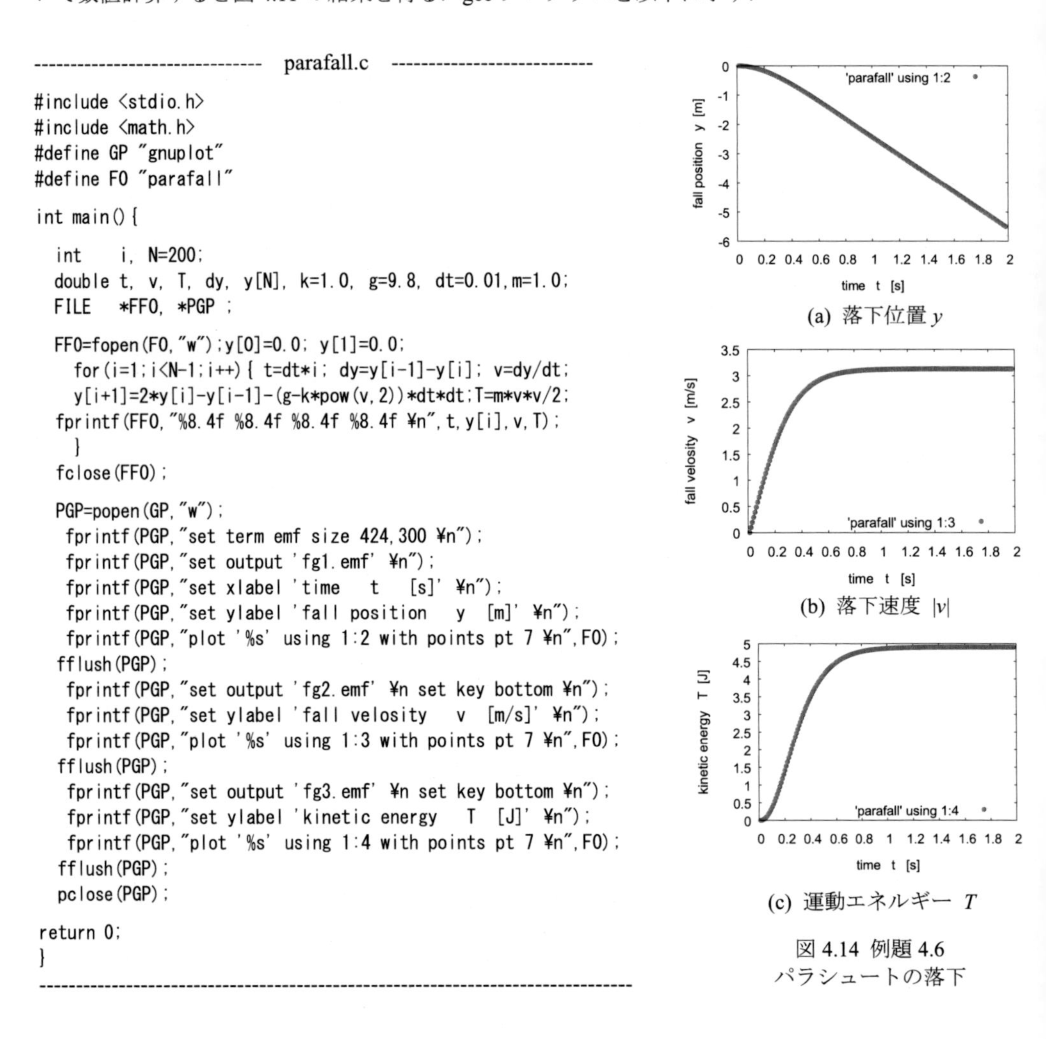

```
------------------------------  parafall.c  --------------------------
#include <stdio.h>
#include <math.h>
#define GP "gnuplot"
#define FO "parafall"

int main(){

  int     i, N=200;
  double t, v, T, dy, y[N], k=1.0, g=9.8, dt=0.01,m=1.0;
  FILE   *FFO, *PGP ;

  FFO=fopen(FO,"w");y[0]=0.0; y[1]=0.0;
    for(i=1;i<N-1;i++){ t=dt*i; dy=y[i-1]-y[i]; v=dy/dt;
    y[i+1]=2*y[i]-y[i-1]-(g-k*pow(v,2))*dt*dt;T=m*v*v/2;
  fprintf(FFO,"%8.4f %8.4f %8.4f %8.4f ¥n",t,y[i],v,T);
    }
  fclose(FFO);

  PGP=popen(GP,"w");
   fprintf(PGP,"set term emf size 424,300 ¥n");
   fprintf(PGP,"set output 'fg1.emf' ¥n");
   fprintf(PGP,"set xlabel 'time   t   [s]' ¥n");
   fprintf(PGP,"set ylabel 'fall position   y  [m]' ¥n");
   fprintf(PGP,"plot '%s' using 1:2 with points pt 7 ¥n",FO);
  fflush(PGP);
   fprintf(PGP,"set output 'fg2.emf' ¥n set key bottom ¥n");
   fprintf(PGP,"set ylabel 'fall velosity   v  [m/s]' ¥n");
   fprintf(PGP,"plot '%s' using 1:3 with points pt 7 ¥n",FO);
  fflush(PGP);
   fprintf(PGP,"set output 'fg3.emf' ¥n set key bottom ¥n");
   fprintf(PGP,"set ylabel 'kinetic energy   T  [J]' ¥n");
   fprintf(PGP,"plot '%s' using 1:4 with points pt 7 ¥n",FO);
  fflush(PGP);
  pclose(PGP);

return 0;
}
--------------------------------------------------------------------------------
```


(a) 落下位置 y

(b) 落下速度 $|v|$

(c) 運動エネルギー T

図 4.14 例題 4.6
パラシュートの落下

問 4.8　速度に比例する抗力の有る落下で，速度と位置，位置エネルギー、運動エネルギーと摩擦エネルギーの時間変化をそれぞれ図示せよ．

問 4.9　静止摩擦係数が μ の円盤で，回転半径 a の位置に質量 m の物体が置かれている．物体の飛び出す角速度 ω はいくらか．

問 4.10　落下抗力が速度の n 乗に比例するとして，時間と落下速度の関係を分子動力学法で数値計算を行い図示せよ．n を 0.5 刻みに 3 まで変えた終速度を示せ．

4. 3　物体の振動

振動現象は振り子の様な物体の振動と，気体や液体等の連続体の振動，つまり波動との２つに大きく分けられる．いずれにしてもこうした振動はエネルギーの２元性（質量運動と真空歪）がその要因になっている．エネルギー保存の下で，運動と位置の２つのエネルギーが繰り返し交代するときに振動が起こるのである．この章では物体の振動を扱う．

◆ 1. バネ振動

単純なバネの伸び縮み r は**バネ定数** k で力 f に比例すると考えて良い．バネの持つ力はバネの伸び方向に対し逆方向で

$$\boldsymbol{f} = -k\boldsymbol{r} \qquad \text{N} \qquad (4.47)$$

となる．このバネで質量 m の物体が振動するとき，この振動は**単振動**（調和振動）と言う．

$$m\ddot{\boldsymbol{r}} = -k\boldsymbol{r} \qquad \text{N} \qquad (4.48)$$

単純な微分方程式で表わされる．この運動は自然界で最も単純で基本的な周期運動と言える．物体の運動エネルギーとバネの位置エネルギーの和は振動エネルギーとして

$$E = T + U = \frac{1}{2}m\dot{\boldsymbol{r}}^2 + \frac{1}{2}k\boldsymbol{r}^2 \qquad \text{J} \qquad (4.49)$$

となる．ここで図 4.15 のようにばねに質量 m の重りを付けて吊り下げてみよう．振幅の変数を y とする．

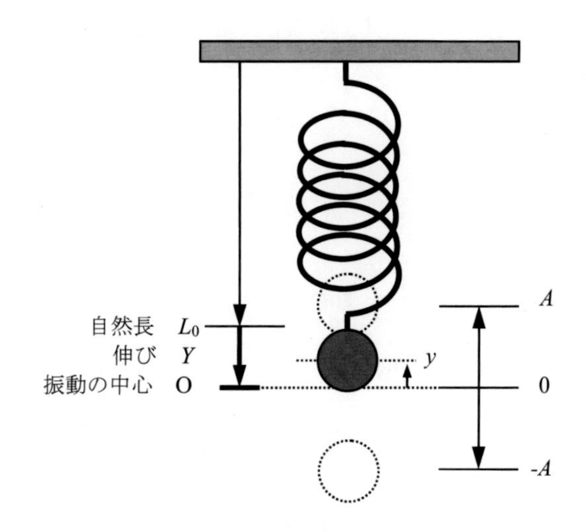

図 4.15 バネ振動（重力の有る場合）

4.3-1　バネ振動

自然長を L_0 としてバネに静かに重りを付けると重りの位置は Y だけ沈み込む.

$$kY = mg \tag{4.50}$$

この状態の位置を原点 O に取り，振幅 A だけずらして離すと，原点を中心とした振幅 A の振動が起こる．バネが線形であれば，ばね定数 k を一定として，ずれた自然長

$$L = L_0 + Y \tag{4.51}$$

における振動状態となる．この状態で振動の中心からの位置を y と置くと，重力を含む運動方程式は単に重力の分だけ単振動を平行移動した式 m

$$\begin{aligned} F &= k(y - Y) = k\,y^* = -m\ddot{y}^* - mg \qquad \text{N} \\ ky &= -m\ddot{y} \end{aligned} \tag{4.52}$$

となる．この微分方程式を解く場合，母関数に三角関数

$$y = A\sin(\omega t + \delta) \qquad \text{m} \tag{4.53}$$

を用いる．これより角速度 ω と周期 τ は

$$A\sin(\omega t + \delta) = \frac{m}{k}\omega^2 A\sin(\omega t + \delta)\,, \tag{4.54}$$

$$\omega = \sqrt{\frac{k}{m}}\,, \qquad \tau = \frac{2\pi}{\omega} = 2\pi\sqrt{\frac{m}{k}} \tag{4.55}$$

の様に求まる．ここで振幅 A(m)は位相差 δ に関係なくバネ振動に蓄えられるエネルギーE により決定される.

$$\begin{aligned} E &= \frac{1}{2}m\dot{y}^2 + \frac{1}{2}ky^2 \qquad \text{J} \\ &= \frac{1}{2}m\omega^2 A^2\cos^2\omega t + \frac{1}{2}kA^2\sin^2\omega t \\ &= \frac{1}{2}kA^2(\cos^2\omega t + \sin^2\omega t) = \frac{1}{2}kA^2 \end{aligned} \tag{4.56}$$

これはエネルギーが運動中常に同じ量で保存されることを意味する．エネルギーの時間変化を平均してみよう．位置エネルギー平均は

$$\begin{aligned} \overline{U} &= \frac{1}{T}\int_0^T \frac{1}{2}ky^2 dt = \frac{kA^2}{2T}\int_0^T \sin^2\omega t \;\; dt \\ &= \frac{kA^2}{2T}\int_0^T \frac{1}{2}(1 - \cos 2\omega t)\,dt \\ &= \frac{kA^2}{4T}[t - \frac{1}{2}\sin 2\omega t]_0^T = \frac{kA^2}{4} = \frac{1}{2}E \end{aligned} \tag{4.57}$$

となり，位置エネルギーの時間平均が全エネルギーの半分であることが分かる．これより

$$\overline{T} = \overline{U} = \frac{1}{2}E \tag{4.58}$$

として位置エネルギーと運動エネルギーの時間平均の比が１：１であることが示される.

◆ 2. 振り子の振動

図 4.16 の様に紐で重りを吊るして振らせると，周期的な運動の時を刻む振り子となる.

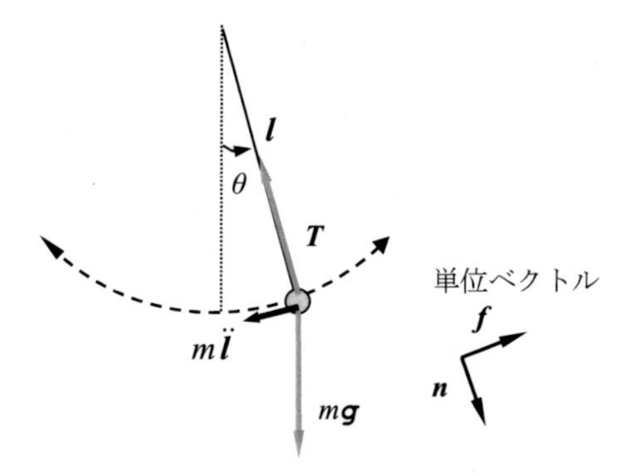

図 4.16　振り子の振動

物体の質量を m，紐の先の位置ベクトルを $\boldsymbol{l}$ とする．張力 $\boldsymbol{T}$ と重力 $m\boldsymbol{g}$ の働く重りの運動を運動方程式で表すと，（重りの運動の変化）＝（外力の和）として

$$m\ddot{\boldsymbol{l}} = \boldsymbol{T} + m\boldsymbol{g} \qquad \mathrm{N} \tag{4.59}$$

と定式化される．ひもの長さが変わらないとして(2.14)式で $\dot{r} = \dot{l} = 0$ と置けば

$$-ml\dot{\theta}^2\boldsymbol{n} + ml\ddot{\theta}\,\boldsymbol{f} = -T\,\boldsymbol{n} + mg(\cos\theta\,\boldsymbol{n} - \sin\theta\,\boldsymbol{f}) \tag{4.60}$$

なる関係式が得られる．これより単位ベクトル方向に分けた運動方程式が

$$ml\dot{\theta}^2 = T - mg\cos\theta \tag{4.61}$$

$$l\ddot{\theta} = -g\sin\theta \tag{4.62}$$

と求まる．振れ角 θ が十分小さいばあい，$\sin\theta$ は θ で近似できて，角度変化に対して

$$\sin\theta \approx \theta \tag{4.63}$$

$$\ddot{\theta} = -\frac{g}{l}\theta \tag{4.64}$$

なる式が導かれる．これは(4.52)式と同じで，母関数に三角関数を与えれば

$$\theta = \theta_0\sin(\omega t + \delta) \qquad \mathrm{rad} \tag{4.65}$$

$$-\omega^2\theta = -\frac{g}{l}\theta \tag{4.66}$$

なる式が得られ，角速度と周期が

$$\omega = \frac{2\pi}{\tau} = \sqrt{\frac{g}{l}} \qquad \text{rad/s} \qquad (4.67)$$

と求まる．例題 3.10 の導き方と対比すると，ラグランジュの運動方程式によりニュートンの運動法則が導かれることが分かる．

例題 4. 6　長さ l =0.5m の振り子の振動を，近似を使わずに求め，振れ角 θ_0 と周期 τ の関係を図示せよ．

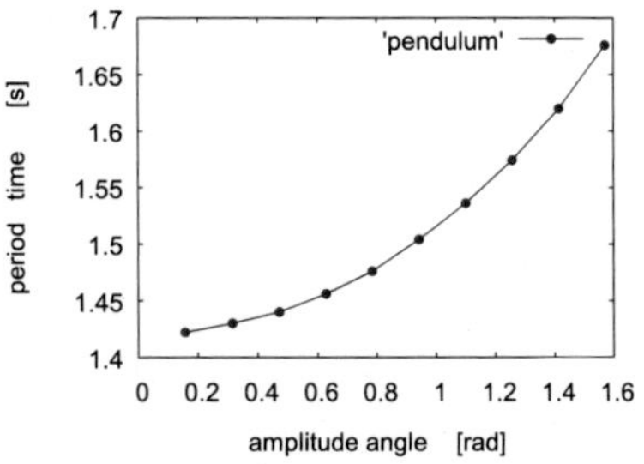

図 4.17　例題 4.6　振り子周期の振幅依存性

運動方程式が式(4.62)で与えられるので，時間の２次微分を差分方程式に置き換えれば以下の様に時間発展方程式が直接得られる．g=9.8 m/s とする．

$$l\ddot{\theta} = -g\sin\theta \qquad ①$$

$$\theta_{n+1} = 2\theta_n - \theta_{n-1} - \frac{g}{l}\sin\theta_n\,\Delta t^2 \qquad \text{rad} \qquad ②$$

$$\tau_0 = 2\pi\sqrt{\frac{l}{g}} = 1.42 \qquad \text{s} \qquad ③$$

周期は振動の折り返し点

$$(\theta_{n+1} - \theta_n)(\theta_n - \theta_{n-1}) < 0 \quad \rightarrow \quad t_n = \tau/2,\ \tau,\ 3\tau/2 \qquad ④$$

で与えられる．$\theta_n > 0$ の条件を加えると τ の整数倍が得られる．Δt=0.005, n=400, θ_0=πk/20 として周期 τ を求めると図 4.13 の様な結果を得る．gcc プログラムを以下に示す．

-------------------------------------- pendulum.c --

```
#include <stdio.h>
#include <math.h>
#define GP "gnuplot"
#define FO "pendulum"

int main(){

  int    i, k, N=1000;
  double cc, t, c[N];
  double pi=3.1415, dc=pi/20, gl=9.8/0.5, dt=0.002;
  FILE   *FFO, *PGP ;

  FFO=fopen(FO,"w");
         for(k=1;k<11;k++){c[0]=dc*k; c[1]=dc*k;
      for(i=1;i<N-1;i++){ t=dt*i;
        c[i+1]=2*c[i]-c[i-1]-gl*sin(c[i])*dt*dt;
         cc=(c[i+1]-c[i])*(c[i]-c[i-1]);
          if(cc<0 && c[i]>0) fprintf(FFO,"%8.4f %8.4f ¥n",c[0],t);
     }}
  fclose(FFO);
```

```
  PGP=popen(GP,"w");
   fprintf(PGP,"set term emf size 424,300 ¥n");
   fprintf(PGP,"set output 'fig.emf' ¥n");
   fprintf(PGP,"set xlabel 'amplitude angle    [rad]' ¥n");
   fprintf(PGP,"set ylabel 'period   time      [s]' ¥n");
   fprintf(PGP,"plot '%s' with linespoints pt 7 ¥n",FO);
  fflush(PGP);
  pclose(PGP);

return 0;
}
```

シミュレーションを行う際，条件設定が重要になることが多い．振り子の場合，初期条件として静止状態の最大振れ角を $\theta_0=\theta_1=\pi k/20$ なる条件で与えた．式④の折り返し点の判定では別な方法でも可能である．数値解析では初期条件と境界条件の設定が一番重要なキーポイントになる．条件設定はその場の条件で最良な方法を選ぶことが求められる．

問 4.11　長さ１０ｍの大振り子が有る．赤道，北緯 45°，北極での振り子の周期を求めよ．正規重力式に基づくこと．支点が回転自由であるとして，それぞれ振り子はどのように振る舞うか．

問 4.12　バネに 0.1kg の重りを付けて振動させた．振動の式を導け．周期が τ=1 秒となるバネ定数はいくらか．また振幅が 10 cm のときエネルギーはいくらか．

4. 4　条件の有る運動

物体の運動には色々な条件がついていることが多い．こうした運動は今まで述べてきた基本的な運動に適切な条件を加えた運動方程式を解くことで明らかにすることができる．以下に幾つかの例題を示そう．ここで新たな運動の基本法則が必要となることはない．

◆ 1. 摩擦振動

床の上の振動や振動のブレーキ制御など摩擦で制御される振動は数多い．次ぎの例題で摩擦の有る振動を考えてみよう．

例題 4. 7　摩擦のある床の上でバネ振動させた．どのような振動をするか．静止摩擦係数と動摩擦係数は等しく μ とし，バネ定数を k とする．

位置ベクトルとして，バネの自然長位置

を原点に取り $\boldsymbol{x}=x\,\mathbf{i}$ とする．前節の振動と摩擦の混合問題として解こう．摩擦力 $\boldsymbol{f}=N\mu$ は運動方向と逆向きに作用するから，運動方程式としてバネの力と摩擦力を外力として設定すれば次式を得る．

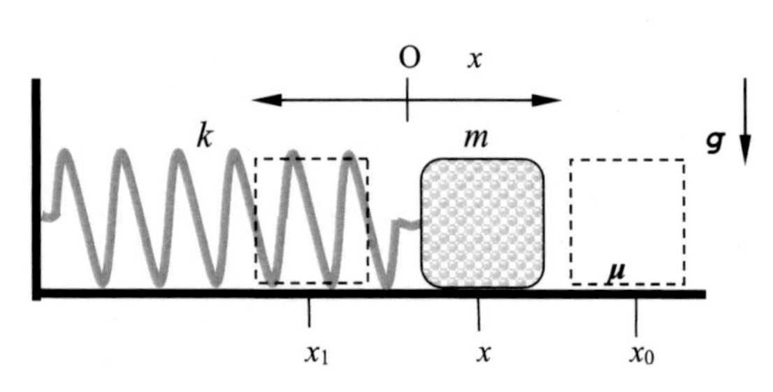

図 4.18　例題 4.8　摩擦のある面上の振動

$$m\ddot{\boldsymbol{x}}=-k\,\boldsymbol{x}+\boldsymbol{f} \qquad ①$$

$$f=N\mu=\pm mg\mu \qquad ②$$

これは速度の正負で分けて考えると

$$m\ddot{x}=-kx-mg\mu\ :\quad \dot{x}>0 \qquad ③$$

$$m\ddot{x}=-kx+mg\mu\ :\quad \dot{x}<0 \qquad ④$$

と書ける．この運動方程式は x を X に変数変換をして

$$X=x\pm\frac{mg\mu}{k} \qquad ⑥$$

$$\ddot{X}=-\frac{k}{m}X \qquad ⑥$$

を満足するから，式(4.52)や(4.64)と同じように三角関数を用いて解ける．初期値を考えて

$$X=X_0\cos\omega t\,,\qquad \omega=\sqrt{\frac{k}{m}} \qquad ⑦$$

$$x=X_0\cos\omega t\mp\frac{mgu}{k}\quad :\quad \begin{matrix}\dot{x}>0\\ \dot{x}<0\end{matrix} \qquad ⑧$$

なる位置の関数が求まる．これは速度の± で振動の中心位置 O_- と O_+ が半振動ごとに

$$l=\mp mg\mu/k \qquad ⑨$$

だけずれることを意味する．この２つの振動中心位置（補助線）の間に折り返し点が入るとそこで振動は止まる．また振動中心の移動によって半振動ごとに $2l$ づつ振幅が小さくなり，半振動の n-1 番目と n 番目の振幅の関係は次のようになる：

$$X_n=X_{n-1}-2\frac{mgu}{k} \qquad ⑩$$

これより一般的な振動は，半振動ごとの番号で

$$x=X_n\cos\omega t\mp\frac{mgu}{k}\quad :\quad \begin{matrix}\dot{x}>0\\ \dot{x}<0\end{matrix} \qquad ⑪$$

と表される．初期値 X_0 を

$$X_0=2\frac{mgu}{k}I+a \qquad ⑫$$

と書き直せば，I は半振動の行程で x=0 の中心線を越える回数，a は止まる時の残りの位置

を表す．なをＡを

$$A = a - \frac{mgu}{k} \quad \begin{matrix} >0 : 振動 \\ <0 : 静止 \end{matrix} \qquad ⑬$$

として，Ａが正であればこれを振幅とした最後の振動が起こり，負ではそのまま静止する．

gccを用いたシミュレーションで

$$m = 0.1\text{kg},\ k = 1\ \text{N/m},\ x_0 = 1\text{m},\ \mu = 0.11,\ g = 9.8\ \text{m/s}^2 \qquad ⑭$$

と設定し，Δt=0.01 s, n=500 の時間幅でプロットすると第４章表題の図 4.19 の様になる．この計算では１ｍから始めると４回の半振動が終わって５回目に残振動で止まることが分かる．ただし振動周期は常に一定である．

エネルギーで考えてみよう．引きずる摩擦力は一定であり，ばねの位置エネルギーが損失されるとその分の振幅も小さくなるから，i番目の振幅を x_i として半振動でのエネルギー変化は

$$\frac{1}{2}kx_i^2 = \frac{1}{2}kx_{i+1}^2 + mg\mu(x_i + x_{i+1}) \qquad \text{J} \qquad ⑮$$

と表わされる．これより

$$(x_i - x_{i+1} - \frac{2mg\mu}{k})(x_i + x_{i+1}) = 0 \qquad ⑯$$

$$x_i - x_{i+1} = \frac{2mg\mu}{k} \qquad \text{m} \qquad ⑰$$

となる．結果を第４章表題の図として掲載した．図 4.19 では振動中心のずれ幅と振幅の縮小する幅が等しいことが分かる．以下に gcc プログラムを示す．

-------------------------------------- frict.vib.c -----------------------------------

```
#include <stdio.h>
#include <math.h>
#define GP "gnuplot"
#define FO "frictosc"

int main(){

  int    i, N=500;
  double xd, t, a, mg, x[N];
  double m=0.1, g=9.8, k=1.0, u=0.11, dt=0.01;
  char *fg1="fig1.emf";
  FILE   *FFO, *PGP ;

  FFO=fopen(FO,"w"); x[0]=1.0; x[1]=1.0;
    for(i=1;i<N-1;i++){ t=dt*i; xd=x[i]-x[i-1];
          if(xd>0.0){a=-k*x[i]/m-g*u; mg=-m*g*u/k;
          } else{a=-k*x[i]/m+g*u; mg=m*g*u/k;}
          x[i+1]=2*x[i]-x[i-1]+a*dt*dt;
     fprintf(FFO,"%8.4f %8.4f %8.4f ¥n",t,x[i],mg);
     }
  fclose(FFO);
```

```
  PGP=popen(GP,"w");
    fprintf(PGP,"set term emf size 420,300 ¥n set zeroaxis lt -1 lw 2 dt 3 ¥n");
    fprintf(PGP,"set output '%s' ¥n",fg1);
   fprintf(PGP,"set xlabel 'time   t  [s]' ¥n set ylabel 'position  x  [m]' ¥n");
    fprintf(PGP,"plot '%s' using 1:2 with points pt 7 ¥n",F0);
    fprintf(PGP,"replot '%s' using 1:3 with lines lw 2 ¥n",F0);
   fflush(PGP);
  pclose(PGP);

return 0;
}
```

問 4.13　摩擦の有る床の上のバネ振動で，物体が 6 回程度の振動をして止まった．例題 4.7 で k，m，μ を適当に設定し，振幅の変化を図示せよ．

◆ 2. 位置を拘束された運動

壁や斜面で位置を拘束された運動は数多い．こぶのある斜面をスキーで滑り落ちる時，地面から思いがけない力を受けることはよく経験することである．次ぎの例題で位置を拘束された運動を考えてみよう．

例題 4. 8　半径 r の円盤に縁を付けた図 4.17 の様なパチンコ台がある．台の内側の一番下でパチンコ球を叩いて縁をすべらせたところ，最初摩擦の無い円運動をして，途中から自由落下した．球の初速度 $\boldsymbol{V}_0$ の条件を求めよ．

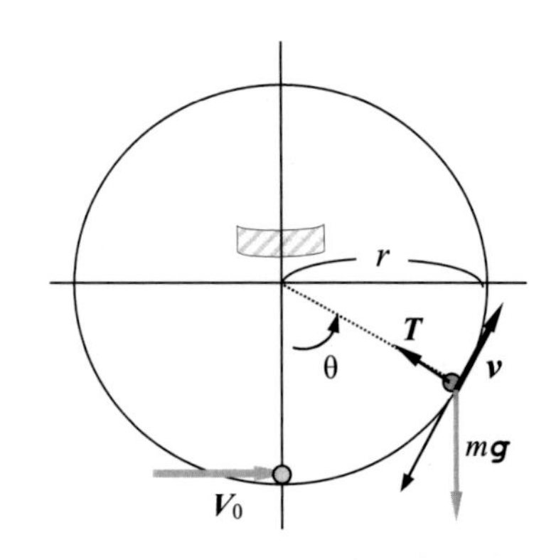

図 4.20 例題 4.9　パチンコ球の運動

まず球の運動方程式を立てよう．重さを m として外力の働きを考える．球の位置ベクトルを $\boldsymbol{r}$ とすると球面から受ける力 $\boldsymbol{T}$ と重力 $m\boldsymbol{g}$ が外力になるから運動方程式は

（球の加速度運動）＝（外力の和）

$$m\ddot{\boldsymbol{r}} = \boldsymbol{T} + m\boldsymbol{g} \qquad \text{N} \qquad ①$$

となる．円運動で半径が変わらないとして(2.14)式で $\dot{r} = 0$ と置けば

$$-mr\dot{\theta}^2\boldsymbol{n} + mr\ddot{\theta}\,\boldsymbol{f} = -T\,\boldsymbol{n} + mg(\cos\theta\,\boldsymbol{n} - \sin\theta\,\boldsymbol{f}) \qquad ②$$

なる関係式が得られる．

(1) 円運動状態．円運動の運動方程式は

$$m r\dot{\theta}^2 = T - m g\cos\theta \qquad ③$$

$$r\ddot{\theta} = -g\sin\theta \qquad \mathrm{m/s^2} \qquad ④$$

となる．パチンコ台の縁の表面に働く力 T は円運動では常に内向きであるから

$$v = r\dot{\theta} \qquad ⑤$$

$$T = m r\dot{\theta}^2 + m g\cos\theta \qquad ⑥$$

として T が負になることはない．ここでエネルギーの式から速度と角度の関係式を得る．

$$\frac{1}{2}mV_0^{\,2} = m g\, r(1-\cos\theta) + \frac{1}{2}mv^2 \qquad \mathrm{J} \qquad ⑦$$

$$v^2 = V_0^2 - 2g\, r(1-\cos\theta) \qquad \mathrm{m^2/s^2} \qquad ⑧$$

これより式③の台の表面に働く力 T において式⑤より速度 v を消去すれば次式を得る．

$$T = \frac{m}{r}\{V_0^2 - g\, r\,(2-3\cos\theta)\}. \qquad \mathrm{N} \qquad ⑨$$

(2) 自由落下．球が自由落下するには

(a)　円軌道の最上点に来る前に反力 T が 0 になる．

(b)　T=0 以降，球の速度は v>0 で上向きである．

なる条件を満足しなければならない．縁表面の力が T=0 となる角度を θ_A，速度が 0 となる角度を θ_B として(a)(b)の条件を計算しよう．まず(a) の条件は式⑨より

$$\cos\theta_A = \frac{2}{3}\left(1-\frac{V_0^2}{2g\,r}\right), \quad \theta_A < \pi \qquad ⑩$$

$$\rightarrow \ -1 < \frac{2}{3}\left(1-\frac{V_0^2}{2g\,r}\right)$$

$$\rightarrow \ V_0^2 < 5g\,r \qquad \mathrm{m^2/s^2} \qquad ⑪$$

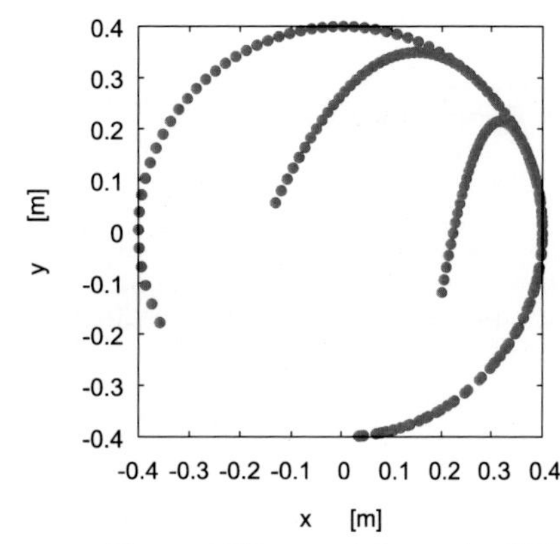

図 4.20 例題 4.8　パチンコ球の軌跡

となる．つぎに(b)では，式⑨で水平位置よりも上で v =0 とすれば，速度の条件として

$$\cos\theta_B = 1-\frac{V_0^2}{2g\,r}, \quad \theta_B > \theta_A > \frac{\pi}{2} \qquad ⑫$$

$$\cos\theta_B < \cos\theta_A < 0$$

$$\rightarrow \ 1-\frac{V_0^2}{2g\,r} < 0 \quad \rightarrow \ 2g\,r < V_0^2 \qquad ⑬$$

を得る．よって台の中で球を自由落下させるには

$$\sqrt{2g\,r} < V_0 < \sqrt{5g\,r} \qquad \mathrm{m/s} \qquad ⑭$$

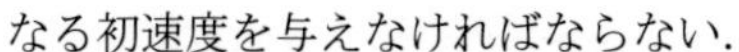

なる初速度を与えなければならない．

半径 r =0.4m, 初速度を k m/s，時間刻みを 5*10^-3^ 秒として数値解析をしてみよう．T=0 以降

から自由落下となるので，式④と⑥を使い例題 4.6 とプログラムを組み合わせると図 4.17 の結果を得る．数値計算に於けるプログラミングの重要な要素は，如何に簡単で正確な数値を得るかの手段にある．計算のアルゴリズムが如何に適切に考案されているかが問題となる．例えば，複素数を $c = x\mathbf{i} + y\mathbf{j}$ で計算するのか，$c = ae^{ib}$ で計算するのかの良し悪しは，計算機の演算回路の特性によっても変わる．こうした数値計算の論理性を発見し計算手順を考案することも，本書で習得する能力の目標となる．以下に gcc プログラムを示す．

------------------------------- restricted.motion.c -------------------------------------

```
#include <stdio.h>
#include <math.h>
#define GP "gnuplot"
#define FO "restfall"
#define N 70
int main(){
  int    k, j, nj, n0=7, nk=10 ;
  double c[N], x[N], y[N], ff, vx, v, gr, dc;
  double r=0.4, g=9.8, dt=1.0E-2, v1=0.5;
  FILE   *FFO, *PGP ;
  FFO=fopen(FO,"w"); gr=g/r;
    for(k=n0;k<nk;k++){ v=v1*k; c[0]=0.0; c[1]=v*dt/r;
      for(j=1;j<N-1;j++){ c[j+1]=2*c[j]-c[j-1]-gr*sin(c[j])*dt*dt;
        dc=(c[j]-c[j-1])/dt; ff=r*dc*dc+g*cos(c[j]);
        x[j]=r*sin(c[j]); y[j]=-r*cos(c[j]); vx=(x[j]-x[j-1])/dt;
        fprintf(FFO,"%8.4f %8.4f ¥n",x[j],y[j]); nj=j;
      if(ff<0) goto sw;
      }
  sw: for(j=nj;j<N-1;j++){ x[j+1]=x[j]+vx*dt; y[j+1]=2*y[j]-y[j-1]-g*dt*dt;
        fprintf(FFO,"%8.4f %8.4f ¥n",x[j],y[j]);
      }
    }
  fclose(FFO);
  PGP=popen(GP,"w");
   fprintf(PGP,"set term emf size 540,400 ¥n");
   fprintf(PGP,"set output 'fig.emf' ¥n set key outside ¥n");
   fprintf(PGP,"set xlabel 'x      [m]' ¥n");
   fprintf(PGP,"set ylabel 'y      [m]' ¥n");
   fprintf(PGP,"set size ratio -1 ¥n");
   fprintf(PGP,"plot '%s' with points pt 7 ¥n",FO);
   fflush(PGP);
  pclose(PGP);
  return 0;
}
```

㊶ for(){---; if(ff<0) goto sw;　 --- }　 sw:　: for ループから sw の行に抜け出す．

問 4.14　長さ 0.5 m の紐に 1 kg の重りが付いている．垂直方向から 120° の角度で自由落下に入るには水平初速度 V_0 をいくらにすれば良いか．またシミュレーションも示せ．

◆ 3. 減衰振動

振動に速度抗力が働くときこれを単に減衰振動と言う．この様に速度に比例した抗力による減衰振動は自然の中にありふれた現象と言えよう．次にこのような減衰振動について速度抗力の有る減衰振動について考えてみる．こうした振動は，車などの減衰装置の付いたバネの振動や空気抵抗のある振り子の振動のように，日常良く見かける現象である．

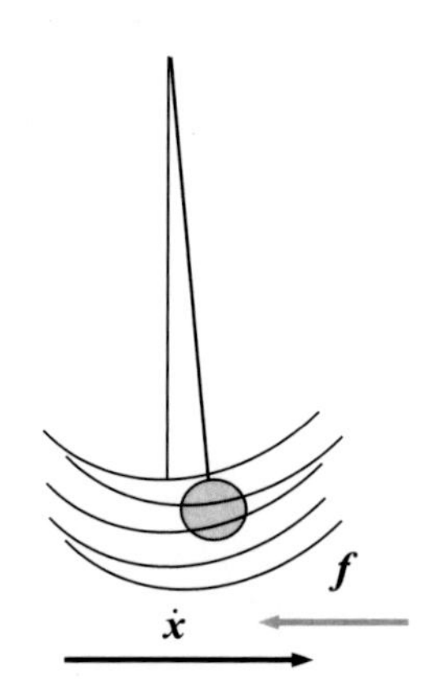

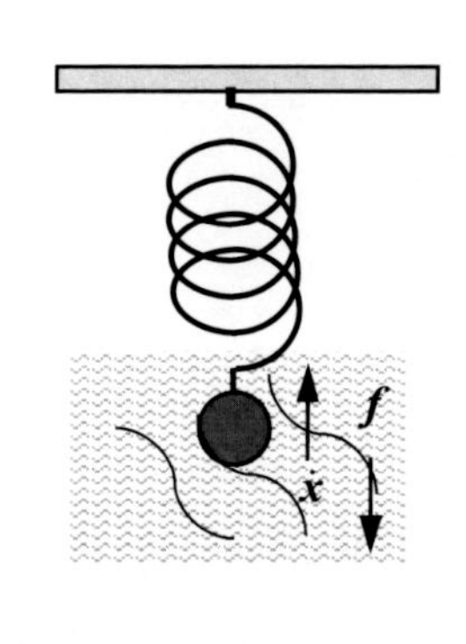

図 4.21　振動速度に比例する抗力．

例題 4.7 で見たように抗力 $\boldsymbol{f}$ の有るバネ振動の運動方程式は

$$m\ddot{\boldsymbol{x}} = -k\,\boldsymbol{x} + \boldsymbol{f} \qquad \text{N} \tag{4.68}$$

となる．抗力は定数 α で速度に比例する逆向きの力として

$$\boldsymbol{f} = -\alpha\,\dot{\boldsymbol{x}} \tag{4.69}$$

と書けるものとする（空気抵抗などはおよそこの様な関係に有ると言える．正確には LCR 回路の振動電流における抵抗 R の項がこの式に当てはまる）．これより運動方程式は

$$m\ddot{\boldsymbol{x}} + \alpha\,\dot{\boldsymbol{x}} + k\,\boldsymbol{x} = 0 \qquad : \quad m, \alpha, k > 0 \tag{4.70}$$

となる．数学的基礎は次の補講で述べるとして，まず x を x_0 と Z を未知数とした母関数で

$$x = x_0\,\mathrm{e}^{Zt} \tag{4.71}$$

と置いてみよう．運動方程式(6.70)は

$$mZ^2 x_0 \mathrm{e}^{Zt} + aZx_0\mathrm{e}^{Zt} + kx_0\mathrm{e}^{Zt} = 0 \tag{4.72}$$

$$mZ^2 + \alpha Z + k = 0 \tag{4.73}$$

と変形される．Z の 2 次方程式の解として根の公式より

$$Z_{1,2} = \frac{-\alpha \pm \sqrt{\alpha^2 - 4mk}}{2m} = -\frac{\alpha}{2m} \pm \sqrt{(\frac{\alpha}{2m})^2 - \frac{k}{m}} \tag{4.74}$$

が求まる．これよりこの 2 つの解を Z_1，Z_2 とおいて

$$x = x_1 e^{Z_1 t} + x_2 e^{Z_2 t} \qquad \text{m} \qquad (4.75)$$

とした x も微分方程式③を満足することが分かる．この解は次の３つの状態に分けて考えることができる．

(1)　$(\frac{\alpha}{2m})^2 > \frac{k}{m}$　の場合

この場合は，ルートの中が正で Z は実数解となる．２つの解とも負となるので，初期条件の振幅と速度から x_1 と x_2 を決めれば式⑧

$$x = x_1 e^{Z_1 t} + x_2 e^{Z_2 t}$$

がそのまま解になり，系は振動することなく単純に減衰する．$\alpha < 0$ の場合は逆に発散する．

(2)　$(\frac{\alpha}{2m})^2 = \frac{k}{m}$ の場合　$\to \alpha = 2\sqrt{km}$

(1)の式⑧の解で

$$\gamma = \sqrt{(\frac{\alpha}{2m})^2 - \frac{k}{m}}, \quad \beta = \frac{\alpha}{2m} \qquad (4.76)$$

と置くと γ が実数で小さければ $e^{-\gamma t}$ はテラー展開の初項で表され

$$\begin{aligned} x &= \{x_1 e^{\gamma t} + x_2 e^{-\gamma t}\} e^{-\beta t} \\ &\to x = \{x_1(1+\gamma t) + x_2(1-\gamma t)\} e^{-\beta t} \end{aligned} \qquad (4.77)$$

なる展開式が得られる．これを整理すれば

$$x_a = \gamma(x_1 - x_2), \quad x_b = (x_1 + x_2) \qquad (4.78)$$

$$x = (x_a t + x_b) e^{-\frac{\alpha}{2m} t} \qquad (4.79)$$

となる．この式は γ に関係なく③の微分方程式を満足する．よって $\gamma \sim 0$ で数値 x_a, x_b が有限な値を取るとすれば，式⑫が(2)の条件の一般解となっていることが分かる．この状態を振動現象の始まる直前として**臨界制動**と呼ぶ．

(3)　$(\frac{\alpha}{2m})^2 < \frac{k}{m}$　の場合

式⑦で，ルートの中が負となると Z は複素解となる．ここで

$$\beta = \frac{\alpha}{2m}, \quad \omega_0 = \sqrt{\frac{k}{m}}, \quad \omega = \sqrt{\omega_0^2 - \beta^2} \qquad (4.80)$$

とおき，未定数 x_1, x_2 を複素数として扱えば，一般解は

$$Z = -\beta \pm i\omega \qquad \text{rad/s}$$

$$x = e^{-\beta t}(x_1 e^{i\omega t} + x_2 e^{-i\omega t}) \qquad \text{m} \qquad (4.81)$$

と表わすことができる．

観測する物理量 x が振り子の角度やバネの位置座標などのような場合，x は実関数として取り扱われなければならない．x が電流などのように２次元位相空間の自由度を持つ物理量の場合は，複素量は複素量として実質的な意味を持ち，式⑭は複素数のまま取り扱われる．ここでは振り子の角度として実関数として扱うことにしよう．$\pm\omega$ の正だけを考え，式⑭の実数部分の関数だけを取り出すと，そのまま一般解として扱えて関数 x は

$$x = x_0 e^{-\beta t}\cos(\omega t + \delta) \qquad \text{m} \qquad (4.82)$$

となる．分子動力学的シミュレーション法では微分方程式を解くことなしに減衰振動の有り様を図 4.19 のように図示することができる．もちろんこれは微分方程式の解を用いた作図と一致する．質量を m＝0.2 kg，バネ定数を k＝20 N/m，速度抗力定数を α＝1 Ns/m とし，初期振幅 x_0 を 0.1 m とする．以下に gcc プログラムを示す．

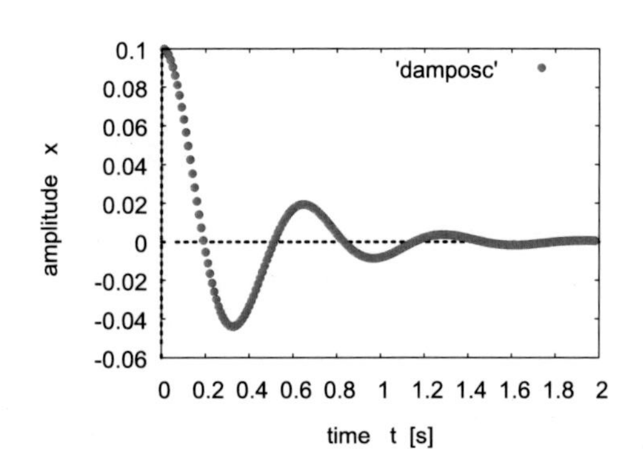

図 4.22　減衰振動

---------------------------------- dampedoscill.c ----------------------------

```
#include <stdio.h>
#include <math.h>
#define GP "gnuplot"
#define FO "damposc"

int main(){

  int     i, N=200 ;
  double xd, f, t, x[N];
  double m=0.2, x0=0.1, a=1.0, k=20.0, dt=0.01;
  FILE   *FFO, *PGP ;

  FFO=fopen(FO,"w"); x[0]=x0; x[1]=x0;
        for(i=1;i<N-1;i++){ t=dt*i; xd=(x[i]-x[i-1])/dt;
        f=-a*xd/m-k*x[i]/m; x[i+1]=2*x[i]-x[i-1]+f*dt*dt;
     fprintf(FFO,"%8.4f %8.4f ¥n",t,x[i]);
     }
  fclose(FFO);

  PGP=popen(GP,"w");
    fprintf(PGP,"set term emf size 424,300 ¥n set output 'fig.emf' ¥n");
    fprintf(PGP,"set xlabel 'time   t  [s]' ¥n set ylabel 'amplitude   x  ' ¥n");
```

```
    fprintf(PGP,"set zeroaxis lt -1 lw 2 dt 3 ¥n");
    fprintf(PGP,"plot '%s' with points pt 7 ¥n",F0);
    fflush(PGP);
  pclose(PGP);

return 0;
}
```

◆補講：複素回転関数（三角関数）

減衰振動に現れた式(4.79)の様な 2 階微分方程式を解くために，ここで次のような関数を用意する．関数の n 階微分 $f^{(n)}$ で展開する Taylor 展開

$$f(x)=\sum_{n=0}^{\infty}\frac{f^{(n)}(0)}{n!}x^{n} \tag{4.83}$$

を用いて，虚数 i（$i^2=-1$）の付いた指数関数（回転関数）

$$e^{i\theta}=\cos\theta+i\sin\theta=\sum_{n=0}^{\infty}\frac{i^{n}\theta^{n}}{n!}=1-\frac{\theta^{2}}{2!}+\frac{\theta^{4}}{4!}-\cdots+i\left(\theta-\frac{\theta^{3}}{3!}+\frac{\theta^{5}}{5!}-\cdots\right) \tag{4.84}$$

を考えてみよう．$n!$ は n の階乗 である：

$$n!=1\cdot 2\cdot 3\cdots n\,. \tag{4.85}$$

この関数を θ [rad]で何回も微分してみると三角関数 sin, cos が入れ替わり展開されることが分かる．実際に sin, cos 関数をそれぞれに Taylor 展開してみればはっきりする．この関数は複素平面の原点の周りに半径 1 の円を描く関数で，変数 θ に対し周期関数となり，周期的な解を持つ微分方程式には母関数として常に登場する．これは変数を $\theta=\omega t$ とすると複素平面上で単位円を描き角周波数（角速度の大きさ）ω で回転する関数となる．ここで x にこの複素関数を用いて 2 階微分方程式に代入すると

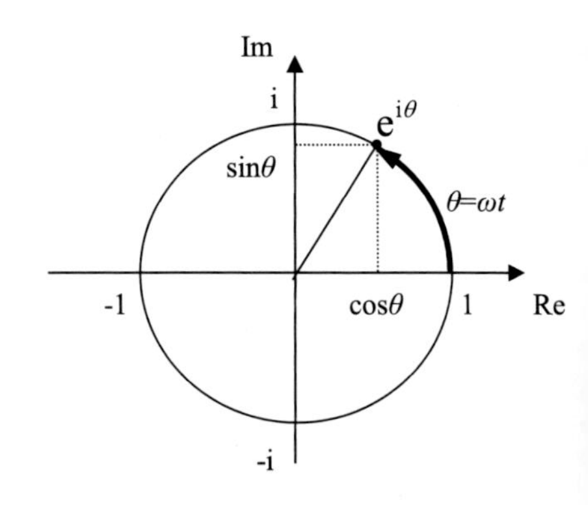

図 4.23　補講：複素平面上の回転関数 $e^{i\theta}$

$$x=Ae^{i\omega t} \tag{4.86}$$

$$m\ddot{x}=-kx \tag{4.87}$$

$$m(i\omega)^{2}Ae^{i\omega t}=-kAe^{i\omega t}$$

$$\omega^{2}=\frac{k}{m},\quad \omega=\sqrt{\frac{k}{m}} \tag{4.88}$$

となり角周波数 ω が得られる．これより x が回転を表す関数となっていることが分かる．

問 4.15　係数 α で速度に比例して抗力の働く緩衝装置付きのバネが有って，一周期で振幅が半分になるように設計されている．減衰振動の式を条件ごとに導け．バネ定数を k，質量を m とすると抗力係数 α はいくらか．その時の周期 τ は抗力の無い時の何倍か．

問 4.16　振幅 0 から始まる減衰振動について，時間発展方程式の定式化を行い，適当な数値を用いて解析を行い図示せよ．

問 4.17　減衰振動の臨界制動の様子を理論的に示し，時間発展方程式による数値解析の結果と比較せよ．また２つの結果が同じとなることを示せ．

◆ 4. 強制振動

ブランコで上手にこぐと振動が大きくなるように，振動に強制的な外力が加わると振動が変化する．こうした現象を強制振動と言うが，一般的には解析的に解くことが難しい．最初に解析可能な状態を考え，次に数値解析で理論的に解析の難しい振動状態を調べる．どんな場合でも分子動力学的方法を用いれば簡単に状態が把握できる．

例題 4. 9　減衰振動に加え強制振動のある系の運動を調べよ．

前節，例題 4.9 の減衰振動に周期的な，例えば cos 関数で表わされる，外力の働く振動を考えてみよう．これは

$$m\ddot{\boldsymbol{x}}+\alpha\dot{\boldsymbol{x}}+k\boldsymbol{x}=\boldsymbol{f}\cos\omega t \qquad \text{N} \qquad ①$$

と表される．この式は微分方程式論で言うと，非斉次の２階線形微分方程式と呼ばれる．単なる減衰振動は f=0 で斉次方程式と言う．強制振動の式は斉次方程式の解を自動的に含み，一般解は cos 関数の特殊解と斉次解の和として表わされる．今，外力の振動に系の振動が従っているとして

$$x=x_1\cos(\omega t+\varphi) \qquad ②$$

とおいて式①に代入してみると，

$$(k-m\omega^2)x_1\cos(\omega t+\varphi)-\alpha\omega\ x_1\sin(\omega t+\varphi)=f\cos\omega t \qquad ③$$

なる関係式が得られる．ここで三角関数の公式

$$\cos(\omega t+\varphi)=\cos\omega t\cos\varphi-\sin\omega t\sin\varphi$$
$$\sin(\omega t+\varphi)=\sin\omega t\cos\varphi+\cos\omega t\sin\varphi \qquad ④$$

を用いれば

$$(k-m\omega^2)x_1\cos\varphi-\alpha\omega x_1\sin\varphi=f \qquad ⑤$$
$$-(k-m\omega^2)x_1\sin\varphi-\alpha\omega\, x_1\cos\varphi=0 \qquad ⑥$$

なる関係が得られる．式⑥より

$$\tan\varphi = -\frac{\alpha\omega_1}{k - m\omega^2} \quad ⑦$$

$$\sin\varphi = -\frac{\alpha\omega_1}{\sqrt{(k - m\omega^2)^2 + \alpha^2\omega^2}} \quad ⑧$$

$$\cos\varphi = \frac{k - m\omega^2}{\sqrt{(k - m\omega^2)^2 + \alpha^2\omega^2}} \quad ⑨$$

なる一連の式が得られる．例題 4.9 の β を用い，これらを式⑤に代入すると

$$\omega_0^2 = \frac{k}{m}, \quad \beta = \frac{\alpha}{2m},$$

$$x_1 = \frac{f_1}{\sqrt{(k - m\omega^2)^2 + \alpha^2\omega^2}} = \frac{f_1}{m\sqrt{(\omega_0^2 - \omega^2)^2 + 4\beta^2\omega^2}} \quad ⑩$$

が得られる．これを元の式②に代入し，斉次方程式の解と式②⑩の結果を抱き合わせれば

$$x(t) = x_1\cos(\omega\ t + \varphi) + x_0 e^{-\beta t}\cos(\sqrt{\omega_0^2 - \beta^2}\ t + \delta) \quad ⑪$$

なる結果が得られる．x の第 1 項は強制振動の解で，第 2 項は式①の右辺=0 の場合（斉次方程式）の減衰振動の解で過渡現象として現れる．振幅 x_1 の最大は式⑩の $\sqrt{\ }$ が最小で，中の ω 関数の傾きが 0 となること（極小）を計算して

$$\omega_R^2 = \omega_0^2 - 2\beta^2 \quad ⑫$$

なる条件が導かれる．この値は

$$x_{\max} = \frac{f_1}{2\beta\sqrt{\omega_0^2 - \beta^2}} \quad ⑬$$

となる．このように式⑫を満足し振幅が最大となる状態を**共鳴**もしくは**共振**と言う．

問 4.18　例題 4.10 で ω_1/ω_0 を変数として，β/ω_0 の値を幾つか選び，x_1 の値の変化を図示せよ．

例題 4. 10　例題 4.9 の減衰項と強制振動項を含み共鳴に近い振動をシミュレーションせよ．

例題 4.10 式①を書き直すと外力が質量 m の物体の加速度運動を引き起こすとして

$$\boldsymbol{F} = m\ddot{\boldsymbol{x}} = \boldsymbol{f}\cos\omega t - \alpha\dot{\boldsymbol{x}} - k\boldsymbol{x} \quad ①$$

なる式を得る．これより時間発展方程式として

$$x_{n+1} = 2x_n - x_{n-1} + \{f\cos\theta - \alpha\frac{x_n - x_{n-1}}{\Delta t} - k\,x_n\}\frac{\Delta t^2}{m} \quad ①$$

を得る．各パラメーターに

$$\begin{aligned} \alpha &= 0.1 \quad \mathrm{Ns/m} \\ k &= 25.0 \quad \mathrm{N/m} \\ m &= 1.0 \quad \mathrm{kg} \\ f &= 0.2 \quad \mathrm{N} \end{aligned} \qquad ②$$

を選べば減衰指数 β と基本角周波数 ω_0 に

$$\beta = \frac{\alpha}{2m} = 0.05, \qquad ③$$

$$\omega_0 = \sqrt{\frac{k}{m}} = 5.0 \ \mathrm{rad/s} \qquad ④$$

$$\tau = \frac{2\pi}{\omega_0} = 1.257 \ \mathrm{s} \qquad ⑤$$

なる値を得る．β は共鳴状態を見るために小さく取った．共鳴角周波数 ω_R は減衰振動の角周波数より $\sqrt{\ }$ の中が β^2 だけ小さく

$$\omega_R = \sqrt{\omega_0^2 - 2\beta^2} = 4.9995 \qquad ⑥$$

となる．加速度を $a = F/m$ にとり時間発展方程式の公式に当てはめれば，共鳴状態付近を調べることができる．これより振幅を $x(0)=0.1$，ω を共鳴角周波数付近に選んで，図 4.24 のような結果を得る．

更に ω を変えれば強制振動の色々な様子を知ることができる．理論だけではこうした現象全体を感覚的に把握することは難しく，理論と数値解析を合わせて物理現象を確実に理解することが望ましい．本書の意図する要である．プログラムを以下に示す．

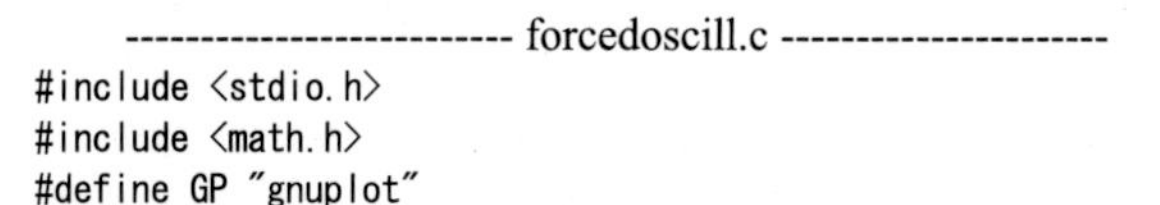

```
------------------------- forcedoscill.c ---------------------
#include <stdio.h>
#include <math.h>
#define GP "gnuplot"

int main(){

  int    i, j, N=2000;
  double xd, s[4], f, t, x[N], s0=4.59;
  double m=1.0, x0=0.1, a=0.1, k=25.0, dt=2.0E-2, h=0.2;
  char   *fg[4], *F0[4];
  FILE   *FF0, *PGP ;
```

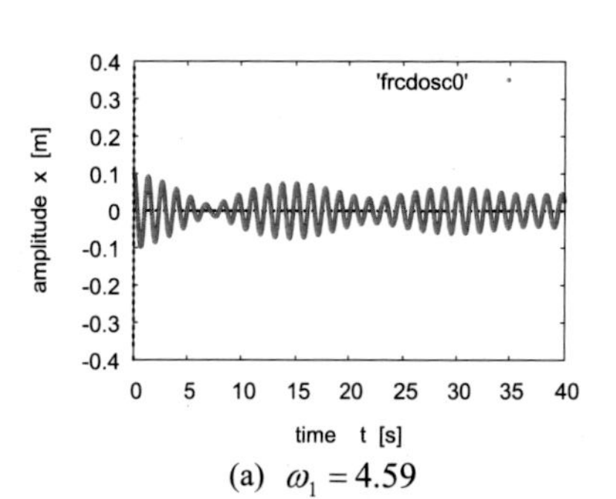

(a) $\omega_1 = 4.59$

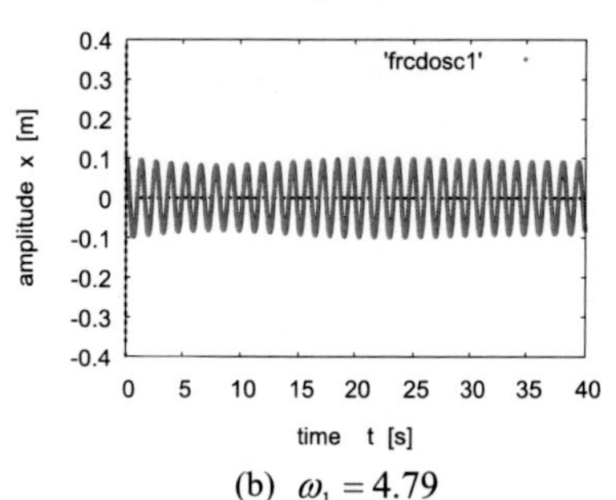

(b) $\omega_1 = 4.79$

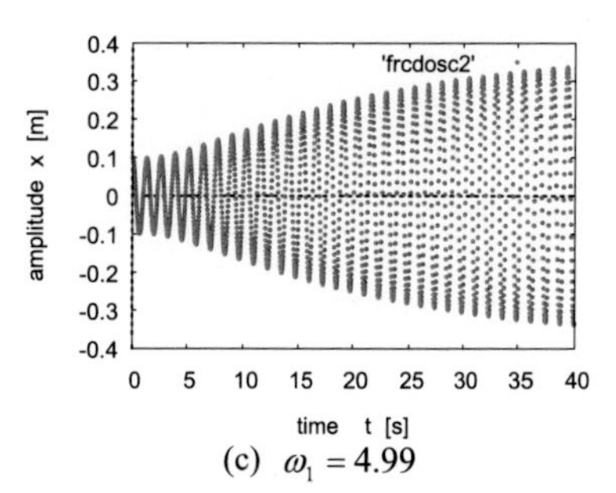

(c) $\omega_1 = 4.99$

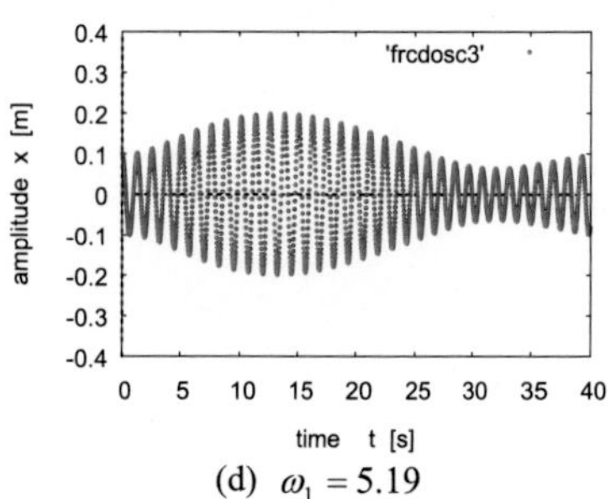

(d) $\omega_1 = 5.19$

図 4.24　例題 4.10　強制振動の共鳴付近の振る舞い．$0<t<40$.

```
  fg[0]="fg0.emf"; fg[1]="fg1.emf"; fg[2]="fg2.emf"; fg[3]="fg3.emf";
  F0[0]="frcdosc0"; F0[1]="frcdosc1"; F0[2]="frcdosc2"; F0[3]="frcdosc3";

  for(j=0;j<4;j++){ s[j]=s0+0.2*j;
   FF0=fopen(F0[j],"w"); x[0]=x0; x[1]=x0;
     for(i=1;i<N-1;i++){ t=dt*i; xd=(x[i]-x[i-1])/dt;
      f=(h*cos(s[j]*t)-a*xd-k*x[i])/m; x[i+1]=2*x[i]-x[i-1]+f*dt*dt;
      fprintf(FF0,"%8.4f %8.4f ¥n",t,x[i]);
     }
   fclose(FF0);
  }

  PGP=popen(GP,"w");
    fprintf(PGP,"set term emf size 424,300 ¥n");
    fprintf(PGP,"set xlabel 'time    t  [s]' ¥n");
    fprintf(PGP,"set ylabel 'amplitude  x  [m]' ¥n");
    fprintf(PGP,"set zeroaxis lt -1 lw 2 dt 3 ¥n");
    fprintf(PGP,"set pointsize 0.5 ¥n");
  for(j=0;j<4;j++){
    printf("s= %8.4f ¥n", s[j]);
     fprintf(PGP,"set output '%s' ¥n",fg[j]);
     fprintf(PGP,"plot [0:40][-0.4:0.4] '%s' with points pt 7 ¥n",F0[j]);
     fflush(PGP);
  }
  pclose(PGP);

return 0;
}
```

問 4.19　或る関数で表わされる強制力が働く系での強制振動をシミュレーションせよ．

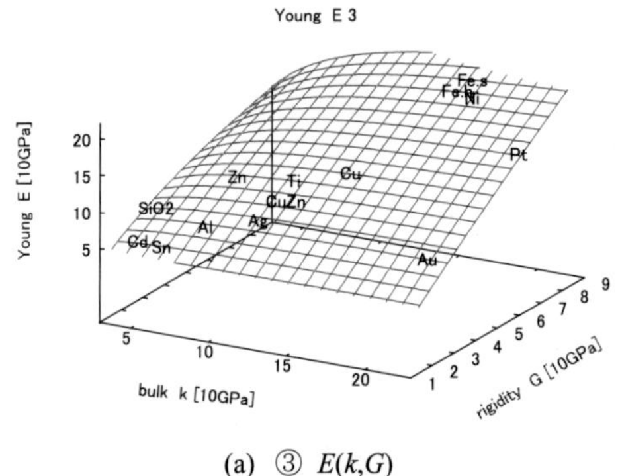

(a)　③　$E(k,G)$

図 5.25　弾性率の関係．E, G, σ, k

第５章

剛体の静力学

止まっているものは総て力の上で互いに作用反作用の法則の下に力の釣り合いの状態にある．自然界に生きる物は全て，どの様に力が伝わりどの様に釣り合うのか，理屈では認識していないが，体では認識しその条件を生活に役立てている．二人の力士が競い合い土俵を割らせ土を付けさせる相撲という格闘技では，互いに相手のバランスを崩すために，力を入れ，技を掛け合う．こうした力の絡み合いにおいて，どの様な力の流れが有るのか．力学的問題として興味深い．この様に，ただ静止している状態の中にもただならぬ力の釣り合いが潜んでいる．本章ではこれらの力の釣合の仕組みについて説明する．

◇　力の源

単純な力学系では，力は位置エネルギーの傾きとして定義され，運動を引き起こす能力として取り扱われる．では動物を動かす力の源は何なのか．人が荷物を運ぶ仕事は

$$W = -\int \boldsymbol{F} \cdot d\boldsymbol{r} \qquad \mathrm{J} \qquad (5.1)$$

で定義される．しかしこの式では大きな岩を運ぶ時，びくとも動かない岩を動かす仕事は 0 となる．何もできない時の疲れは一層に疲れるもので，無駄な仕事となる．この仕事は筋力の作り出す仕事で，物理空間の仕事とは異なる．単なる力学系の話では無いことに注目しよう．

では筋肉はどのように力を出すのか．動物が動くときには酸素を吸い炭酸ガスと水を排出する．これより筋肉は炭素・水素の**燃焼エネルギー**を利用していると言える．燃焼では，酸素などの化学反応による分子結合の組み替えで，エネルギーが放出される．つまり（運動＋位置）のエネルギー変化の中で，最終的に＋の原子核と－の電子が近づき**分子結合の静電エネルギーを利得する**．静電エネルギーは，電荷による空間歪からもたらされ，**クーロンエネルギー**とも呼ばれる．具体的には，分子結合の組み替えの中で，より低い空間歪エネルギーの状態が実現され，エネルギーが利得される．動物の生み出す筋力にはイオン移動に反応する化学物質の ATP(アデノシン３燐酸)が関係する．この ATP の ADP(アデノシン２燐酸)に変化する時のエネルギー放出により力が発生する．筋力は，こうした ATP で構成されるぶどう糖などの燃焼エネルギーから生み出され，ATP に反応したタンパク質(ミオシン)が形態を変え，ADP とリン酸が放出され，その中で生み出される複雑な合成力となっている．これに対し，万有引力は重力歪の位置エネルギーのみに関係して単純である．

エンジンやタービンによって発生する力は，燃料の燃焼エネルギーが気体の熱エネルギー（主に気体分子の運動エネルギー）に変換され，膨張する気体を含んだピストンからもたらされる．端的に言うと，酸素と燃

料が炭酸ガスと水になる熱膨張で力を発生する．筋力はこれとは異なり，細胞の構造変化が力学的なエネルギーを生み出す．神経の電位によって制御されるカルシウムイオンがトロポニンに結合し，トロポニン・トロポミオシン複合体の形を変化させる。これにより筋繊維（筋細胞）を構成するアクチンとミオシンの間の抑制が取り除かれ、アクチンとミオシンの結合が起こる。左右のアクチンと真ん中に有るミオシンのフィラメント（重合体）は，手の指を交互に重ね合わせて差し込む様に結合し，ATP を消耗して機械的エネルギーと熱エネルギーを生み出す．筋原繊維は，細長くて左右に分かれ束ねると 6 角形状になる包状アクチンと，その中央に存在する太いミオシンから構成される．これらの 6 角形状に束なった筋繊維では，隣接する 2 種類のフィラメント数はそれぞれ 1 対 1 となる．この筋繊維を更に束ねて長く連ねることで，筋肉が構成される．右手と左手に離れた 2 つのアクチンは 1 つのミオシンを重なり合って包絡しミオシンを抱き込む様に収縮する．このときミオシンに多数付いているムカデの足の働きをする突起のマイクロマシンが，アクチンに触れはじける様に綱引きをしてアクチンを引き込む．この運動では，ミオシンの突起部（2 つの大きな頭を持ちねじれて連鎖するタンパク質高分子：分子量 48 万）が ATP を吸収し，アクチンと結合することで，櫂漕ぎ運動する様に構造変化し ADP とリン酸を吐き出す．つまり，筋肉は呼吸で得た酸素で体内の栄養素を燃やし炭酸ガスと水に変換することで力を発生する．途中 ATP を通じて筋細胞が収縮し中間の疲労物質 ADP とリン酸を生成する．

熱力学的に気体分子が壁に衝突する運動のエネルギーを広義にとらえ体積の位置エネルギーと見立てれば，我々の身の周りの動的な力 $\boldsymbol{F}$ も，結局，広義の位置エネルギー U^* の傾き

$$\boldsymbol{F} = -\nabla U^*, \quad \nabla = \frac{\partial}{\partial x}\mathbf{i} + \frac{\partial}{\partial y}\mathbf{j} + \frac{\partial}{\partial z}\mathbf{k}$$

として定式化される．この様に力 $\boldsymbol{F}$ は，タンパク質高分子のミオシンの構造変化の様に，その空間の形態に従って造られた位置エネルギー U^* からもたらされ，その傾きの大きさと方向が力ベクトルとなる．

5.1　釣り合い

静止している**剛体**（力に対し変形の無視できる大きさの有る物体）には必ず**作用・反作用の力の流れ**が存在し，それらは互いにバランスが取れている．そのバランスが崩れるとき，物体は運動を開始し，動的な作用反作用でバランスを取るようになる．既に学んだように，運動量保存の法則と角運動量保存の法則は，物体の存在する空間の性質として時空間に備わっている．運動量は並進運動に対して，角運動量は回転運動に対しての性質を表わす．物体に関わる力の釣り合いにも，こうした時空間の性質により，**並進力の釣り合いと回転力の釣り合いの 2 つの条件が同時に満足**される．

◆ 1.　並進力の釣り合い

既に第 1 章 1.3 節 力とベクトルで説明したように，並進力のみの力の釣り合いは力ベクトル $\boldsymbol{f}$ の総和が 0 となる条件を満たす：

$$\sum_{i=1}^{n} \boldsymbol{f}_i = 0. \qquad \text{N} \qquad (1.18)$$

こうした**力ベクトルは作図の上で平行移動が可能**であるが，**実際に力をかける位置をずらす**と回転力が生まれ，**回転力の釣り合いが更に必要になる**．釣り合い状態にある力ベクトルの総

和は，作図上の平行移動で始点と終点をつなぐと，閉じたループをつくる．運動方程式に対し「 物体の加速度運動が釣り合いをもたらす 」と言い直すときは

$$\boldsymbol{F} = m\boldsymbol{a} \rightarrow \boldsymbol{F} - m\boldsymbol{a} = 0 \qquad \text{N} \qquad (5.2)$$

と書き直せば良い．

◆ 2.　回転力（トルク）の釣り合い

重たい物を動かすとき，我々は良くテコを用いる．これは回転力の釣り合いの応用である．作用反作用の力の流れの中で静止している物も，釣り合いが取れなくなると運動の釣り合いに移行する．これを利用して回転力で重たい物でも動くようにするのである．図 5.1 の釣り合いの状態では，板はひずみながら力を伝播し質量 M と m の２つの物体の重力を支点に伝え，支点から逆向きの力を受け，ひずみ力を通して物体を支えている．

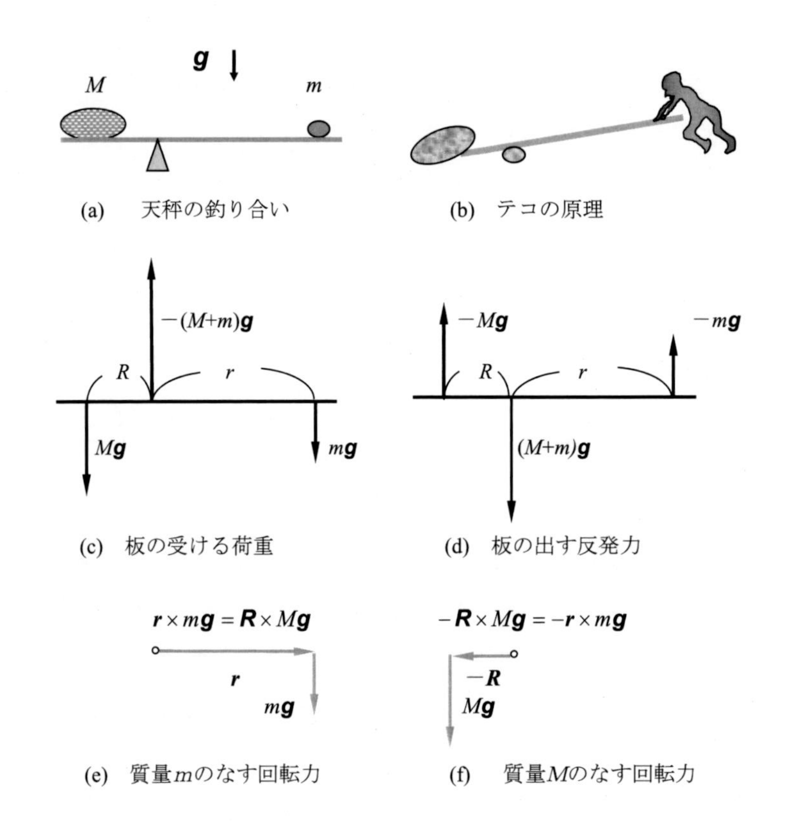

図 5.1　テコの原理と釣り合い状態

(a)と(b)は動きが無いので同じ釣り合いの状態を表している．(a)(b)は(c)と(d)の様に並進力で釣り合い，(e)と(f)の様に回転力で釣り合っている．これらは作用・反作用として釣り合いの条件を満足する．

質量mの支点まわりの**回転力**

$$\boldsymbol{M} = \boldsymbol{r} \times \boldsymbol{f} = \boldsymbol{r} \times m\boldsymbol{g} \qquad \mathrm{N\,m}$$
$$-\boldsymbol{M} = \boldsymbol{R} \times \boldsymbol{F} = \boldsymbol{R} \times M\boldsymbol{g} \qquad \mathrm{N\,m} \qquad (5.3)$$

は**力のモーメント**あるいは**偶力**（総称して**トルク**）と呼ばれ，式(3.16)のように**角運動量保存法則を破る外力**として扱うことができる．（注：モーメントは機械用語で「回転」とか「軸まわりの量」と言う意味で，ジャスト・モーメントと言った日常用語の意味とは異なる）．**トルク**つまり**力のモーメント**は外力の働く場所の回転軸からの**位置ベクトル** $\boldsymbol{r}$ **に，外力** $\boldsymbol{f}$ **を外積した量として定義される．**結局，図 5.1 の釣り合いの条件（$\theta = \theta' = \pi/2$）では

$$\boldsymbol{R} \times \boldsymbol{F} + \boldsymbol{r} \times \boldsymbol{f} = (RF\sin\theta - rf\sin\theta')\boldsymbol{l} = 0 \quad \mathrm{N\,m} \qquad (5.4)$$

なる関係が満足されなければならない．図 5.1 のように力のかかる所には作用・反作用の力の流れが有り，板の中の力の伝播は作用・反作用の力の釣り合いで構成されている．板はその力の伝播の強さに応じ上側は伸び下側は縮んで応力を生み出し回転力を伝える．この釣り合いの作用・反作用の応力に板の強度が保てなくなるとき板は破壊する．

さて図 5.1(c)で任意の力のかかるトルクの釣り合いについて考えてみよう．静止した釣り合いの場合，板にかかる荷重（外力 $\boldsymbol{f}$, $\boldsymbol{F}$）と板の反発力は反作用としてパターンが反同型なのでどちらで議論してもよい．ここは外力で表現しよう．

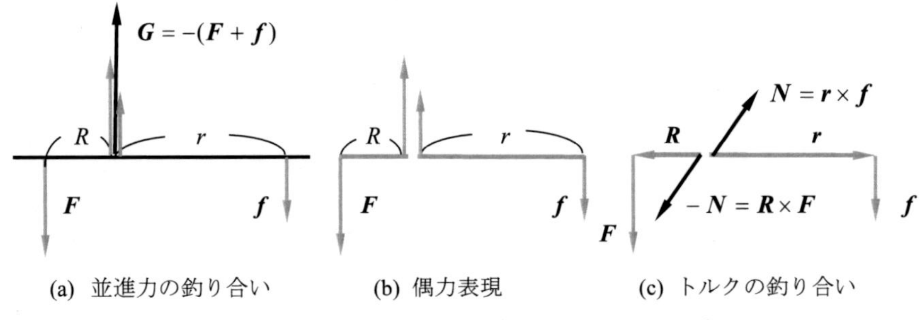

図 5.2　荷重の並進力の釣り合いとトルクの釣り合い．

図 5.2 の様に回転軸（支点）には外力と反対向きの力が生まれる．トルクベクトルは位置と力のベクトルの為す平面に垂直となる．結局，釣り合いは複数外力と複数トルクについて２つの釣り合いの式で表される：

$$\sum_{i=1}^{n} \boldsymbol{f}_i = 0, \qquad \sum_{i=1}^{n} \boldsymbol{N}_i = \sum_{i=1}^{n} \boldsymbol{r}_i \times \boldsymbol{f}_i = 0. \qquad (5.5)$$

このように式(5.5)が釣り合いの普遍的基本式となる．

◆ 3.　様々な釣り合いの状態

日常生活で物を立て掛けるとき，滑って転び落ちる場合と，落ち着いて納まる場合と，色々なことが起きる．これらは床と壁の摩擦力が釣合の条件に関係して生じている．こうした摩擦力の関わる釣合の条件を，幾つかの例題を通して調べてみよう．

例題 5.1　図のように，長さ $l>2a$ (m)の板が，滑らかな壁と，壁から a (m)離れて平行に置いた滑らかな手摺との間に，立てかけてある．平衡状態にあるとして，壁と板のなす角度はいくらか．また板の質量を M (Kg)として，壁が板になす垂直抗力 P と手摺が板に作用する垂直抗力 R を求めよ．又 mg=10, $l/2a$ を変数として θ と P と R を図示せよ．

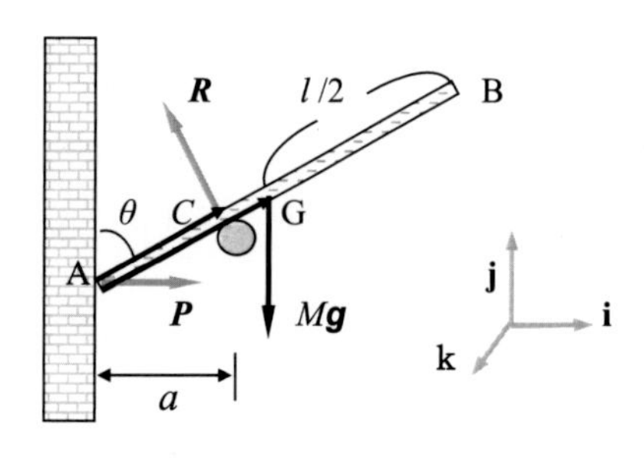

図 5.3　例題 5.1　板の釣り合い

板に関して力が働く場合，それぞれが滑らかな素材なので接触点の力は面に垂直な力のみで，板にかかる並進力は摩擦無しに直接釣り合う．

$$\boldsymbol{P}+\boldsymbol{R}+M\boldsymbol{g}=0. \qquad \text{N} \qquad ①$$

$$P\mathbf{i}+R(-\cos\theta\mathbf{i}+\sin\theta\mathbf{j})-mg\,\mathbf{j}=0. \qquad ②$$

板にかかる力のモーメントの釣り合いは板と壁の接点 A を回転軸にして

$$\overrightarrow{AC}\times\boldsymbol{R}+\overrightarrow{AG}\times M\boldsymbol{g}=0$$

$$\to a(\mathbf{i}+\frac{1}{\tan\theta}\mathbf{j})\times R(-\cos\theta\mathbf{i}+\sin\theta\mathbf{j}) -\frac{l}{2}(\sin\theta\mathbf{i}+\cos\theta\mathbf{j})\times mg\,\mathbf{j} \qquad ③$$

$$=(aR\frac{\cos^2\theta}{\sin\theta}+aR\sin\theta-\frac{lmg}{2}\sin\theta)\mathbf{k}=0$$

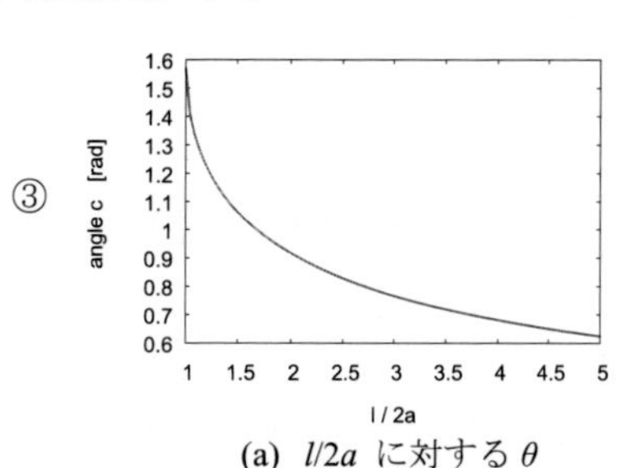

(a) $l/2a$ に対する θ

となる．これらの式を整理すると式②③より

$$P=R\cos\theta,\quad R\sin\theta=mg \qquad ④$$

$$\frac{aR}{\sin\theta}=\frac{lmg}{2}\sin\theta \qquad \text{Nm} \qquad ⑤$$

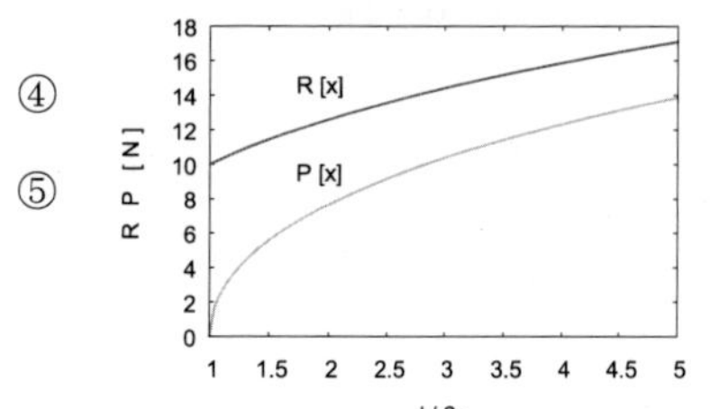

(b) $l/2a$ に対する R と P

図 5.4　板の釣合の角度と力．mg=10 とした時の θ, R, P.

式④⑤より $\sin\theta$ を消去すれば

$$R^3=m^3g^3\frac{l}{2a}\to R=mg(\frac{l}{2a})^{\frac{1}{3}} \qquad ⑥$$

を得る．これに式④をもう一度使うと角度が

$$\sin\theta = \left(\frac{l}{2a}\right)^{-\frac{1}{3}} \qquad ⑦$$

として決定される．式④と⑦で壁の力は次のようになる．

$$P = R\cos\theta = R(1-\sin^2\theta)^{\frac{1}{2}} = mg\left(\frac{l}{2a}\right)^{\frac{1}{3}}\{1-\left(\frac{l}{2a}\right)^{-\frac{2}{3}}\}^{\frac{1}{2}}. \qquad ⑧$$

以下の gnuplot プログラムを handrail.dem に左から右に 1 段で作成する．

--------------------------------- handrail.dem --

```
unset key
set term emf size 428,300
set output "fig5_4.emf
set xlabel " l / 2a "
set ylabel "angle c   [rad] "
a(x)=x**0.3333
c(x)=asin(1/a(x))
plot [1:5] c(x) lw 2
set output "RP.emf"
set ylabel " R & P   [ N ] "
set label 1 " P [x]" at screen 0.3,0.6
set label 2 " R [x]" at screen 0.3,0.8
plot [1:5] 10*a(x) lw 2
p(x)=10*a(x)*sqrt(1-1/(a(x)**2))
replot p(x) lw 2
```

例題 5. 2　半径 a の半球状に彫られたお椀がある．長さ $2l$ 質量 m=100g で全て均一な箸が，一端をお椀の内面に付け，お椀の縁に寄りかかって静止している．摩擦が無いとして，(1) 箸が水平となす角，(2) お椀からの抗力，(3) 釣り合う条件を求めよ．l/a を変数として θ と R_1 と R_2 を図示せよ．

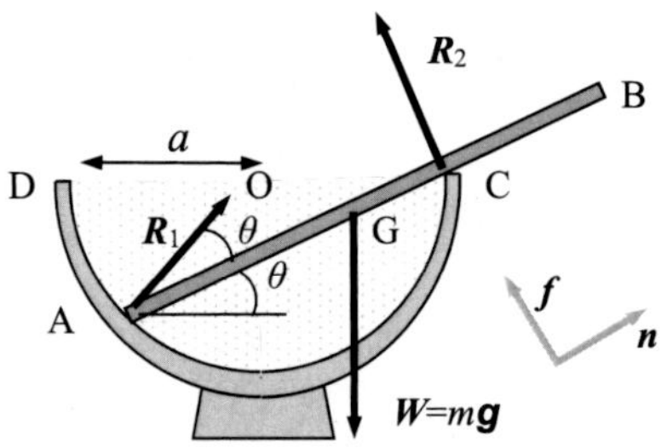

図 5.5　例題 5.2
お椀と箸の釣り合い

図のようにお椀の内面に箸の接触する先端Aでの抗力を $\boldsymbol{R}_1$，お椀の縁Cでの抗力を $\boldsymbol{R}_2$ とする．ΔOAC は二等辺三角形であるから

$$\angle OAC = \angle OCA = \theta \text{（棒と水平との角）} \qquad ①$$

である．ΔDAC は直角三角形でこれより

$$\overline{AC} = 2a\cos\theta \qquad ②$$

となる．接触点が滑らかで抗力 $\boldsymbol{R}_1$ はお椀の面に垂直となり，抗力 $\boldsymbol{R}_2$ は箸に垂直で，全体での回転力は無い．並進力の釣り合いの式は

$$\boldsymbol{R}_1 + \boldsymbol{R}_2 + \boldsymbol{W} = 0 \qquad ③$$

$$R_1(\cos\theta\,\boldsymbol{n} + \sin\theta\,\boldsymbol{f}) + R_2\,\boldsymbol{f} - W(\sin\theta\,\boldsymbol{n} + \cos\theta\,\boldsymbol{f}) = 0$$

を満足する．これより

$$R_1 \cos\theta = W \sin\theta \tag{4}$$

$$R_1 \sin\theta + R_2 = W \cos\theta \tag{5}$$

なる関係を得る．A点を回転軸とする力のモーメントの釣り合いから

$$l\,\boldsymbol{n} \times \boldsymbol{W} + 2a\cos\theta\,\boldsymbol{n} \times \boldsymbol{R}_2 = 0 \tag{6}$$

$$l\,\boldsymbol{n} \times W(\sin\theta\,\boldsymbol{n} + \cos\theta\,\boldsymbol{f}) + 2a\cos\theta\,\boldsymbol{n} \times R_2\boldsymbol{f} = 0$$

$$lW\cos\theta = 2a\cos\theta\,R_2\,,\ R_2 = \frac{lW}{2a} \tag{7}$$

を得る．式⑤と式⑦より

$$\sin\theta = \frac{W\cos\theta - R_2}{R_1} = W\frac{2a\cos\theta - l}{2aR_1} \tag{8}$$

となるから，これを式④に代入すると次式を得る．

$$R_1 = W\sqrt{\frac{2a\cos\theta - l}{2a\cos\theta}} \tag{9}$$

もう一度式④に代入し２乗すれば

$$\frac{2a\cos\theta - l}{2a\cos\theta}\cos^2\theta = \sin^2\theta \tag{10}$$

$$4a\cos^2\theta - l\cos\theta - 2a = 0 \tag{11}$$

を得る．これより問(1)の解

$$\cos\theta = \frac{l + \sqrt{l^2 + 32a^2}}{8a} \tag{12}$$

が求まる．問(2)は式⑫を式⑨に代入することで R_1 が求まる．R_2 は式⑦の通りである．問(3)は重心と棒の長さと角度の関係で，(a) 点Cで箸がお椀から落ちない条件

$$l \geq \overline{GC} = 2a\cos\theta - l \geq 0 \tag{13}$$

と，(b) 点Aで箸が滑らない条件

$$0 \leq \theta \leq \frac{\pi}{4} \tag{14}$$

で定まる．結果的に(b)は(a)に含まれ

$$2l \geq 2a\left(\frac{l + \sqrt{l^2 + 32a^2}}{8a}\right) \geq l \tag{15}$$

$$\sqrt{\frac{2}{3}}a \leq l \leq 2a \tag{16}$$

なる条件を得る．以下のプログラムを bowl_chopstick.dem に左列から１段で作成する．

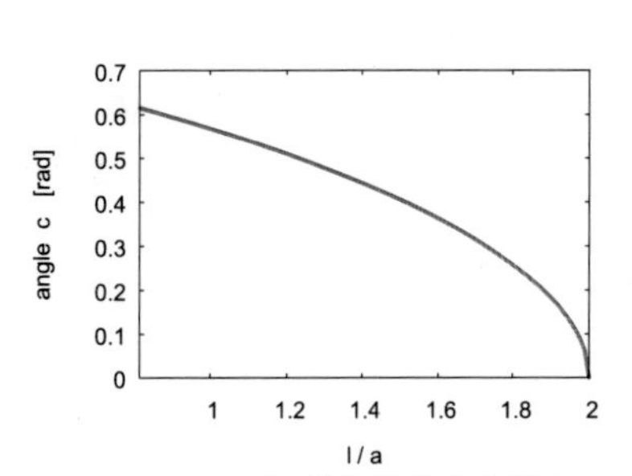

(a) l/a に対する釣合角度 θ

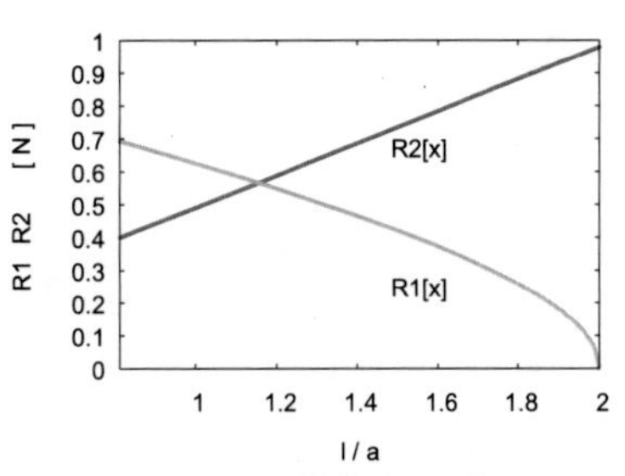

(b) l/a に対する R_1 と R_2

図 5.6 お椀と箸の釣合．
m=0.1 kg で l/a を変数として
許容領域を描画した．

------------------------------ bowl.chopstick.dem--------------------------

```
unset key
set term emf size 428,300
set output "fig5_6.emf"
set xlabel " l / a "
set ylabel " angle  c   [rad] "
a(x)=(x+sqrt(x*x+32))/8
f1(x)=acos(a(x))
plot [0.816:2] f1(x) lw 3
set ylabel " R1 & R2      [ N ] "
set label 1 "R1[x]" at screen 0.6,0.4
set label 2 "R2[x]" at screen 0.6,0.7
set output "r1r2.emf"
plot [0.816:2] 0.49*x lw 3
f3(x)=0.98*sqrt(1-0.5*x/a(x))
replot f3(x) lw 3
```

例題 5. 3　長さ l の質量 M の均一な梯子がある．垂直な壁と水平な床に梯子を立てかけるとき，滑り落ちない条件を求めよ．壁と床の摩擦係数を μ_1, μ_2 とし，床と梯子の角度を θ とする．又 μ_1，μ_2 と θ の関係を図示せよ．

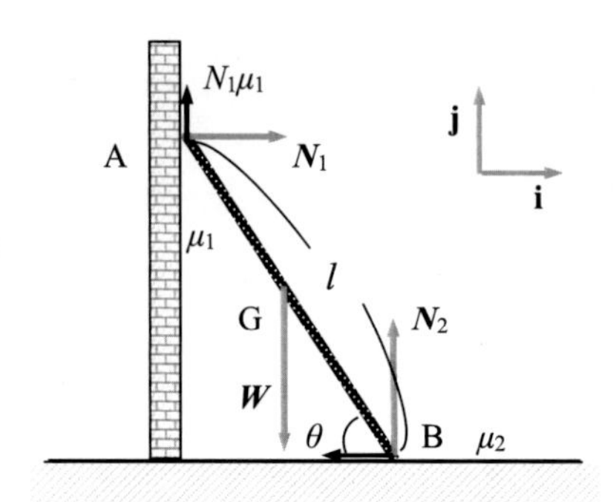

図 5.7　例題 5.3　梯子の立て掛け

角度 θ が小さいと梯子は滑り落ちる．壁と床の垂直抗力を N_1，N_2 とすると，壁と床の摩擦抗力はそれぞれ $N_1\mu_1$，$N_2\mu_2$ となる．梯子の重量を $\boldsymbol{W}=M\boldsymbol{g}$ とすると垂直方向，水平方向の並進力の釣り合いは

$$(N_1\mu_1 + N_2 - W)\,\mathbf{j} = 0 \quad ①$$
$$(N_1 - N_2\mu_2)\,\mathbf{i} = 0 \quad ②$$

となる．これより

$$N_1 = \frac{\mu_2}{1+\mu_1\mu_2}W$$
$$N_2 = \frac{1}{1+\mu_1\mu_2}W \quad ③$$

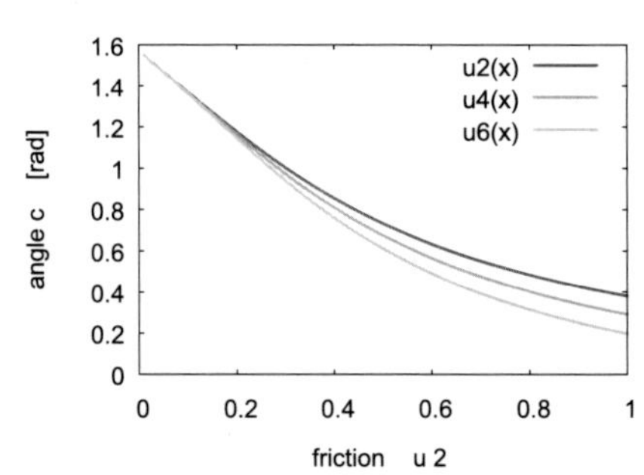

図 5.8　梯子の立て掛けの条件．μ_1=0.2,0.4,0.6 で μ_2 を変えた⑦θ 値

として垂直抗力が求まる．梯子に関する床の接点を回転軸とする力のモーメントの釣り合いの条件は

$$\overrightarrow{BG}\times\boldsymbol{W} + \overrightarrow{BA}\times(\boldsymbol{N}_1 + N_1\mu\,\mathbf{j}) = 0 \quad ④$$

$$\frac{l}{2}(-\cos\theta\,\mathbf{i} + \sin\theta\,\mathbf{j})\times(-W\,\mathbf{j})$$
$$+\,l(-\cos\theta\,\mathbf{i} + \sin\theta\,\mathbf{j})\times(N_1\mathbf{i} + N_1\mu_1\mathbf{j}) = 0$$

$$(\frac{lW}{2}\cos\theta - lN_1\mu_1\cos\theta - lN_1\sin\theta)\,\mathbf{i}\times\mathbf{j} = 0 \quad ⑤$$

となる．これより式④に式③の結果を入れて θ と μ の関係式に直すと

$$\{\frac{l}{2}\frac{N_1(1+\mu_1\mu_2)}{\mu_2}-lN_1\mu_1\}\cos\theta=lN_1\sin\theta \qquad ⑥$$

$$\tan\theta=\frac{1-\mu_1\mu_2}{2\mu_2}, \qquad \therefore\ \theta>\tan^{-1}(\frac{1-\mu_1\mu_2}{2\mu_2}). \qquad ⑦$$

なる条件が得られる．以下のプログラムを左列から１段で stantstanding.dem に作成する．

-------------------------- stantstanding.dem --------------------------------

```
set term emf size 424,300
set output  "slantstanding.emf"
set xlabel  "friction u2"
set ylabel  "angle c     [rad]"
u2(x)=atan(0.5*(1-0.2*x)/x)
u4(x)=atan(0.5*(1-0.4*x)/x)
u6(x)=atan(0.5*(1-0.6*x)/x)
plot [0:1] u2(x) lw 2
replot u4(x) lw 2
replot u6(x) lw 2
```

問 5.1　一様な棒の両端に長さ a，b の２本の糸を結び，糸の他端を天井に結び合わせて吊るすとき，両糸の張力 T_1，T_2 の比を a，b で表わせ．

問 5.2　例題 5.3 で壁が滑らかであったとする．梯子の床との接地場所が壁から b だけ離れていたとすると，梯子の n 倍の重さの人は梯子をどこまで上れるか．

問 5.3　水平な床から高さ h の所に横に伸びる滑らかな手すりがある．手すりに長さ l の棒を立てかけたとき，床からの角度が θ で滑りが止まった．摩擦係数 μ はいくらか．

5.2　トラスの構造力学

◆ 1.　釣合の原理

構造力学では**剛体に加わる力**に対し**節点*A*と*B*に加わる力への反力を**N_{AB}=N_{BA}として，**節点*A*から内向**に応力ベクトル$\boldsymbol{N}_{AB}$=－$\boldsymbol{N}_{BA}$を定義する．これらを**引っ張り荷重（発生応力は短縮力）**に対して**引っ張り応力**と称し**正値**で，**圧縮荷重（発生応力は伸長力）**に対して**圧縮応力**と称し**負値**で表わす．質点系の外力$\boldsymbol{F}_A$ による物体の運動の変化に代わり．トラス構造体では外力に対し，トラス内部に歪応力$\boldsymbol{N}_{AB}$ が発生して釣り合う．外力を$\boldsymbol{F}_A$，回転中心Bからの位置ベクトルを $\boldsymbol{r}_{BA}$とすれば，力の釣り合いは次の２式で表される．

	静止系	⇔	運動系	
並進力	$\boldsymbol{F}_A+\sum_B \boldsymbol{N}_{AB}=\boldsymbol{0}$	⇔	運動量の時間変化　$\boldsymbol{F}_A=\dot{\boldsymbol{P}}_A$	(5.6)
回転力	$\boldsymbol{M}_B=\sum_A \boldsymbol{r}_{BA}\times\boldsymbol{F}_A+\sum_C \boldsymbol{r}_{BC}\times\boldsymbol{N}_{BC}=\boldsymbol{0}$	⇔	角運動量の時間変化　$\boldsymbol{M}_A=\dot{\boldsymbol{L}}_A$	(5.7)

部材の２点間ABに力が働くと部材は変形し，その変化を打ち消す様に，部材からA点に$\boldsymbol{N}_{AB}$，B点に$\boldsymbol{N}_{BA}$の**反力(応力)**が発生する．言い直せば，２点間を引き伸ばす外力の場合には部材に引っ張り応力が生まれ，変形して伸びた部材からは短縮力が発生し作用反作用が調和する．A点に関わる応力を$\boldsymbol{N}_{AB}$とするとき，短縮力のAからBに向かうベクトルを正符号に取り，各点に作用する力のベクトル向きを外力に対応させる．２点間ABに圧縮する外力が働く場合は，縮んだ部材から伸長力が発生し作用反作用で調和する．応力の$\boldsymbol{N}$ ベクトルは系に定めた基本ベクトルの表現に従い，部材に総て正の引っ張り応力が加わるとして算定し，負値を圧縮応力として表す．以下にこれらの応力の計算方法として切断法と重ね合わせ法を紹介する．

◆ 2.　トラス構造体の応力計算

トラス構造体に外力が加えられたとして釣り合いの条件を求めてみよう．ここに 図 5.9 の様な外力 $\boldsymbol{F}_A, \boldsymbol{F}_E, \boldsymbol{F}_G$ が加えられた横 a 縦 b のトラス構造体各部に発生する応力を計算しよう．

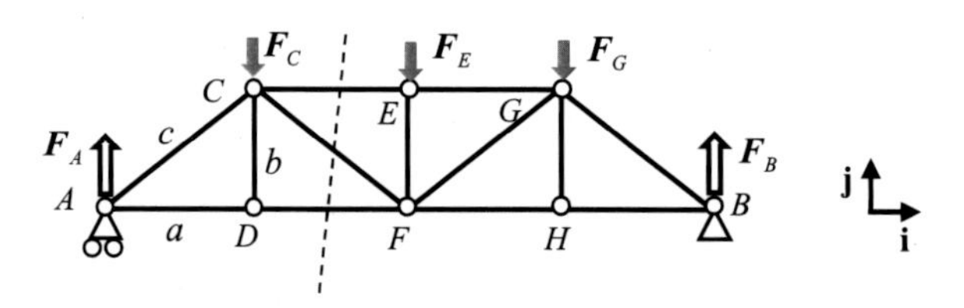

図 5.9　トラス構造体

トラスの場合，各接合部の回転は自由で，ADF 間の様な直線的な接合箇所に横たわみの応力は発生しない．釣合の条件は部分空間の中でも成立するので，破線部分で構造体を切断したとして，$\triangle ADC$を1つの剛体に見立てる．こうすると図5.10 で各部の接点に加わる外力の集合した状態が記述される．これを**切断法**と言う．応力はすぐに求まる所から手順に解析を進める．

(1) まずF_Aを求める．

これは図5.11の様なトラス全体に加わる外力と地面からの反力だけの問題となる．

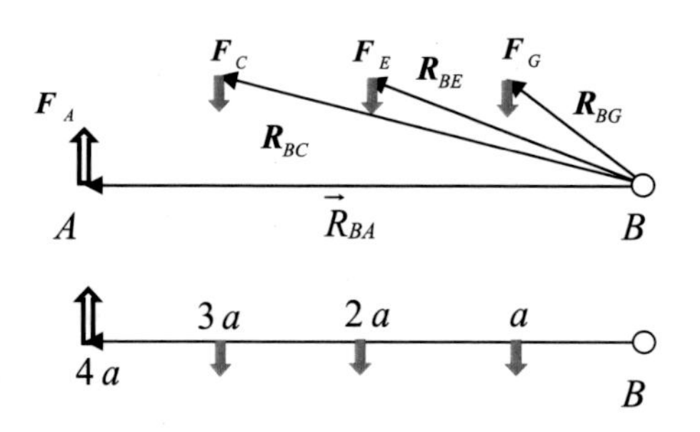

図 5.10　B 点回りのトルクの釣り合い

全体の並進力と B 点を中心とした式(5.7)のトルクの釣合の式を用いて定式化される.

$$
\begin{aligned}
\boldsymbol{M}_B &= \boldsymbol{R}_{BA} \times \boldsymbol{F}_A + \boldsymbol{R}_{BC} \times \boldsymbol{F}_C + \boldsymbol{R}_{BE} \times \boldsymbol{F}_E + \boldsymbol{R}_{BG} \times \boldsymbol{F}_G \\
&= (\text{-}4a\ \mathbf{i} + b\ \mathbf{j}) \times F_A\ \mathbf{j} - (\text{-}3a\ \mathbf{i} + b\ \mathbf{j}) \times F_C\ \mathbf{j} - (\text{-}2a\ \mathbf{i} + b\ \mathbf{j}) \times E_A\ \mathbf{j} - (\text{-}a\ \mathbf{i} + b\,\mathbf{j}) \times F_G\ \mathbf{j} \\
&= a\ (\text{-}4F_A + 3F_C + 2E_A + F_G)\mathbf{k} = 0 \\
&\quad \rightarrow\ F_A = (3F_C + 2F_E + F_G)/4 .
\end{aligned}
\tag{5.8}
$$

F_Bは外力と地面の反力の総和が0となることから

$$
F_B = F_C + F_E + F_G - F_A \tag{5.9}
$$

として求まる.

(2) 次にA点でのN_{AC}, N_{AD} を求める. **引っ張り荷重に対する反力の短縮力を正値として扱う**.

図5.9の場合, $\boldsymbol{F}_C, \boldsymbol{F}_E, \boldsymbol{F}_G$がトラス構造体を上から潰す方向に働く. これらはトラス構造体下部を横方向に引伸ばす様に働き, 縦方向には圧縮する様に働く. 各部材に於いてはこれに対する反力としての内部応力が生まれる. AC間の部材はこれらの外力の作用をA点に対して伝達する. 図5.9の△ADCを切り出して図5.12の様に応力を記述し, 切断法で$\boldsymbol{N}_{AD}, \boldsymbol{N}_{CA}$を求めよう.

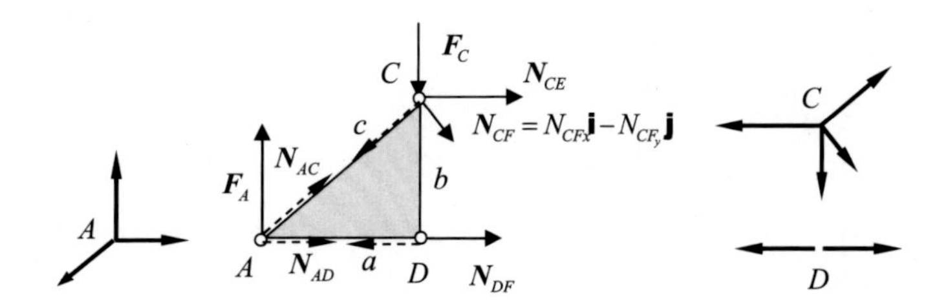

図 5.11　ΔACD を剛体としたときの外力と応力
両脇に節点 A,C,D での実際的な力のベクトル図を示す.

A点は横の動きが自由なので, AB間は引っ張り荷重対する反力としての縮力が, A点には地面からの反力$\boldsymbol{F}_A$が上向きに生まれる. AC間の部材はこれを受け止め, A点に圧縮荷重に対する伸長力 $-\boldsymbol{N}_{AC}=\boldsymbol{N}_{CA}$を発生させて外力$\boldsymbol{F}$と釣り合う. 力の向きは部材の向きと同じなのでベクトルの大きさの関係から

$$
\boldsymbol{F}_A + \boldsymbol{N}_{AD} + \boldsymbol{N}_{AC} = 0, \quad N_{ACy}/N_{ACx} = b/a.
$$

$$
N_{AD}: F_A: N_{CA} = a:b:c\ \rightarrow\ N_{AD} = \frac{a}{b}F_A,\ \ N_{AC} = -\frac{c}{b}F_A \tag{5.10}
$$

として各応力が求まる. ベクトルの向きで決まる大きさの関係を用いず, 節点Aに於いて $\mathbf{i}$, $\mathbf{j}$ 方向ごとの並進力の釣り合いで計算する場合は以下の様にする.

$$
\boldsymbol{F}_A + \boldsymbol{N}_{AD} + \boldsymbol{N}_{AC} = F_A\,\mathbf{j} + N_{AD}\,\mathbf{i} + N_{ACx}\,\mathbf{i} + N_{ACy}\,\mathbf{j} = 0, \quad N_{ACy}/N_{ACx} = b/a.
$$

$$
F_A + N_{ACy} = 0,\ N_{AD} + N_{ACx} = 0,
$$

$$
\rightarrow\ N_{ACy} = -F_A, \quad N_{ACx} = N_{ACy}\,a/b, \quad N_{AD} = -N_{ACx}. \tag{5.11}
$$

(3) 次にΔACDを剛体として内部を無視し，C点D点での応力N_{CE}，N_{CF}，N_{DF}を求める．ここで並進力と回転力の２つの釣合を考える．ΔACDに関わる外力と応力の並進力の釣合は

$$\boldsymbol{F}_{\Delta}=\boldsymbol{F}_A+\boldsymbol{F}_C+\boldsymbol{N}_{CE}+\boldsymbol{N}_{CF}+\boldsymbol{N}_{DF}=0$$

$$=(N_{CE}+N_{CFx}+N_{DF})\,\mathbf{i}+(F_A-F_C-N_{CFy})\,\mathbf{j}=0 \tag{5.12}$$

となる。C点回りの回転力$\boldsymbol{M}_C$の釣り合いは，働く外力と応力は$\boldsymbol{F}_A$と$\boldsymbol{N}_{DF}$だけなので

$$\boldsymbol{M}_C=\boldsymbol{R}_{CA}\times\boldsymbol{F}_A+\boldsymbol{R}_{CD}\times\boldsymbol{N}_{DF}$$

$$=-(a\,\mathbf{i}+b\,\mathbf{j})\times F_A\,\mathbf{j}-b\,\mathbf{j}\times N_{DF}\mathbf{i}=(-aF_A+bN_{DF})\mathbf{k}=0 \tag{5.13}$$

となる．これらの式を連立させると$\boldsymbol{N}_{CE}$, $\boldsymbol{N}_{DF}$, $\boldsymbol{N}_{CFx}$, $\boldsymbol{N}_{CFy}$の値が求まる．力の比 N_{CFx}/N_{CFy}は，ベクトル的にそのまま斜めの部材の縦横比となり，トラスの形状比a/bに等しい．これらより

$$N_{CFy}=F_A-F_C,\quad \frac{N_{CFx}}{N_{CFy}}=\frac{a}{b},\quad N_{DF}=\frac{aF_A}{b},$$

$$N_{CE}=-(N_{CFx}+N_{DF}) \tag{5.14}$$

を得る．C点での応力N_{CE}は，節点に圧縮荷重が加わり部材に伸長力が生じて，負値となる．

(4) 次にF点での内部応力N_{FE}を求める．節点Fでの応力の釣合は

$$\boldsymbol{N}_{FD}+\boldsymbol{N}_{FC}+\boldsymbol{N}_{FE}+\boldsymbol{N}_{FG}+\boldsymbol{N}_{FH}=0$$

$$\rightarrow(-N_{FD}-N_{FCx}+N_{FGx}+N_{FH})\mathbf{i}=0,\quad (N_{FCy}+N_{FE}+N_{FGy})\,\mathbf{j}=0 \tag{5.15}$$

となる．左右対称の場合はN_{FCy}=N_{FGy}となる．この様にして総ての応力が順に求まる．

(5) 数値計算を行う．

簡単のため，各部材の長さを横a=4m，縦b=3m，荷重を左右対称にそれぞれF_C=F_E=F_G=20 Nに設定し，以上の結果の応力値を求めてみよう．各単位を総て[N]として

$$\begin{aligned}
&F_A=(3F_C+2F_E+F_G)=30\\
&F_B=F_C+F_E+F_G-F_A=30\\
&N_{DC}=0\\
&N_{AC}=-cF_A/b=-30\times5/3=-50\\
&N_{AD}=aF_A/b=4\times30/3=40\\
&N_{CFy}=F_A\text{-}F_C=30\text{-}20=10\\
&N_{CFx}=N_{CFy}\,a/b=10\times4/3=40/3\\
&N_{DF}=aF_A/b=30\times4/3=40\\
&N_{CE}=-(N_{CFx}+N_{DF})=-(40/3+120/3)=-160/3\\
&N_{FE}=-2N_{CFy}=-20
\end{aligned} \tag{5.16}$$

なる結果を得る．ベクトルの向きと符号の＋－に気を付けて計算する．最後の N_{FE} の結果は，$\boldsymbol{F}_E$の下向きの圧縮荷重が直接節点Fに伝わり，これを上向き応力のN_{CFy}とN_{FGy}によって支えると言う状態になる．

例題 5. 4　右図の様なトラス構造体が有る．基本部材の長さが L=1.0 m，支点 D は上下の移動が可能で，支点 C は上下左右に固定されている．外力としてトラスの節点 A に F_A=600 N, 節点 E に F_E=100 N の力を加えた．トラス部材の角度を図の様に 45° と 90°とする．各部材に働く応力 N_{BC}，N_{EC}，N_{ED}，N_{DC}，N_{AB} を求めよ．

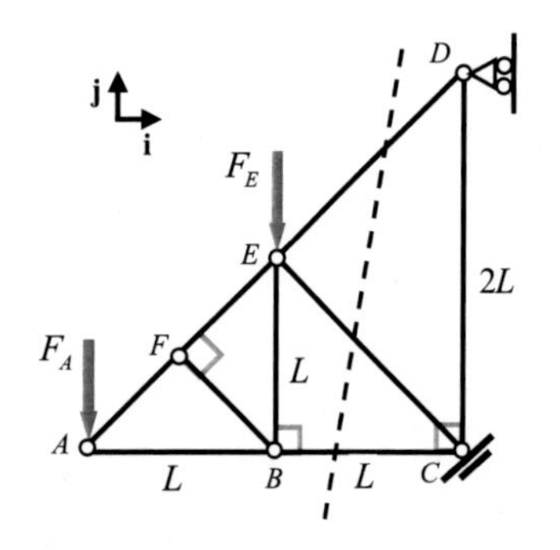

図 5.12　　例題 5.4　トラス構造体

切断法を用い，以下の様に応力を求める．基本操作として，(1)まず座標系の基本ベクトル **i, j** を定め，(2)構造体全体に関わる並進力と回転力の釣り合いを考える．

(a) 並進力　$\sum_i \boldsymbol{F}_i = \boldsymbol{0}$.

(b) 回転力　$\sum_i \boldsymbol{M}_i = \sum_i \boldsymbol{r}_i \times \boldsymbol{F}_i = \boldsymbol{0}$.

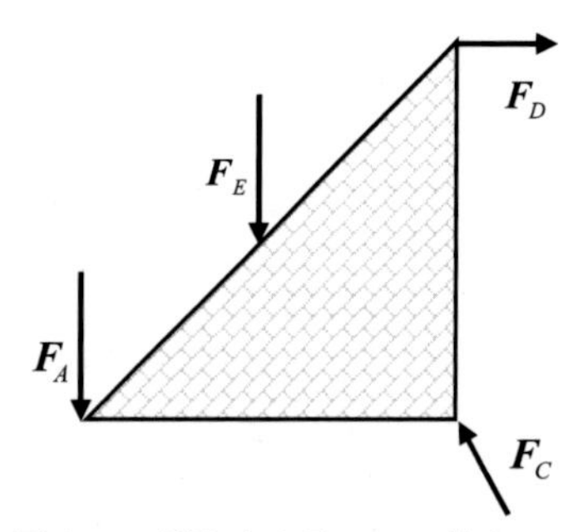

図 5.13　壁からトラスへの抗力

(3) 壁の応力（トラスに及ぼす外力）を図5.13の様に$\boldsymbol{F}_D$, $\boldsymbol{F}_C$ とすると，並進力のつり合いは以下の様になる．

$$\boldsymbol{F}_A + \boldsymbol{F}_E + \boldsymbol{F}_C + \boldsymbol{F}_D$$
$$= -F_A\mathbf{j} - F_E\mathbf{j} - F_{Cx}\mathbf{i} + F_{cy}\mathbf{j} + F_D\mathbf{i} = 0$$

$$\boldsymbol{F}_C = -F_{Cx}\mathbf{i} + F_{cy}\mathbf{j},\ F_{Cx} = F_D\ ,\ F_{Cy} = F_A + F_E. \quad ①$$

C点を軸とした回転力の釣り合いは，R_{CD}=R_{CA}より

$$\vec{R}_{CA} \times \boldsymbol{F}_A + \vec{R}_{CE} \times \boldsymbol{F}_E + \overline{R}_{CD} \times \boldsymbol{F}_D$$
$$= -2L\mathbf{i} \times (-F_A)\mathbf{j} - L\mathbf{i} \times (-F_E)\mathbf{j} + 2L\mathbf{j} \times F_D\mathbf{i} = 0$$

$$2LF_A + LF_E = 2LF_D \to F_D = F_{Cx} = F_A + \frac{1}{2}F_E \quad ②$$

となる。これらの式①②より壁からの応力が求まった．

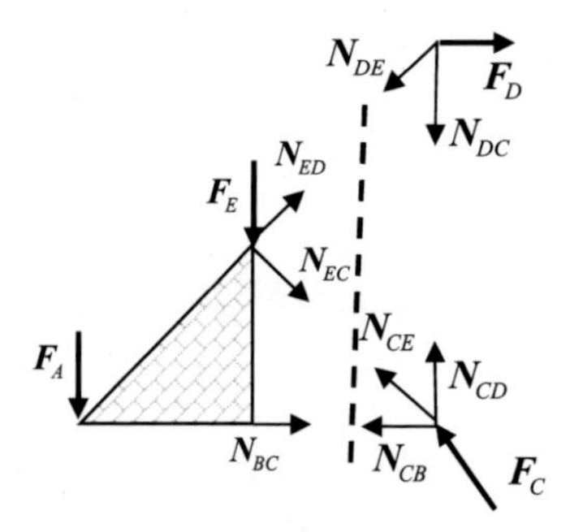

図 5.14　トラスの内部応力

(4) 図 5.12 の破線の様にトラスを分断し，内側に向かう応力として図 5.14 の様に $\boldsymbol{N}_{DC}$, $\boldsymbol{N}_{CD}$, $\boldsymbol{N}_{ED}$, $\boldsymbol{N}_{DE}$, $\boldsymbol{N}_{EC}$, $\boldsymbol{N}_{CE}$, $\boldsymbol{N}_{BC}$, $\boldsymbol{N}_{CB}$, を定義する。(5) ここで図 5.15 の様に.右側の釣り合いを求める．まず切断した右側の節点 C と D での釣り合いを考える。π/4 の三角図形より，トラスの縦と横の長さ及び力の比が等しく N_{klx}/N_{kly}=1 となることを用いれば，C 点では

$$\boldsymbol{N}_{CD} + \boldsymbol{N}_{CE} + \boldsymbol{N}_{CB} + \boldsymbol{F}_C = N_{CD}\mathbf{j} - N_{CEx}\mathbf{i} + N_{CEy}\mathbf{j} - N_{CB}\mathbf{i} - F_{Cx}\mathbf{i} + F_{Cy}\mathbf{j} = 0$$

$$N_{CEx} = -N_{CB} - F_{Cx}\ ,\ N_{CD} = -N_{CEy} - F_{Cy} \quad ③$$

が得られ，節点 D では

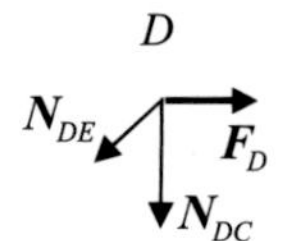

$$\boldsymbol{N}_{DE}+\boldsymbol{N}_{DC}+\boldsymbol{F}_D=-N_{DEx}\mathbf{i}-N_{DEy}\mathbf{j}-N_{DC}\mathbf{j}+F_D\mathbf{i}=0$$
$$N_{DEx}=F_D,\ N_{DEy}=-N_{DC} \qquad □$$

が得られる。求まる順に④を求めてから③を求めると

$$N_{DEx}=F_D,\ N_{DEy}=N_{DEx},\ N_{DC}=-N_{DEx}=-F_D,$$
$$N_{CEy}=-N_{CD}-F_{Cy}=F_D-F_{Cy},\ N_{CEx}=N_{CEy},$$
$$N_{CB}=-N_{CEx}-F_{Cx},\ N_{CD}=N_{DC} \qquad ⑤$$

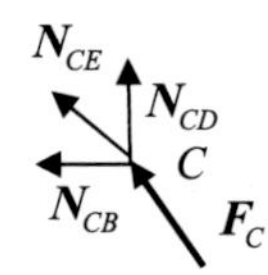

図 5.14a トラスの右側応力

となる。(6) 更に左側の釣り合いを求めよう．ΔABE を剛体と見立て，並進力 $\boldsymbol{F}$ と回転力 $\boldsymbol{M}$ の釣合を求める。まず並進力から

$$\boldsymbol{N}_{ED}+\boldsymbol{N}_{EC}+\boldsymbol{N}_{BC}+\boldsymbol{F}_A+\boldsymbol{F}_A$$
$$=N_{EDx}\mathbf{i}+N_{EDy}\mathbf{j}+N_{ECx}\mathbf{i}-N_{ECy}\mathbf{j}+N_{BC}\mathbf{i}-F_A\mathbf{j}-F_E\mathbf{j}=0$$
$$N_{EDx}+N_{ECx}+N_{BC}=0\ ,$$
$$N_{EDy}-N_{ECy}-F_A-F_E=0 \qquad ⑥$$

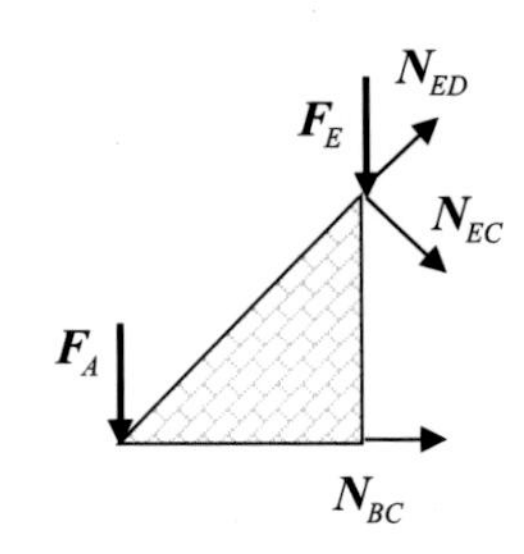

図 5.14b トラスの左側応力

を得る。次に E 点回りの回転力として

$$\vec{R}_{EA}\times\boldsymbol{F}_A+\vec{R}_{EB}\times\boldsymbol{N}_{BC}=L(\mathbf{i}+\mathbf{j})\times F_A\mathbf{j}-L\mathbf{j}\times N_{BC}\mathbf{i}=0$$
$$LF_A+LN_{BC}=0\ \rightarrow N_{BC}=-F_A \qquad ⑦$$

を得る。⑥の変数を③④⑤を用いて減らせば

$$N_{EDx}=N_{ECx}+F_A+F_E \qquad ⑧$$
$$N_{ECx}+F_A+F_E+N_{ECx}+N_{BC}=0\ ,$$
$$2N_{ECx}=-F_E \qquad ⑨$$

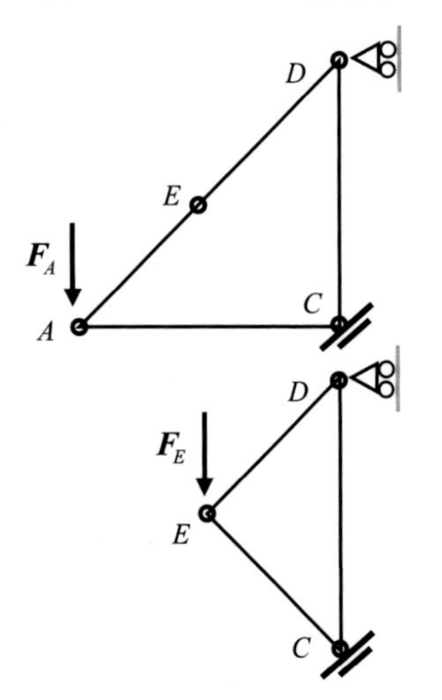

図 5.15　２つのトラス荷重の重ね合せ

を得る。(7) 最後に数値を求めよう．①②により

$$F_D=600+50=650,\ F_{Cx}=650,\ F_{Cy}=600+100=700\ \text{N} \qquad ⑩$$

となる．次に③④⑤に数値を代入して次の値を得る．

$$N_{DEx}=N_{DEy}=650\ \ \text{N},\ N_{DC}=N_{CD}=-700\ \ \text{N},$$
$$N_{CEy}=N_{CEx}=650-700=-50\ \ \text{N},$$
$$N_{CB}=N_{AC}=N_{AB}=50-650=-600\ \ \text{N}. \qquad ⑪$$

負符号は圧縮応力として部材の伸長力を示す．更に⑧⑨に数値を代入すれば残りが得られる．

$$N_{BC}=-600\ \ \text{N},\ N_{ECx}=N_{ECy}=-100/2=-50\ \ \text{N}$$
$$N_{EDx}=N_{EDy}=-50+600+100=650\ \ \text{N} \qquad ⑫$$

トラス部材 BF と BE は N_{BF}=N_{BE}=0 で，破壊を防ぐ以外は何もしない．これより，1 つの外力に対し必要な部材のみの応力を求め，外力ごとの応力の重ね合わせで解が求まることが分かる．これより図 5.12 の問題は図 5.15 の様に２つの**トラス荷重の重ね合わせ**の問題に帰着する．

問 5.4　図 5.9 で a=3m, b=4m, F_C= 20N, F_E= 30N, F_G= 40N, としたとき各部の応力を求めよ．

問 5.5　例題 5.4 で節点 D と C の固定方法を取り替えた場合の応力を求めよ．

5. 3　連続体の弾性と歪み

動いている物でも，静止している物でも，大きさの有る物体は必ず並進力と回転力の二つの力を受ける．並進力と回転力とも釣り合って外力の働く剛体（有限大の歪みの小さな物体）は歪みながら静止状態を保つ．では静止した**剛体の内部の釣り合い**はどうなっているのであろうか．実際は**如何なる小さな部分も僅かな歪みを持ち並進力と回転力の２つで釣り合っている**のである．以下に棒のたわみと棒のねじれについて考えてみよう．

◆ 1.　棒のたわみ・ヤング率

今，壁に長さ l [m]，断面の厚さ a [m]，幅 b [m]の棒の左端を水平に取り付け，右端に重さ W [N]の重りをぶら下げたとする．

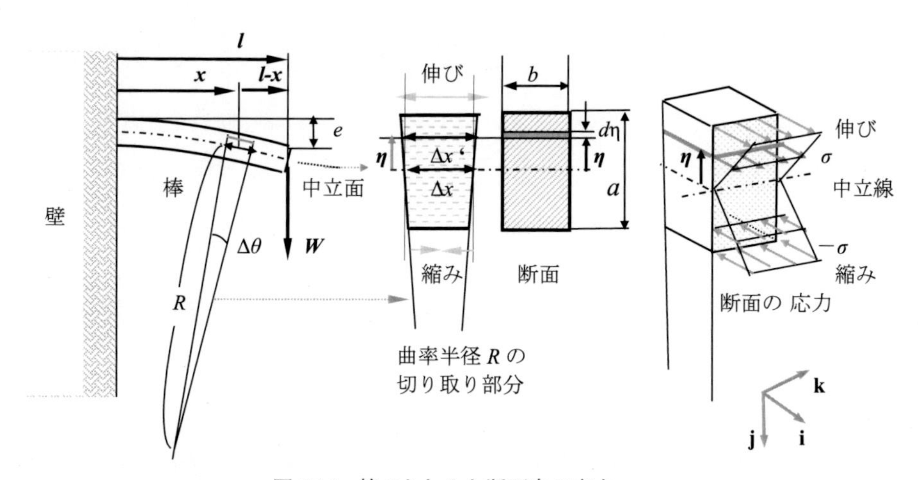

図 5.16　棒のたわみと断面内の応力

棒の右端に加えた**荷重 $\boldsymbol{W}$ によって生じる回転力(トルク**もしくは**曲げの力) $\boldsymbol{M}$** は壁からの位置 $\boldsymbol{x}$ の所で（そこに回転軸が有るとして求めれば）ベクトルの外積として

$$\boldsymbol{M} = (\boldsymbol{l} - \boldsymbol{x}) \times \boldsymbol{W} \qquad \text{N m} \qquad (5.17)$$

と与えられる．この**曲げの力は**棒の断面内の長さ方向に**垂直応力 $\boldsymbol{\sigma}$**[N/m^2] (Pa)（単位断面積当たりの歪み力）をもたらす．この応力は棒の中心面からの高さ η に比例して大きくなる．今，棒の伸び縮みに関する弾性定数（ヤング率）を E として定義すれば，伸び縮みの歪み率 ε

（単位長さ当たりの歪み量）と応力との関係を

$$\varepsilon = \frac{1}{E}\sigma, \qquad E = \sigma / \varepsilon \qquad \text{N/m}^2 \text{ (Pa)} \qquad (5.18)$$

の様に表わすことができる．他の弾性定数についてはこの後説明する．**棒の断面ではこの応力 $\boldsymbol{\sigma}$ が**中立線（中立面と断面の交線）を回転軸とする**回転力を作り出す**．

$$\boldsymbol{M} = \int \boldsymbol{\eta} \times \boldsymbol{\sigma}\, dS = (\boldsymbol{l} - \boldsymbol{x}) \times \boldsymbol{W} \quad . \qquad \text{N m} \qquad (5.19)$$

棒の内部は，反作用の**伸び縮みによる回転力で，荷重の作る回転力と釣り合う**のである．**棒に反作用の力が無いとき棒は破壊する**．壁に固定された梁に荷重が加えられると，歪み応力はそれ以上の歪みが起こらないように棒の先端に向かって伝播し，変位を止めて荷重と釣り合う．このとき，壁から棒の先端まで，どの断面を取ってもひずみ応力による回転力が形成され，荷重の作るその場所の回転力と釣り合って荷重を支える．

図 5.16 で，棒の中立面から η 離れた所の歪み率 ε は，曲率半径を R，切り取り角度を $\Delta\theta$ とすれば，中立面の切り取り幅を Δx，中立面から η の所での切り取り幅を $\Delta x'$ として

$$\varepsilon = \frac{\Delta x' - \Delta x}{\Delta x} = \frac{(R+\eta)\Delta\theta - R\Delta\theta}{R\Delta\theta} = \frac{\eta}{R} \qquad (5.20)$$

の様に表わすことができる．力のモーメントのベクトル向きは常に同じ $\mathbf{k}$ 方向だから，(5.18)式と(5.18)式のヤング率の定義から

$$M\mathbf{k} = \int \sigma \eta\, \mathbf{k} dS$$

$$M = \int E\varepsilon\eta\, dS = \frac{E}{R}\int \eta^2 dS = \frac{EI_z}{R} \qquad \text{N m} \qquad (5.21)$$

なる式を導くことができる．ここで

$$I_z = \int \eta^2 dS \qquad \text{kg m}^2 \qquad (5.22)$$

は断面二次モーメントと呼ばれる断面の形状にのみ依存する量で，曲げ力に対する曲げ難さの量を表わす．さて棒の中立面の形状を表わす関数を

$$y = f(x)$$

としよう．すると曲率半径 R が

$$\frac{1}{R} = \frac{|d^2y/dx^2|}{[1+(dy/dx)^2]^{3/2}} \qquad \text{1/m} \qquad (5.23)$$

で与えられる（後の補講を見よ）．ここで，たわみが小さいと dy/dx は無視できる．よって

$$\frac{1}{R} = \frac{d^2y}{dx^2} \qquad (5.24)$$

なる関係を得る．この結果と(5.19)式(5.21)式を用いれば

$$\frac{d^2 y}{dx^2} = \frac{W}{E I_z}(l - x) \tag{5.25}$$

なる微分方程式を得る．これを境界条件 $x = 0$ で $y = 0,\ dy/dx = 0$ を考慮して積分すると

$$\frac{dy}{dx} = \frac{W}{E I_z}(l x - \frac{1}{2}x^2)$$

$$y = \frac{W}{6E I_z}(3l x^2 - x^3) \tag{5.26}$$

なる式が求まる．これより全体のたわみの量は

$$e = y(l) = \frac{W l^3}{3E I_z} \quad \text{m} \tag{5.27}$$

となる．断面二次モーメントは断面の形状ごとに計算され次の様になる．

$$I_z = \frac{a^3 b}{12}, \quad : \text{厚さ } a \text{ 幅 } b \text{ の矩形断面} \quad \text{m}^4 \tag{5.28.a}$$

$$I_z = \frac{\pi d^4}{64}. \quad : \text{直径 } d \text{ の円形断面} \quad \text{m}^4 \tag{5.28.b}$$

◆　補講：たわみと曲率半径

x 方向に置いた真直ぐな棒に力 $\boldsymbol{F}$ が掛り，上方（y 方向）にたわんだ状況を考えてみよう．

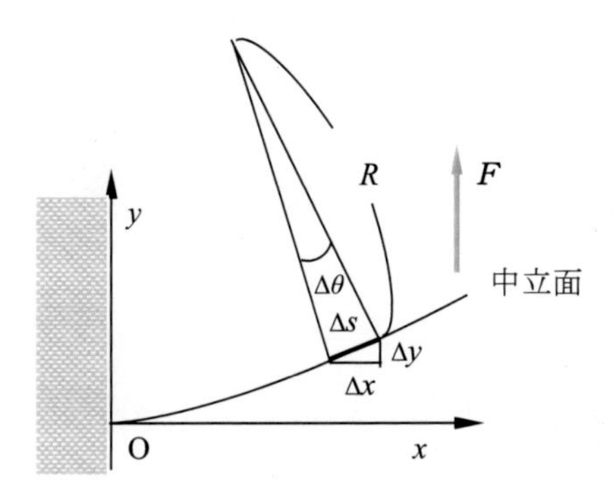

図 5.17　補講 たわみと曲率半径

たわみ曲線に沿ったある微少線分を Δs とする．この線分はある場所に中心を持つ曲率半径 R の微少角 $\Delta\theta$ の円弧として近似できる．

$$\Delta s = R\Delta\theta \to \frac{1}{R} = \frac{d\theta}{ds} = \frac{d\theta}{dx}\frac{dx}{ds}. \tag{5.29.a}$$

またこの量は x-y 平面上の線分としても近似できて

$$\Delta s = \sqrt{\Delta x^2 + \Delta y^2} \tag{5.29.b}$$

の様にも書ける．これより

$$\lim_{\Delta x \to 0} \frac{\Delta s}{\Delta x} = \frac{ds}{dx} = \sqrt{1 + (\frac{dy}{dx})^2} \tag{5.29.c}$$

なる関係式が導ける．また三角関数の演算から

$$\frac{dy}{dx} = \tan\theta$$

$$\frac{d^2y}{dx^2} = \frac{d}{dx}\tan\theta = \frac{1}{\cos^2\theta}\frac{d\theta}{dx} = (1+\tan^2\theta)\frac{d\theta}{dx} \tag{5.29.d}$$

$$\frac{d\theta}{dx} = \frac{d^2y}{dx^2}\frac{1}{1+\tan^2\theta}$$

を得る．この結果と(3) 式を(1)式に代入すれば

$$\frac{1}{R} = \frac{d\theta}{dx}\frac{dx}{ds} = \frac{d^2y}{dx^2}\frac{1}{1+\tan^2\theta} / \frac{ds}{dx} = \frac{d^2y/dx^2}{1+(dy/dx)^2}\frac{1}{\sqrt{1+(dy/dx)^2}}$$

$$= \frac{d^2y/dx^2}{[1+(dy/dx)^2]^{3/2}} \tag{5.29.e}$$

なる結果を得る．

例題 5. 5　図 5.16 で a=5 mm，b=20mm，e=21.4×10[10] N/m[2]，W=10g N，l=0.5 m として式(5.26)のグラフを描け．また曲率半径の分母

$$c(x) = [1+(dy/dx)^2]^{3/2} \quad ①$$

を省略せずに数値計算で求め，グラフ化し，たわみ量 $y(x)$ を厳密に求めよ．

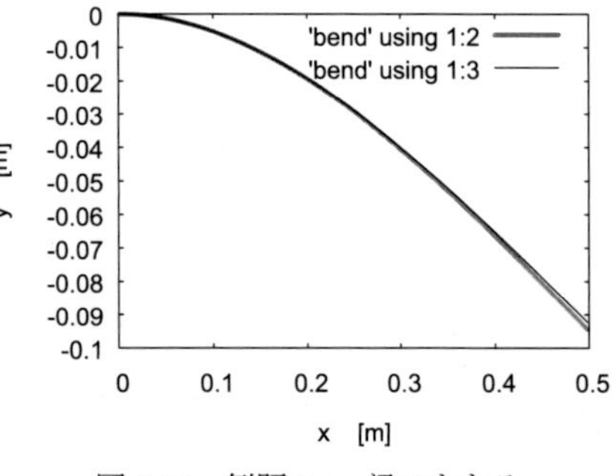

図 5.18　例題 5.5　梁のたわみ

式(5.19)(5.21)(5.23)より 1 次元の厳密なたわみの式は

$$M = W(l-x) = \frac{EI_z |d^2y/dx^2|}{[1+(dy/dx)^2]^{3/2}} \quad ②$$

となる．これを式(3.58)(3.59)の時間発展方程式に当てはめる．時間を座標に置き換えても微分方程式の形式は変わらない．従って，２階微分方程式の時間発展方程式は１次元座標発展方程式に書き換えても成り立つ．

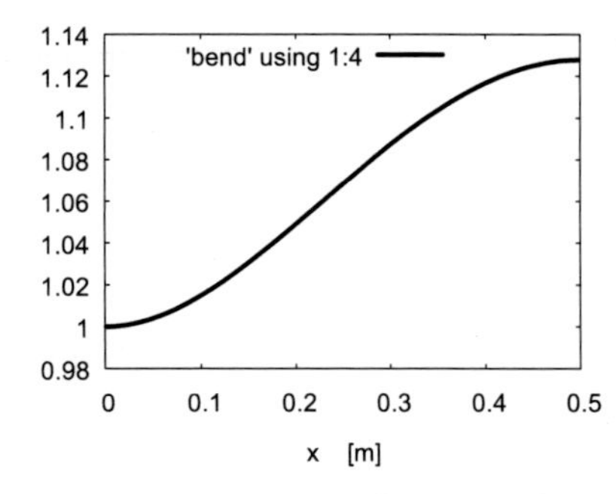

図 5.19　例題 5.5　補正項　式①

座標を i で区分し $x_i = i\Delta x$ とすれば，y_{i+1} は y_i と y_{i-1} で記述できて

$$\frac{d^2y}{dx^2} = -\frac{W}{EI_z}(l-x)[1+(\frac{dy}{dx})^2]^{3/2} \qquad ③$$

$$\rightarrow y_{i+1} = 2y_i - y_{i-1} - \frac{W}{EI_z}(l-x_i)[1+(\frac{y_i - y_{i-1}}{\Delta x})^2]^{3/2}\Delta x^2 \qquad ④$$

と展開される．ここに y_i=0，y_{i-1}=0 として座標発展を施せば数値解が得られる．梁のたわみの計算結果を図 5.18 に示す．式④の結果を太線で，式(5.26)の結果を細線で示したが，差は僅かである．この結果を用いて $1/R$ の補正項の式①の結果を図 5.19 に示す．

gcc のプログラムを以下に示す．

--------------------------------------- 梁のたわみ --

```
#include <stdio.h>
#include <math.h>
#define GP "gnuplot"

int main(){

  int    i, N=500;
  double xi, ydx, y1, c15, yx, y[N];
  double dx=1.0E-3,l=dx*N, a=5.0E-3, b=0.02, w=9.8*10.0, e=21.14E+10;
  double iz=pow(a,3)*b/12, we=w/(e*iz);
  char   *fo="bend";
  FILE   *PGP, *FFO;

  FFO=fopen(fo,"w"); y[0]=0.0; y[1]=0.0;
    for(i=1;i<N-1;i++){ ydx=(y[i]-y[i-1])/dx; y1=1+ydx*ydx; c15=pow(y1,1.5);
      xi=dx*i; y[i+1]=2*y[i]-y[i-1]-we*(l-xi)*c15*dx*dx;
      yx=-we*(3*l*xi*xi-pow(xi,3))/6;
     fprintf(FFO,"%8.4f %8.4f %8.4f %8.4f ¥n",xi,y[i],yx,c15);
    }
   fclose(FFO);

  PGP=popen(GP,"w");
   fprintf(PGP,"set term emf size 424,300 ¥n");
   fprintf(PGP,"set xtics 0.1 ¥n");
    fprintf(PGP,"set output 'bend.emf' ¥n");
    fprintf(PGP,"set xlabel 'x    [m]' ¥n set ylabel 'y    [m]' ¥n");
    fprintf(PGP,"  plot '%s' using 1:2 with lines lw 3 ¥n",fo);
    fprintf(PGP,"replot '%s' using 1:3 with lines lt -1 lw 1 ¥n",fo);
   fflush(PGP);
    fprintf(PGP,"set output 'c15.emf' ¥n");
    fprintf(PGP,"set ylabel 'c15' ¥n set key left ¥n");
    fprintf(PGP,"plot '%s' using 1:4 with lines lt -1 lw 3 ¥n",fo);
   fflush(PGP);
  pclose(PGP);

return 0;
}
```

問 5.6　断面積 S が同じで形状の違うヤング率 E 長さ l の棒がある. 片方を同じように壁に固定し質量 M の重りをもう片方の端に吊るした. 円形断面の棒のたわみ量は正方形断面のたわみ量の何倍になるか.

問 5.7　2 つの支点間の距離が 30 cm の単純梁を使ったユーイングの装置がある. 厚さ 5 mm, 幅 15 mm の矩形断面の棒を支点の上に平行に乗せ, 中心に 5 kg の重りを吊るした. ひずみ量が 0.2 mm であるとヤング率はいくらか.

問 5.8　単純梁でのヤング率を求める式を導け.

◆ 2.　ポアッソン比

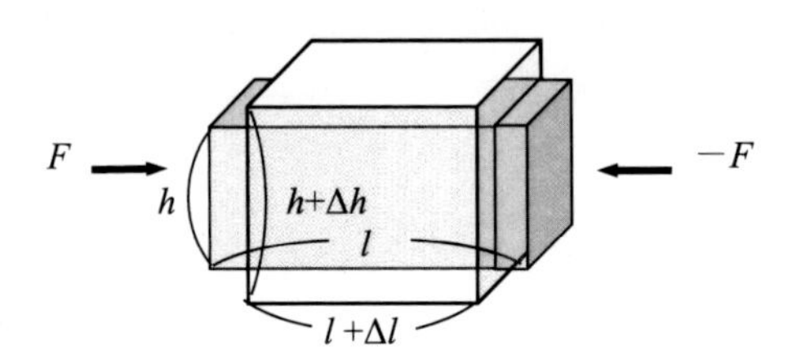

図 5.20　縦方向の力と縦横のひずみ

縦方向に長さ l, 横方向に高さ（幅）h の大きさを持つ物体が, 縦方向の張力または圧力によって変形する時, 一般に縦方向の（ヤング率による）伸び縮み

$$\varepsilon = \frac{\Delta l}{l} \tag{5.30}$$

と横方向の縮み伸び

$$\varepsilon' = \frac{\Delta h}{h} \tag{5.31}$$

の変形が現れる. 縦方向の伸び縮みを基本に横方向の変形率の比を取ったもの

$$\sigma = -\frac{\varepsilon'}{\varepsilon} \tag{5.32}$$

をポアッソン比と言う. σ は物質によって決まる正の定数で, 無次元量である.

◆ 3.　剛性率

針金がねじれの力を受け, ひずみ変形を起こした状態を考えてみよう. ねじれの力は回転力であるから, ねじれ歪みは力のモーメントとの釣り合いと関係する. 半径 a, 長さ l の円柱の一端を固定して, 他端を角度 θ だけねじり回したとしよう. 円柱は, ずれ変形を起こしその反発力で外力と釣り合う. このずれ弾性の働く係数 G を**剛性率**と言う. 中心軸から r と $r+dr$

の距離にある薄い円筒層を考えこれを広げてみると，面積を変えない平行四辺形の形状変化見る事ができる．ねじれの回転角 θ とずれの角度 φ との関係は

$$l\tan\varphi = r\theta \;\rightarrow\; l\varphi \approx r\theta \tag{5.33}$$

となる．

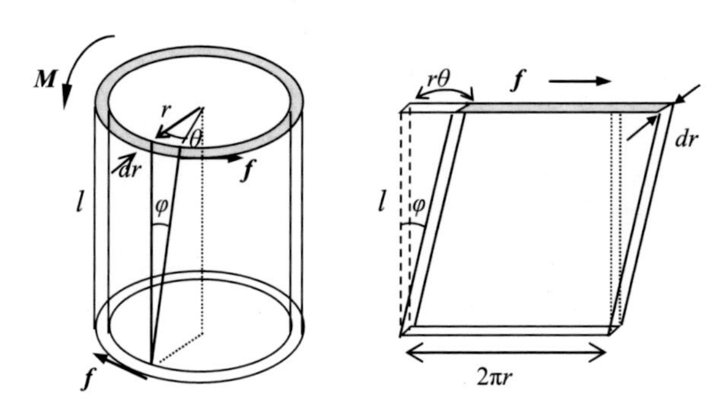

図 5.21　棒のねじれ

今，棒をねじる回転力（トルク）を $\boldsymbol{M}$ としよう．ねじれ力は棒の長さ方向に等しく伝わるから，このねじれ力は棒の断面だけで考えれば良い．単位断面積当たりのずれ応力 f は剛性率 G [Pa] の定義として，ずれ角 φ を用いて

$$f = G\varphi \qquad \text{N/m}^2\ \text{(Pa)} \tag{5.34}$$

と表わされる．この微小断面に働くトルクは

$$d\boldsymbol{M} = \boldsymbol{r}\times\boldsymbol{f}\,dS \tag{5.35}$$

となるから，半径 a m の棒全体に働くトルク M はスカラー量で表わして

$$M = \int G\varphi\, r dS = \frac{G\theta}{l}\int r^2 dS = \frac{G\theta}{l} I \qquad \text{Nm} \tag{5.36}$$

$$I = \int r^2 dS = \int_0^a r^2\, 2\pi r\, dr = \frac{\pi}{2}a^4 \qquad \text{m}^4 \tag{5.37}$$

となることが分かる．I はヤング率の計算に出てきた断面二次モーメントに等しいディメンジョンを持つが，回転軸を棒断面に垂直な中心軸を選んでいるので値は当然異なる．

慣性モーメント I_m（6 章 6.2 参照）の物体を剛性率 G，半径 a m，長さ l m の針金に吊るし，ねじれ振り子としたときの，トルク M による運動は運動方程式

$$M = \frac{G\theta}{l}\frac{\pi}{2}a^4 = \mu\theta = -I_m\frac{d^2\theta}{dt^2} \tag{5.38}$$

$$\mu = \frac{\pi G}{2l}a^4 \tag{5.39}$$

で表わされる．この振り子の周期 τ は，４章３節 1．ばね振動で論じたように θ を三角関数

$$\theta(t) = A\sin(\omega t + \delta)$$

で置き換えれば運動方程式が解けて，周期が求まる．

$$\tau = \frac{2\pi}{\omega} = 2\pi\sqrt{\frac{I_m}{\mu}} \qquad \text{s} \qquad (5.40)$$

問 5. 9　直径 1 mm 長さ 1 m の針金に半径 10 cm 重さ 5 kg のリング状の重りを吊るした．剛性率は $G = 8\times10^{10}$ Pa である．ねじれ振り子の周期はいくらか．

◆ 4.　体積弾性率

容器に液体を入れその中に物体を入れ圧力をかけると，物体は等方的な歪み（縮み）変形を引き起こす．このとき圧力を p [Pa]，物体の体積を V，縮みを ΔV とすると

$$p = -\kappa\frac{\Delta V}{V} \qquad \text{N/m}^2\ (\text{Pa}) \qquad (5.41)$$

なる圧力と歪みの関係が得られる．この比例定数 κ [Pa]を体積弾性率と言う．また，この逆数 $1/\kappa$ を圧縮率と呼ぶ．

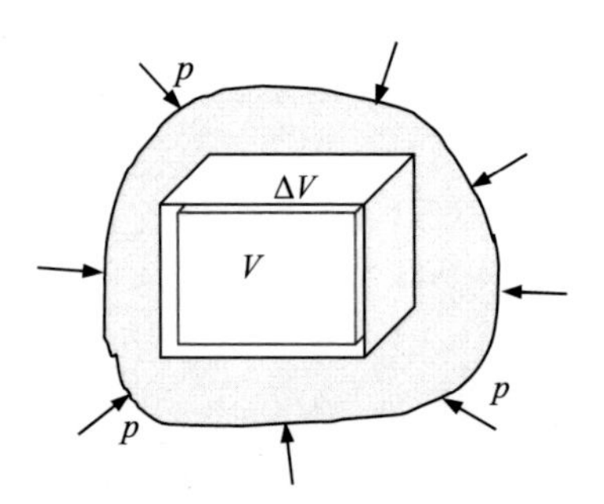

図 5.22　物体の均等圧縮

◆ 5.　４つの弾性定数の関係

以上のように物体の歪みに関する弾性定数について述べてきた．これら４つの弾性定数（ヤング率 E，剛性率 G，体積弾性率 κ，ポアッソン比 σ ）は互いに独立ではなく，次の様な関係式で結ばれている．

$$\kappa = \frac{E}{3(1-2\sigma)}, \qquad G = \frac{E}{2(1+\sigma)} \qquad \text{Pa} \qquad (5.42)$$

これより２つの弾性率が分かれば，他の弾性率を知る事ができる．

◇ 体積弾性率の関係

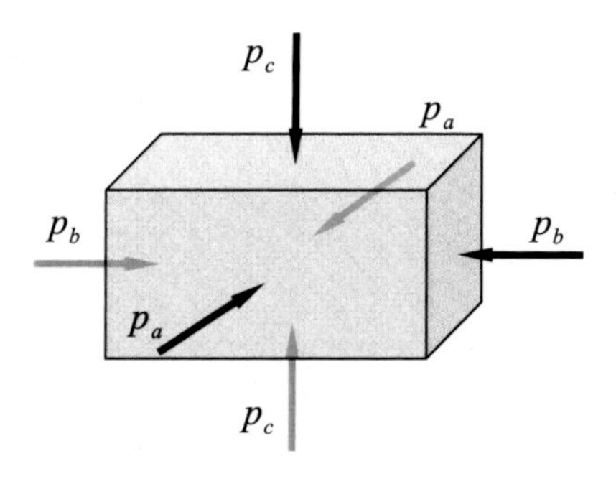

図 5.23　3 方向からの圧力と歪

十分小さな弾性変形に対してそれぞれの歪みは重ね合わせが成り立つ．図 5.23 のように 3 方向から圧力 $p_a = p_b = p_c = p$ をかけた場合，直接のヤング率による歪みとポアソン比による歪みが重なり合うため，実際の歪みの割合 $\alpha = \beta = \gamma = \varepsilon$ と圧力 p には

$$\alpha = \frac{p_a}{E} - \sigma \frac{p_b + p_c}{E}$$

$$E\varepsilon = p(1 - 2\sigma) \qquad \text{Pa} \qquad (5.43)$$

なる関係がある．長さ l の立方体の体積が縮む割合で考えると，体積弾性率と歪みには

$$p = -\kappa \frac{\Delta V}{V} = -\kappa \frac{l^3(1-\varepsilon)^3 - l^3}{l^3} \approx 3\kappa\varepsilon \qquad \text{Pa} \qquad (5.44)$$

なる関係がある．これと式(5.40)との関係を組み合わせれば

$$\kappa = \frac{p}{3\varepsilon} = \frac{E}{3(1-2\sigma)} \qquad \text{Pa} \qquad (5.45)$$

なる結果が得られる．

◇ 剛性率の関係

さて，ずれ変形と縦変形の関係を調べてみよう．図 5.24 のごとく，ある物体の底を台に固定し横から縮み応力 $\boldsymbol{p}_0$ (Pa)をかけ平行四変形を作る様に歪ませたとしよう．物体は底から $-\boldsymbol{p}_0$ の歪み応力を受ける．更にこの歪みと同じ歪みを起こさせるように，圧縮力 $\pm\boldsymbol{p}_1$ とそれと垂直な引っ張り力 $\pm\boldsymbol{p}_2$ かけて菱形に歪ませたとする．これらの 2 つの歪みは，辺 OC を共通に固定し歪みの量がわずかであるとすると，ほぼ等しい．図 5.24 の様に物体の内部に，1 辺が $l_1 = l_2 = l_3 = l$ の立方体を考えると，$\boldsymbol{p}_0$ のずり応力では剛性率 G による歪が生じ，$\boldsymbol{p}_1$ の圧縮力と $\boldsymbol{p}_2$ の引っ張り力では対角線方向にヤング率 E による歪が生まれる．

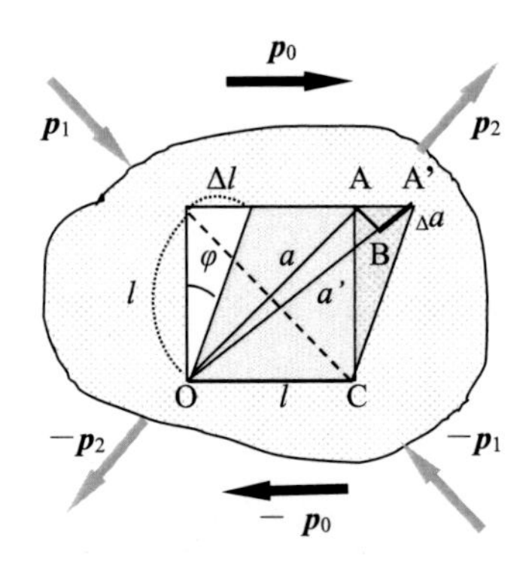

図 5.24　ずれ応力と縦応力
l^3の立方体に働く力：GとEとσ

立方体に働く力として縮み力 p_1，それと直交する引っ張り力 p_2 と，それらの合力であるずれの力 P_0 の間には

$$p = p_1 = p_2 = \frac{p_0}{\sqrt{2}} \tag{5.46}$$

なる関係がある．これを l^3 の立方体に加わる力 P として表すと

$$P_0 = l^2 p_0 = \sqrt{2} l^2 p, \quad P_1 = P_2 = alp_1 = alp_2 = \sqrt{2} l^2 p \tag{5.47}$$

となって全て等しい．つまり，対角成分の力が $\sqrt{2}$ 倍と成っても分布面積が $\sqrt{2}$ 倍となり応力の断面積当たりの力は変わらない．いま長さ l の正方形で対角線が a となる 2 点 OA を考え，圧縮力と引っ張り力の合力が加わり角度が φ だけ歪み，点 A が A'にずれたとしよう．OB の長さを a として，対角線の a' 方向の伸びが Δa で有ればの直角 2 等辺三角形 ABA'の辺の比により，ヤング率 E とポアッソン比による歪みの大きさが

$$\Delta a = \overline{BA'} = \frac{\Delta l}{\sqrt{2}} = \frac{a}{E} p_2 + \sigma \frac{a}{E} p_1 = \sqrt{2} l \frac{p}{E}(1+\sigma) \tag{5.48}$$

と求まる．角度 φ のずれ変形を剛性率から求めると

$$\Delta l = \frac{l}{G} p_0 = \frac{l}{G} p \tag{5.49}$$

となるから，この結果を式(5.45)に入れると

$$G = \frac{E}{2(1+\sigma)} \tag{5.50}$$

なる関係が得られる．

例題 5. 6　５節で述べた４つの弾性定数σとE とκとGの関係を 3D で示せ．

P150 物性表（理化年表）によればG=10^9として，殆どの材料が 10G<E<220G, 20G<G<80G, 40G<κ<230G Pa, 0.2<σ<0.5 となり、ダイヤモンド E=1050G Pa, σ~0.2, 鉛 E=16G Pa, σ=0.44, ゴムや木材などの材料がこれらの範囲からはみでる．弾性定数の関係式を列挙すれば

$$E = 2G(1+\sigma) \quad ①$$
$$E = 3\kappa(1-2\sigma) \quad ②$$
$$E = 9\kappa/(1+3\kappa/G) \quad ③$$
$$G = E/(3-E/3\kappa) \quad ④$$
$$G = E/2(1+\sigma) \quad ⑤$$
$$G = 3\kappa(1-2\sigma)/2(1+\sigma) \quad ⑥$$
$$\kappa = E/3(1-2\sigma) \quad ⑦$$
$$\kappa = 2G(1+\sigma)/3(1-2\sigma) \quad ⑧$$
$$\kappa = E/3(3-E/G) \quad ⑨$$
$$\sigma = E/2G-1 \quad ⑩$$
$$\sigma = (3\kappa-E)/6\kappa \quad ⑪$$
$$\sigma = (3\kappa-2G)/2(3\kappa+G) \quad ⑫$$

となる．これらの式で③⑤⑦⑫を 3D 表現してみると，図 5.25 の様になる．(a) $E(\kappa$,G)は５章の表題左に示す．gcc プログラムを以下に示す．

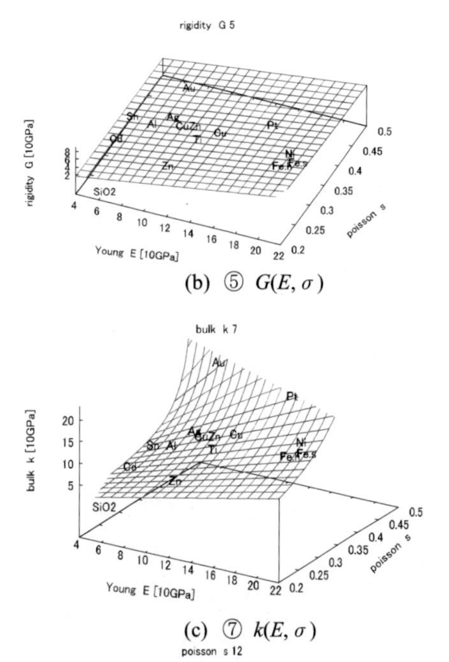

(b) ⑤ $G(E, \sigma)$

(c) ⑦ $k(E, \sigma)$

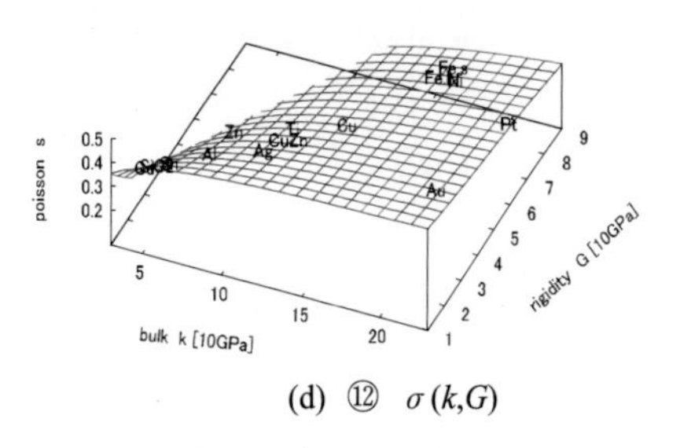

(d) ⑫ $\sigma(k,G)$

図 5.25　弾性率の関係．E, G, σ, k

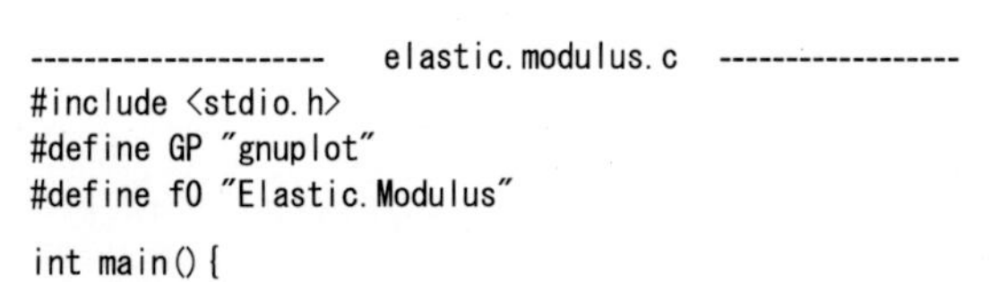

```
----------------------    elastic.modulus.c   ------------------
#include <stdio.h>
#define GP "gnuplot"
#define f0 "Elastic.Modulus"
int main(){

  int     i;
  double f, x, y, e1=4., e2=22., g1=1., g2=9., k1=3., k2=23., s1=0.2, s2=0.5;
  char   *ch, *e="Young  E", *g="rigidity  G", *s="poisson  s", *k="bulk  k", *sp=" ";
  char   *sl="set label", *sz="set zlabel",*at="at screen", *ro="rotate by", *x0="[10GPa]";
  FILE   *PGP;

   PGP=popen(GP,"w");
   fprintf(PGP,"set term windows size 500,360 ¥n set isosamples 20 ¥n");
   fprintf(PGP,"set size ratio 1 ¥n set key off ¥n");
   fprintf(PGP,"set ztics 5 ¥n");
     fprintf(PGP,"%s 1 '%s %d' %s 0.4,0.9        ¥n",sl,e,3 ,at   );
     fprintf(PGP,"%s 2 '%s %s' %s 0.2,0.15 %s -5 ¥n",sl,k,x0,at,ro);
     fprintf(PGP,"%s 3 '%s %s' %s 0.7,0.1  %s 40 ¥n",sl,g,x0,at,ro);
     fprintf(PGP,"%s   '%s %s'             %s 90 ¥n",sz,e,x0,   ro);
```

```
    fprintf(PGP,"f(x,y)=9*x/(1+3*x/y) ¥n");
    fprintf(PGP,"splot [%f:%f][%f:%f][%f:%f] f(x,y) ¥n",k1,k2,g1,g2,e1,e2);
    fprintf(PGP,"replot '%s' using %d:%d:%d:5 with labels ¥n",f0,4,2,1);
  fflush(PGP); printf("---> "); scanf("%s",&ch);

  fprintf(PGP,"set ztics 2 ¥n");
    fprintf(PGP,"%s 1 '%s %d' %s 0.4,0.9          ¥n",sl,g,5 ,at   );
    fprintf(PGP,"%s 2 '%s %s' %s 0.2,0.15 %s -5 ¥n",sl,e,x0,at,ro);
    fprintf(PGP,"%s 3 '%s %s' %s 0.8,0.2  %s 40 ¥n",sl,s,sp,at,ro);
    fprintf(PGP,"%s   '%s %s'             %s 90 ¥n",sz,g,x0,    ro);
    fprintf(PGP,"f(x,y)=x/(2*(1+y)) ¥n");
    fprintf(PGP,"splot [%f:%f][%f:%f][%f:%f] f(x,y) ¥n",e1,e2,s1,s2,g1,g2);
    fprintf(PGP,"replot '%s' using %d:%d:%d:5 with labels ¥n",f0,1,3,2);
  fflush(PGP); printf("---> "); scanf("%s",&ch);

  fprintf(PGP,"set ztics 5 ¥n");
    fprintf(PGP,"%s 1 '%s %d' %s 0.4,0.9          ¥n",sl,k,7 ,at   );
    fprintf(PGP,"%s 2 '%s %s' %s 0.2,0.15 %s -5 ¥n",sl,e,x0,at,ro);
    fprintf(PGP,"%s 3 '%s %s' %s 0.8,0.2  %s 40 ¥n",sl,s,sp,at,ro);
    fprintf(PGP,"%s   '%s %s'             %s 90 ¥n",sz,k,x0,    ro);
    fprintf(PGP,"f(x,y)=x/(3*(1-2*y)) ¥n");
    fprintf(PGP,"splot [%f:%f][%f:%f][%f:%f] f(x,y) ¥n",e1,e2,s1,s2,k1,k2);
    fprintf(PGP,"replot '%s' using %d:%d:%d:5 with labels ¥n",f0,1,3,4);
  fflush(PGP); printf("---> "); scanf("%s",&ch);

  fprintf(PGP,"set ztics 0.1 ¥n");
    fprintf(PGP,"%s 1 '%s %d' %s 0.4,0.9          ¥n",sl,s,12 ,at  );
    fprintf(PGP,"%s 2 '%s %s' %s 0.2,0.15 %s -5 ¥n",sl,k,x0,at,ro);
    fprintf(PGP,"%s 3 '%s %s' %s 0.8,0.2  %s 40 ¥n",sl,g,x0,at,ro);
    fprintf(PGP,"%s   '%s %s'             %s 90 ¥n",sz,s,sp,    ro);
    fprintf(PGP,"f(x,y)=(3*x-2*y)/(2*(3*x+y)) ¥n");
    fprintf(PGP,"splot [%f:%f][%f:%f][%f:%f] f(x,y) ¥n",k1,k2,g1,g2,s1,s2);
    fprintf(PGP,"replot '%s' using %d:%d:%d:5 with labels ¥n",f0,4,2,3);
  fflush(PGP); printf("---> "); scanf("%s",&ch);

 pclose(PGP);

return 0;
}
```

◇ プログラミングの工夫として，同じ形式の入力操作が続く場合は，手際よく for 文で記述できる様にする．これが難しい場合は，列を揃え入力パターンを決めた上で，コピー・ペーストでプログラムの作成を行い，文字を書き換える．

弾性率のデータ・フアイル「Elastic.Modulus」は以下の内容を１段でまとめる．

-------------------------------------- Elastic.Modulus --

E	G	σ	κ	M
10.84	4.34	0.249	7.20	"Zn"
7.03	2.61	0.345	7.55	"Al"
4.99	1.92	0.300	4.16	"Cd"
7.80	2.70	0.440	21.70	"Au"
8.27	3.03	0.367	10.36	"Ag"
10.06	3.73	0.350	11.18	"CuZn"
4.99	1.84	0.357	5.82	"Sn"
7.31	3.12	0.170	3.69	"SiO_2"
11.57	4.38	0.321	10.77	"Ti"
21.14	8.16	0.293	16.98	"Fe.s"
20.1	7.8	0.28	16.5	"Fe.h"
12.98	4.83	0.343	13.78	"Cu"
19.95	7.60	0.312	17.73	"Ni"
16.80	6.10	0.377	22.80	"Pt"

㊷ '%s %d'： '+　+' で文字列として入力データを連結する．ここでは入力文字列と入力 10 進数が文字列として統合される．

㊸ "%s …"：長い文字列を多用する場合，記号化した文字に置き換え%s に代入する．

㊹ set label 1 '+++' at screen 0.4,0.9：全画面面の x:0.4 と y:0.9 の比率の場所に文字列+++を 1 つ目のラベルとして出力する．

㊺ rotate by 90：ラベルの文字列を 90° 回転して画面に出力する．

◇ term windows：term wxt と同様に gcc の常用画面として設定されているので出力先の指定が省ける． scanf("%s",&ch) を用いて，画面上でのカーソルによる 3D 操作を可能にした．これにより，データ確認し易い視野角度を決めてから，画面を取り込むことができる．

問 5.10　理科年表の弾性定数表を用いて，特異な物質のヤング率，剛性率，ポアソン比と体積弾性率の関係を調べ，3D 表現せよ．

◆ 6.　物質の変形

今まで，物質に力を加えてもその材質に変化の生ずることは考えて来なかった．歪みは力に比例する（フックの法則）として仮定して来たが，実際の物質はどうなのであろうか．

物質は原子の結合体として様々に存在する．共有結合，イオン結合，金属結合などが主な結合の種類であるが，それぞれに力学的特色を持つ．原子結合はある大きさ以上のエネルギーを加えると破壊され，弾性的な性質はその範囲内で存在する．しかしこれらの原子結合は複雑で，物質によっては異方性を示し，思いもよらぬ特性を示す．この様に物質の力学的性質は多種多様で，その変形の内容も様々である．これらの中で，弾性体としてバネなどに用いられている金属と，少し違う特性を持つ非金属の，弾性と変形の様子を図 5.26 に示す．

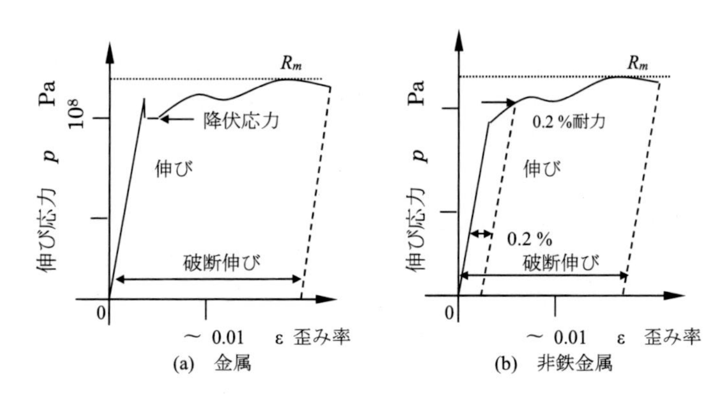

図 5.26　フックの法則と弾性限界

軟鋼の場合は、応力-ひずみ曲線の線形領域から非線形領域へは不連続的に変化する。応力が高くなると，ある点で塑性変形が開始する。この点を**上降伏点**と呼ぶ。ここで、試料に対して変位制御で負荷を与えると、強制的に与えられる伸びに追従して応力が発生する。変位制御で応力-ひずみ曲線を測定すると，上降伏点を過ぎた後，応力はあるところまで急激に下がり，ほぼ一定の応力状態が続く。下がったところの応力を**下降伏点**と呼ぶ。軟鋼では下降伏点の応力値で一定の状態が続いた後，再度応力が増加する。上降伏点と下降伏点の総称，あるいは上降伏点を，**降伏点**と呼ぶ。

アルミニウムなど非鉄金属材料の場合、線形（比例）から非線形へは連続的に変化する。比例ではなくなる限界の点を**比例限度**または**比例限**と呼び、比例限を少し過ぎた、応力を除いても変形が残る（塑性変形する）限界の点を**弾性限度**または**弾性限**と呼ぶ。除荷後に残る永久ひずみが 0.2%となる応力を**耐力**や 0.2% **耐力**と呼び、比例限度や弾性限度の代わりに塑性変形発生基準として用いられる。

弾性限界までの力では物体は元に戻ることができ，バネの様に力と歪み量が比例する．これをフックの法則と言う．普通，伸び変形の許容範囲は小さく，一般的な金属では 1/100 も歪みが入ると破壊してしまう．特殊な話では，最近では形状記憶合金などが見つかり，金属で有りながら特異な変形を示す物も知られている．また純粋な金属では，弾性限界を超えた後の塑性変形後の形状のまま，室温で通常の金属的性質を回復することがある．

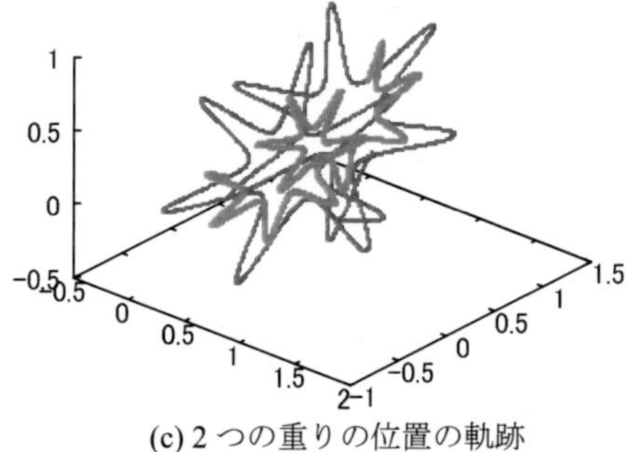

(c) 2 つの重りの位置の軌跡
図 6.4 例題 6.1　(1) 2 体の 3 次元バネ振動

第 6 章

剛体の運動と力学法則

剛体の運動も質点系の運動と同様に，**エネルギー保存の法則，運動量保存の法則**と**角運動量保存の法則の 3 法則を柱に運動の秩序が形成される**．質点から剛体となって顕著になる運動は回転を変える運動で，この**角運動量保存の状態を壊す外力はトルク**（**偶力，力のモーメント**）と呼ばれる．剛体の運動の記述はこのトルクが加わることで，質点系の並進運動の運動方程式に回転に関するトルク方程式が加わる．運動全体を把握するにはエネルギー方程式が必要で，これらの 3 保存則に従う 3 つの方程式を揃えて剛体の運動を決定する．

6. 1　剛体の運動法則

剛体に外力が加わり並進力と回転力の釣り合いが取れなくなると，運動量保存の法則と角運動量保存の法則が破られ，剛体は新たな運動を始める．**外力として剛体に並進力のみが作用する場合でも，剛体は並進運動と回転運動の 2 つの運動を同時に引き起こす．**

◆ 1.　剛体の重心に働く力

既に第 1 章 3.2 節の重心の位置ベクトルで説明したように，剛体には或る空間座標の原点からの質量位置ベクトの平均ルとして重心がただ 1 つ存在する．

$$\boldsymbol{R}_G = \frac{1}{M}\iiint \rho\, \boldsymbol{r}\, dxdydz \quad . \qquad \text{m} \qquad (6.1)$$

ここで，この重心に重要な性質が有ることを明らかにする．簡単のため位置 $\boldsymbol{r}$ に有る質量 m と位置 $\boldsymbol{R}$ に有る質量 M が真っ直ぐな軽い棒で固定された図 6.1 の様な 2 体系で考えて見る．重心の位置ベクトルは

$$\boldsymbol{r}_G = \frac{M\boldsymbol{R} + m\,\boldsymbol{r}}{M + m} \qquad \text{m} \qquad (6.2)$$

である．今系が動き出す一瞬，質量の慣性による反作用の力が生まれる．この力は質量に比例

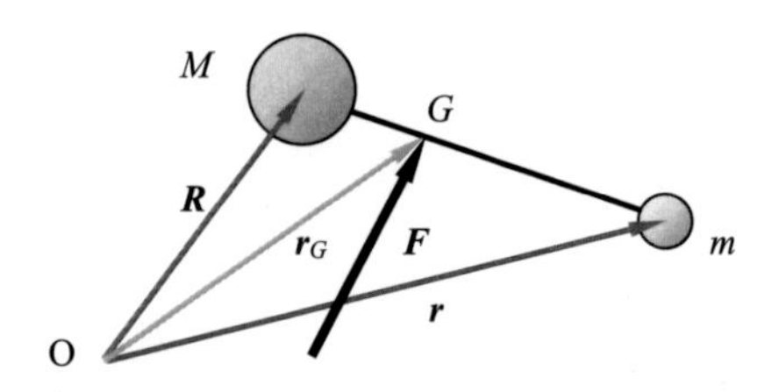

図 6.1 二体の重心と外力

するから，重心まわりの偶力の和は次式の様になる．

$$[(\boldsymbol{R}-\boldsymbol{r}_G)M+(\boldsymbol{r}-\boldsymbol{r}_G)m]\times\frac{\boldsymbol{F}}{M+m}=0 \qquad \text{N.m} \tag{6.3}$$

左側の質量位置ベクトルの項は

$$(\boldsymbol{R}-\boldsymbol{r}_G)M+(\boldsymbol{r}-\boldsymbol{r}_G)m=M\boldsymbol{R}+m\boldsymbol{r}-(M+m)\boldsymbol{r}_G=0 \tag{6.4}$$

の様にゼロとなるから，**重心にかかる力には力のモーメントは働かない**．この結果は重力に対し重心を通る位置に物体の支点が有ると，ヤジロベーのごとく釣り合いの条件が満足されることを意味する．このように重心は物体の運動に関し並進力（慣性力）の働く中心位置となる．逆に，物体に重心を通らない外力が加わると物体には並進力と回転力（力のモーメント）の両方が働くようになることが分かる．

◆ 2.　並進運動と回転運動

剛体のある部分に釣り合いの条件から外れる外力 $\boldsymbol{F}$（並進力）が働き，重心を貫く位置から $\boldsymbol{r}$ だけ外れていたとしよう．これは図 6.2 のような状態になる．

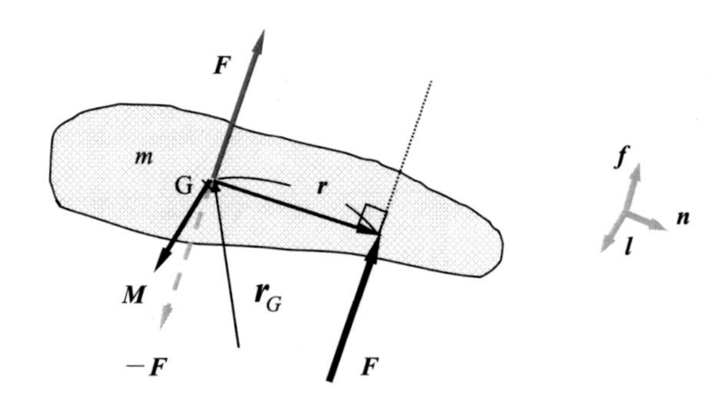

図 6.2　重心から外れた外力と力のモーメント

外力により剛体は運動を始める．運動の慣性による反作用力は重心に発生すると考えて良いから，重心位置に±***F*** なる作用・反作用力の釣り合いのベクトルを考えることができる．これより**外力 *F*** は慣性の反作用力との関係で，力の組み合せより，**重心に働く並進力 *F* と重心まわりの偶力 *M***（力のモーメント）に分けて考えることができる．ここで重心まわりの偶力（破線ベクトル）は

$$\boldsymbol{M} = \boldsymbol{r} \times \boldsymbol{F} = r\,F\,\boldsymbol{l} \qquad \text{N.m} \qquad (6.5)$$

となる．この回転力の作用で剛体に角運動量がもたらされる：

$$\boldsymbol{L} = \int \boldsymbol{M}\,dt\,. \qquad \text{Kg.m}^2\text{/s, N.ms} \qquad (6.6)$$

残りの力は剛体の重心に働き，剛体の並進運動を引き起こし，

$$\boldsymbol{F} = M\,\ddot{\boldsymbol{r}} \qquad \text{N, kg.m/s}^2 \qquad (6.7)$$

剛体に運動量をもたらす．

$$\boldsymbol{P} = \int \boldsymbol{F}\,dt\,. \qquad \text{N.s} \qquad (6.8)$$

このように剛体に外力が働くと，運動量保存・角運動量保存の法則を破る運動が始まり，外力は剛体の並進運動と回転運動の二つの運動を引き起こす力となる．

◆ 3.　角運動量と慣性モーメント

物体の基本的運動はエネルギー・運動量・角運動量・保存の法則を満たすことであった．系の外から外力を加えると加えたように系が変化することも今まで説明してきた通りである．物体にトルク（回転力）が働くと物体の回転が変わり角運動量の変化が生じる．一般的には物体に並進力も同時に作用し，運動量の変化も合わせて起こると考えて良い．第 3 章 3.4 節で示したように回転体には角運動量

$$\boldsymbol{L} = \boldsymbol{r} \times \boldsymbol{p} = \boldsymbol{r} \times m\boldsymbol{v} = mr^2\omega\boldsymbol{l} = I\omega\,\boldsymbol{l} \qquad (6.9)$$

なる量が定義される．これはケプラーの第一法則で示した様に，外力が加わらない限り保存され，空間の回転に関する性質を表わす基本的な量となる．ω は角速度（rad/s）で $\boldsymbol{l}$ は右手系で定義される回転軸方向の単位ベクトルである．剛体の場合，どの部分も回転軸まわりで角速度が同じであるから，**剛体の角運動量**は回転軸からの距離を $\boldsymbol{r}_i$ として質量の分布に従い

$$\boldsymbol{L} = \sum_i \boldsymbol{r}_i \times \boldsymbol{p}_i = \sum_i m_i r_i^2 \omega \boldsymbol{l} = \int \rho\, r^2 dV \omega\, \boldsymbol{l} = I\omega\,\boldsymbol{l} \qquad (6.10)$$

の様に定義される．ここに**慣性モーメント**

$$I = \sum_i m_i r_i^2 = \int \rho\, r^2 dV \qquad \text{kg.m}^2 \qquad (6.11)$$

が定義される．

例題 6. 1　図 6.3 の様に滑らかな２つの重り m_1, m_2 をバネ(定数 k)でつないだ３次元自由度のバネ運動を考え, (1) 各重り位置の時間変化, (2) 慣性モーメント I の時間変化, (3) 角運動量 $\boldsymbol{L}$ の保存, (4) エネルギーE の保存を数値解析で示せ.

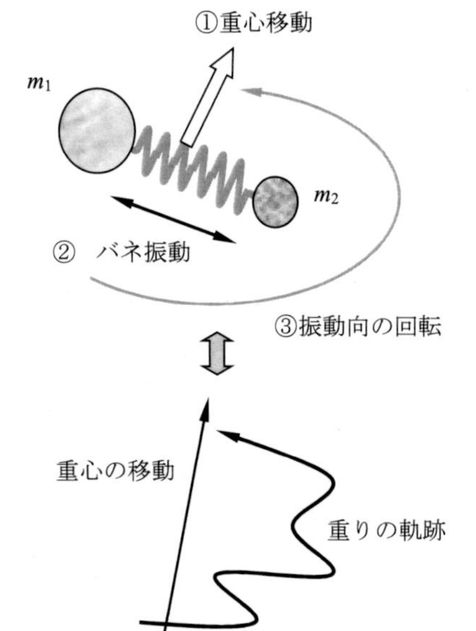

図 6.3　　例題 6.1
３次元空間２体バネ振動

(1) まずバネの運動をシミュレーションする. バネの長さ r は, ２つの重りの位置を $\boldsymbol{r}_1$ と $\boldsymbol{r}_2$ とすると

$$r = r_{12} = |\boldsymbol{r}_1 - \boldsymbol{r}_2| = \sqrt{(x_1-x_2)^2+(y_1-y_2)^2+(z_1-z_2)^2} \quad ①$$

となる. バネの位置エネルギーは自然長を r_0 とすると

$$U = \frac{1}{2}k(r-r_0)^2 \quad ②$$

で与えられる. これよりバネと重り m_1 に働く力は

$$\boldsymbol{F}_1 = -\nabla_1 U\ , \quad \frac{\partial}{\partial x_1}\mathbf{i}\, r_{12} = \frac{1}{r_{12}}(x_1 - x_2)\,\mathbf{i} \quad ③$$

となる. x 方向のバネの力は, 残りの成分を固定して

$$F_{x1} = -\frac{\partial}{\partial x_1}U = -k(1-\frac{r_0}{r_{12}})(x_1-x_2) \quad ④$$

と計算すれば良い. ２つの重りに関しては 6 つの座標成分について④と同じ計算を行い, それぞれに加速度を求めれば重り m_1 の運動の加速度が求まる.

$$\boldsymbol{a}_1 = \frac{1}{m_1}(F_{x1}\mathbf{i} + F_{y1}\mathbf{j} + F_{z1}\mathbf{k}). \quad ⑤$$

分子動力学法の式(3.59)に従って n-1 と n の座標から n+1 の座標を決めれば重りの時間刻みごとの運動と位置を次のように決定することができる.

$$\boldsymbol{r}_{i,n+1} = 2\boldsymbol{r}_{i,n} - \boldsymbol{r}_{i,n-1} - \frac{k}{m_i}(1-\frac{r_0}{r_{ij,n}})(\boldsymbol{r}_{i,n} - \boldsymbol{r}_{j,n})\Delta t^2 \quad ⑥$$

ここに変位 d とその係数で適当な速度の初期値を与えれば, (1) 重り位置の変化が得られる.

gcc プログラムを以下に示す.

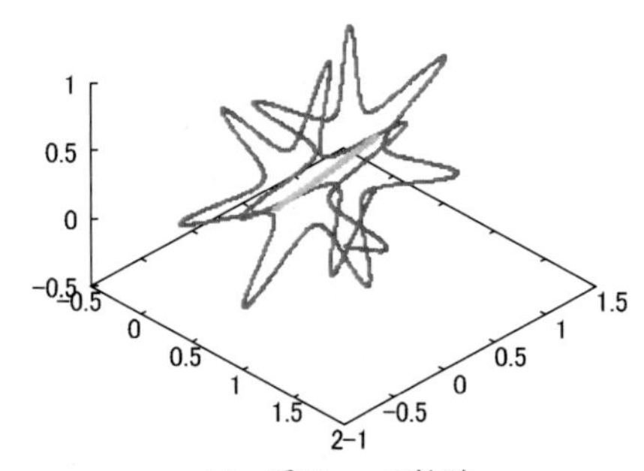

(a)　重り m_1 の軌跡

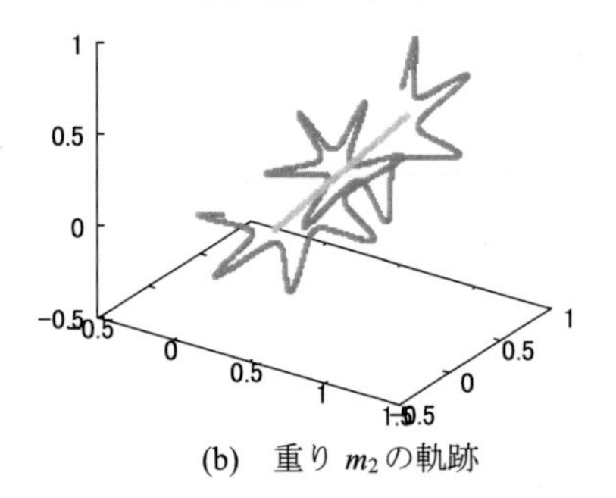

(b)　重り m_2 の軌跡

図 6.4　例題 6.1　(1) 2 体の 3 次元バネ振動の軌跡. ２つの重りを重ねた図(c)は第６章の表題部分の左に示した. 直線は重心位置の移動を示す.

gcc で"s3d"に振動位置の計算結果を書き込み， gnuplot の描画部分は s3d.dem にまとめ，"s3d" を読み込んで path が通る作業場所で実行する． dem プログラムは左列から１段とする．

----------------------------- 3Dspring.c ---------------------------

```
#include <stdio.h>
#include <math.h>
#define  F0 "s3d"
#define  F1 "ILE"
void ILE(double[],double[],double[],double[],double[],double[],double[]);
  int    i, N=2000;
  double x12, y12, z12, rri, tm;
  double k=1.0, r0=1.0, m1=1.0, m2=2.0, dt=0.1;
  FILE   *FF0, *FF1;
int main(){
 double m12=m1+m2, km1=k/m1, km2=k/m2, dt2=dt*dt, d=0.01*dt;
 double r[N],x1[N],y1[N],z1[N],x2[N],y2[N],z2[N],xg[N],yg[N],zg[N];
                                            ; y2[0]=0.0; z2[0]=0;
                                            [1]=z1[0]+3*d;
                                            ]=z2[0]-2*d;


                                            z1[i]-z2[i];
                                            ri=1-r0/r[i];
                                            *dt2;
                                            *dt2;
                                            *dt2;
      x2[i+1]=2*x2[i]-x2[i-1]+km2*rri*x12*dt2;
      y2[i+1]=2*y2[i]-y2[i-1]+km2*rri*y12*dt2;
      z2[i+1]=2*z2[i]-z2[i-1]+km2*rri*z12*dt2;
      xg[i]=(m1*x1[i]+m2*x2[i])/m12;
      yg[i]=(m1*y1[i]+m2*y2[i])/m12;
      zg[i]=(m1*z1[i]+m2*z2[i])/m12;
    fprintf(FF0,"%8.4f %8.4f %8.4f %8.4f %8.4f %8.4f %8.4f %8.4f %8.4f %8.4f ¥n",¥
                       tm,x1[i],y1[i],z1[i],x2[i],y2[i],z2[i],xg[i],yg[i],zg[i]);
  }
  fclose(FF0);
 ILE(r,x1,y1,z1,x2,y2,z2);  /* This function calculates I_L_E and outputs to F1 */
return 0;  /* Drawings are performed using "s3d" by "s3d.dem" as the simplest way */
}
              /* --------- 3Dspring function ILE(r,x1,y1,z1,x2,y2,z2) ----------*/
void ILE(double r[],double x1[],double y1[],double z1[],double x2[],double y2[],double z2[])
{
  int    nn=N/10;
  double ii,ll,lgx,lgy,lgz,t1,t2,tt,uu,ee;
  double m12=m1+m2; xg,yg,zg,xg0,yg0,zg0,
  double x1g,y1g,z1g,x2g,y2g,z2g;
  double vx1,vy1,vz1,vx2,vy2,vz2,vxg,vyg,vzg,ri;
  xg=(m1*x1[0]+m2*x2[0])/m12;yg=(m1*y1[0]+m2*y2[0])/m12;zg=(m1*z1[0]+m2*z2[0])/m12;
  FF1=fopen(F1,"w");
  for(i=1;i<nn-1;i++){ tm=i*dt; xg0=xg; yg0=yg; zg0=zg;
    xg=(m1*x1[i]+m2*x2[i])/m12;yg=(m1*y1[i]+m2*y2[i])/m12;zg=(m1*z1[i]+m2*z2[i])/m12;
```

訂正　行
133　11_　dt=**0.1** を **0.01**,
　　　14_　d=**0.01***dt を **0.1***dt,
　　　44_　**;** を行最後に移動.

```
  x1g=x1[i]-xg;y1g=y1[i]-yg;z1g=z1[i]-zg;x2g=x2[i]-xg;y2g=y2[i]-yg; z2g=z2[i]-zg;
  vxg=(xg-xg0)/dt; vyg=(yg-yg0)/dt; vzg=(zg-zg0)/dt;
  vx1=(x1[i]-x1[i-1])/dt; vy1=(y1[i]-y1[i-1])/dt; vz1=(z1[i]-z1[i-1])/dt;
  vx2=(x2[i]-x2[i-1])/dt; vy2=(y2[i]-y2[i-1])/dt; vz2=(z2[i]-z2[i-1])/dt;
     ii=m1*(x1g*x1g+y1g*y1g+z1g*z1g)+m2*(x2g*x2g+y2g*y2g+z2g*z2g);
     lgx=y1g*(vz1-vzg)-z1g*(vy1-vyg)+y2g*(vz2-vzg)-z2g*(vy2-vyg);
     lgy=z1g*(vx1-vxg)-x1g*(vz1-vzg)+z2g*(vx2-vxg)-x2g*(vz2-vzg);
     lgz=x1g*(vy1-vyg)-y1g*(vx1-vxg)+x2g*(vy2-vyg)-y2g*(vx2-vxg);
     ll=sqrt(lgx*lgx+lgy*lgy+lgz*lgz); ri=r[i]-r0;
     t1=0.5*m1*(vx1*vx1+vy1*vy1+vz1*vz1); t2=0.5*m2*(vx2*vx2+vy2*vy2+vz2*vz2);
     tt=t1+t2; uu=0.5*k*ri*ri;  ee=tt+uu;
  fprintf(FF1,"%8.4f %8.4f %8.4f %8.4f %8.4f %8.4f %8.4f %8.4f %8.4f ¥n",¥
                                          tm,ii,lgx,lgy,lgz,ll,tt,uu,ee);
  }
  fclose(FF1);
return;   /* Drawings are performed using a file "ILE" by "ILE.dem" */
}
```

------------------------------- s3d.dem -------------------------------

```
# gnuplot の gcc への組込は単純な場合に行う
set term windows size 500,400
set view equal xyz
set ticslevel 0
unset key
set xtics 0.5
set ytics 0.5
set ztics 0.5
set pointsize 0.1
splot "s3d" using 2:3:4 with points lt 7
replot "s3d" using 8:9:10 with points lt 3
pause -1 "Hit to continue"
splot "s3d" using 5:6:7 with points lt 6
replot "s3d" using 8:9:10 with points lt 3
pause -1 "Hit to continue"
splot  "s3d" using 2:3:4 with points lt 7
replot "s3d" using 5:6:7 with points lt 6
pause -1 "Hit to continue"
```

---------------------------------- ILE.dem ------------------------------------

```
#gnuplot easy processes for drawing
set term emf size 424,300
unset key
set output "ILE_I.emf"
set xlabel "Time   t  [s]"
set ylabel "Moment of inertia I [kg.m^2]"
plot "ILE" using 1:2 with lines lt -1
set output "ILE_L.emf"
set xlabel "time   t  [s]"
set ylabel "Angular momentum   L  [kg.m^2/s]"
set label 1 "Lx " at screen 0.6,0.3
set label 2 "Ly " at screen 0.6,0.6
set label 3 "Lz " at screen 0.6,0.8
set label 4 "L  " at screen 0.6,0.9
plot  "ILE" using 1:3 with lines lw 2
replot "ILE" using 1:4 with lines lw 2
replot "ILE" using 1:5 with lines lw 2
replot "ILE" using 1:6 with lines lw 2 lt -1
set output "ILE_E.emf"
set xlabel "time   t  [s]"
set ylabel "Energy    E   [J]"
reset
unset key
set xlabel "time   t  [s]"
set ylabel "Energy   E  [J]"
set label 1 "T " at screen 0.72,0.65
set label 2 "U " at screen 0.61,0.65
set label 3 "E " at screen 0.7,0.9
plot   "ILE" using 1:7 with lines lw 2
replot "ILE" using 1:8 with lines lw 2
replot "ILE" using 1:9 with points lt 7
```

㊻ /* abc */, # abc : コメント abc は, gcc では /* */ で挟み, gnuplot では # で行に挿入する.

㊼ ILE(+++) : 作業関数 ILE(+++)は Fortran ではサブルーチンと呼ぶ. C の場合 int main()の前に ILE(double[], +a+)で型(+a+)を付けて宣言し, main() の使用する場所で ILE(r,x1,+b+)として必要な直接の変数を(+b+)に指定する. main() の後に関数を void ILE(double r[], +c+) {+++}として指定し, 必要な直接の型と変数名を(+c+)に完全明記する. 作業は続く{++++}の中にプログラム

する．変数指定+a+は型だけ，+b+は実変数名だけ，+c+は型と変数名を完全明記する．作業関数は main() の中で変数名を変えて何回でも使用できて，同じ作業の繰り返しに対して有効である．

㊽ main() 関数の中と作業関数 aaa(+++) の中で用いる変数は指定した(+++) 以外は総て独立になる．共通に用いる変数や定数は int main() の前に指定する．但し演算を含む指定はできない．

㊾ gcc と gnuplot の分離は大きなプログラムでは普通に行われる．gnuplot の作業を gcc で記述すると簡単になることも有る．どうするかは見極めてから決める．

㊿ ¥: プログラムの行を変えて続ける場合は中断位置に¥を付けて改行する．

次ぎに 3D バネと重りの角運動量とエネルギーを解析する．この運動は重心の移動（等速直線運動）と，バネ振動と振動方向回転の３要素に分解される．１つの重りの軌跡は図 6.5(a)の様に複雑になるが，定義に基づき手順に解析すれば単純に求まる．n 番目の時刻を t_n，重心の位置を $\boldsymbol{r}_G$，重りの位置を $\boldsymbol{r}_1$，$\boldsymbol{r}_2$ とすれば，重心と重心の移動速度は

$$\boldsymbol{r}_G(t_n)=\frac{m_1\boldsymbol{r}_1(t_n)+m_2\boldsymbol{r}_2(t_n)}{m_1+m_2} \tag{⑦}$$

$$\boldsymbol{v}_G(t_n)=\frac{\Delta\boldsymbol{r}_G}{\Delta t}=\frac{\boldsymbol{r}_G(t_n)-\boldsymbol{r}_G(t_{n-1})}{t_n-t_{n-1}}\quad :\text{const} \tag{⑧}$$

となる．重り m_1 に関する速度ベクトルに対し重心との相対速度ベクトル

$$\boldsymbol{v}_1(t_n)=\frac{1}{\Delta t}\{\boldsymbol{r}_1(t_n)-\boldsymbol{r}_1(t_{n-1})\} \tag{⑨}$$

$$\boldsymbol{v}_{1G}=\boldsymbol{v}_1-\boldsymbol{v}_G \tag{⑩}$$

はバネの長さ方向と直交する方向の成分を持つ．重り m_2 に関わる量は，添え字の 1，2 を交換して得られる．トルクは条件より $\boldsymbol{M}=0$ としたから，角運動量 $\boldsymbol{L}$

$$\boldsymbol{L}=\boldsymbol{r}_{1G}\times m_1\boldsymbol{v}_{1G}+\boldsymbol{r}_{2G}\times m_2\boldsymbol{v}_{2G}=I\omega\boldsymbol{l} \tag{⑪}$$

は不変である．(2) 慣性モーメント I は 2 体の質量だけなので重心回りに計算すれば

$$I=m_1r_{1G}^2+m_2r_{2G}^2 \tag{⑫}$$

となり，図 6.5(a)の様な変化を示す．角速度 ω は２つの重りとも等しく $\omega=\omega_1=\omega_2$ で，慣性モーメント I と相補的に変化する．(3) 角運動量の大きさ L は式⑪より

$$L=I\omega \tag{⑬}$$

となり，各方向成分とも図 6.5(b)の様に不変となる．(4) エネルギーE は

$$E=\frac{1}{2}m_1v_1^2+\frac{1}{2}m_2v_2^2+\frac{1}{2}k(r_{12}-r_0)^2 \tag{⑭}$$

で，角運動量と同じく図 6.5(c)の様に保存されることが示される．以下に，これらの図から理解できることをいくつか説明しておこう．

(I). 運動量 P の保存則は，図 6.4 の (a) (b) で重心の軌跡が等速直線運動を示していることで分かる．(II). 図 6.5 (a)の慣性モーメント I の変化は，図(c)の位置エネルギー U の変化に同期している．位置エネルギーはバネが最も縮んだ時と最も伸びた時に大きく成り，慣性モーメントはバネが最も縮んだ時が一番小さく，最も伸びた時が一番大きい．(III). 図 6.5 (b) では角運動量成分 L_x, L_y, L_z が保存され，全角運動量が保存されることが示される．ここに角速度が $\omega=L/I$ として求まる．(IV). 図 6.5(c) では，エネルギー E の保存則が運動 T と位置 U の 2 つの和として成り立つことが示される．しかしこの図では E が少し揺らいでいる．(V). 時間発展系を数値計算する場合，時間刻み Δt を大きくしてしまうと計算誤差が大きくなる．本計算では更に 1/5 の時間刻みで細かく計算すれば揺らぎは見えない．この様に数値計算では計算誤差の確認を常に行う必要が有り，保存則を用いて誤差の確認をする．(VI). 図(c) の運動エネルギー T は 0 にはならない．これは２つの重りがバネ振動とは別に，剛体の様な回転運動と並進運動のエネルギーの和を持つことを示している．系の重心に回転軸を設け，コマの様に等速回転させる状態に相当する．描画データは，作業関数 ILE(+b+) を先のプログラムに付け加えて計算する．この関数は main()の中の計算結果(+b+)を基に，データを計算し結果をファイル"ILE"に保存する．このファイルを用いて慣性モーメント I, 角運動量 L, エネルギー E を ILE.dem により描画する．大きな計算ではこの様に gcc と gnuplot を分離し，path の通る作業場所で実行する．

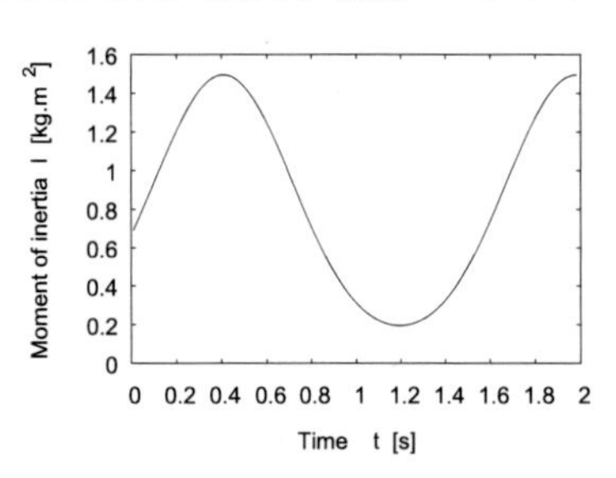

(a) 慣性モーメント I の変化

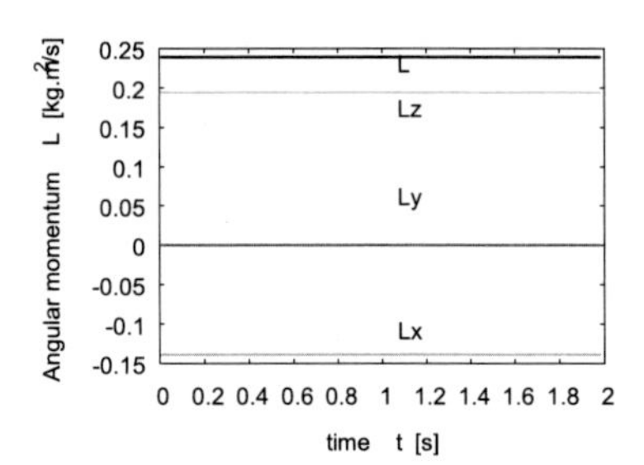

(b) 角運動量 $\boldsymbol{L}$ の保存則

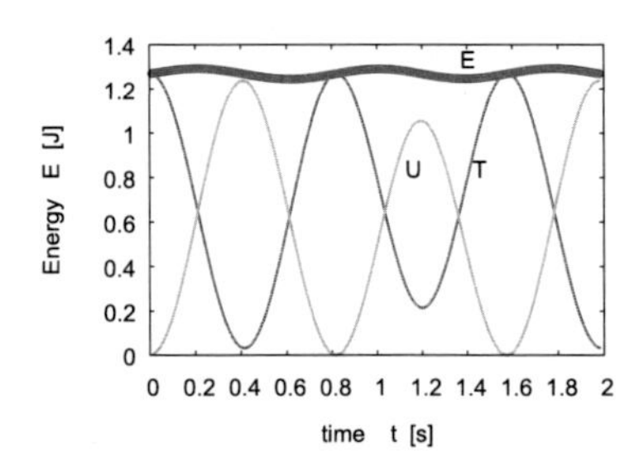

(c) エネルギー E の保存則

図 6.5　3D 2 体バネ振動
(a)I, (b)L, (c) E の時間発展

問 6. 1　例題 6.1 に於いて，式⑬により，角速度 ω を求め図示せよ．

◆ 4.　トルクと角運動量変化

系に回転の外力，トルク（力のモーメント），が働くとそのままに角運動量が変化する．この変化は大きく分けて次の３つの項から成る．

$$\boldsymbol{M} = \dot{\boldsymbol{L}} = \frac{d(I\omega \boldsymbol{l})}{dt} = \dot{I}\omega \boldsymbol{l} + I\dot{\omega}\boldsymbol{l} + I\omega\dot{\boldsymbol{l}} \qquad \text{Nm, kg.m}^2/\text{s}^2 \qquad (6.12)$$

第一項は**慣性モーメントの変化**，第二項は**角速度の変化**，第三項は**ベクトルの首振り変化**を表わす．慣性モーメントの変化は，フィギィアスケートの選手が手足を広げ回転を付けた後で，回転しながら体を伸び切るように細く縮めて行く様子に見ることができる．角速度の変化は自転車でペダルをこぐことと同じで，トルクによって車輪の回転速度が単純に変化する．回転軸の首振りはコマの首振り回転で理解することができよう．コマの首振りは，コマの地面との接点から重心にもたらされる重力による転ぶ偶力がトルクとなり，転ぶ回転力のベクトル方向に角運動量が変化を受けるのである．

◆ 5.　回転エネルギー

剛体は並進運動と回転運動を重ね合わせて運動する．**並進運動は重心の移動**（速度 $\boldsymbol{V}$）で表わし，**回転運動は重心を通る回転軸まわりの回転運動**（角速度 $\boldsymbol{\omega}$）で表わす．並進運動と回転運動の運動エネルギーは回転運動の速度ベクトルを $\boldsymbol{v}$ とすると

$$\begin{aligned} T &= \frac{1}{2}\int \rho(\boldsymbol{V}+\boldsymbol{v})^2 dV = \frac{1}{2}\int \rho(V^2 + 2\boldsymbol{V}\cdot\boldsymbol{v} + v^2)dV \\ &= \frac{1}{2}\int \rho dV\, V^2 - \boldsymbol{V}\cdot\int \rho \boldsymbol{r}\, dV \times \boldsymbol{l}\omega + \frac{1}{2}\int \rho r^2 dV \omega^2 \\ &= \frac{1}{2}MV^2 + \frac{1}{2}I\omega^2 \qquad \text{J} \qquad (6.13) \end{aligned}$$

となる．第２項目の積分は，重心を通る回転軸からの距離 $\boldsymbol{r}$ での質量重みベクトルの積分となり，重心の定義からゼロとなる．このように剛体の運動エネルギーは重心の並進運動エネルギーと重心まわりの回転運動エネルギーの単純和となる．

例題 6. 2　質量 1kg と 2kg の２つの物体が 0.5m の軽い棒でつながっている．1kg の物体から 0.2m 離れた所を 50N の力で水平に叩いた．力が棒に垂直にかかり 0.02 秒間働いたとすると，投げ終わった直後の系の運動量 P と角運動量 L，速度 v と角速度 ω はほぼいくらか．また運動エネルギーT はいくらか．

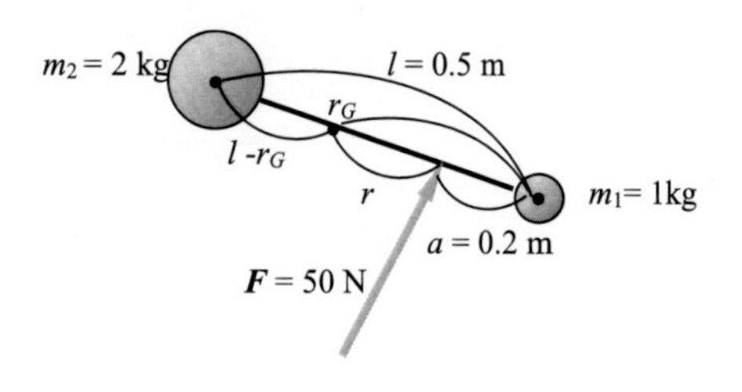

図 6.6　例題 6.2　剛体に働く力と運動

物体１からの剛体の重心の位置は

$$r_G = \frac{0 + m_2 l}{m_1 + m_2} = \frac{2 \times 0.5}{2 + 1} = \frac{1}{3} \qquad ①$$

で，力の加わる場所の重心からの距離は

$$r = r_G - a = \frac{1}{3} - \frac{1}{5} = \frac{2}{15} = 0.13\dot{3} \qquad ②$$

となる．1kg の物体の 50N での 0.02 秒間の移動距離は

$$\Delta x = \frac{1}{2}\alpha \Delta t^2 = \frac{1}{2} 50 \times 0.02^2 = 0.01 \qquad ③$$

で回転半径に対して 1/13 以下となり，外力の加わり方で重心位置からの方向距離はほぼ一定とみなせる．運動量はと速度は

$$P = \int_0^{0.02} F dt = [Ft]^{0.02} = 50 \times 0.02 = 1 \qquad ④$$

$$V = P / M = \frac{1}{3} \qquad ⑤$$

となる．角運動量は

$$L = \int N\,dt = \int_0^{0.02} r\,F\,dt = [r\,F\,t]^{0.02} = \frac{2}{15} \times 50 \times 0.02 = \frac{2}{15} \qquad ⑥$$

で，角速度は

$$\boldsymbol{L} = I\omega \boldsymbol{l} \qquad ⑦$$

$$I = \sum_i m_i r_i^2 = m_2 (l - r_G)^2 + m_1 r_G^2 = 2 \times (\frac{1}{2} - \frac{1}{3})^2 + \frac{1}{3^2} = \frac{1}{6} \qquad ⑧$$

$$\omega = \frac{L}{I} = 6 \times \frac{2}{15} = \frac{12}{15} = \frac{4}{5} \qquad ⑨$$

となる．エネルギーは並進運動エネルギーと回転運動エネルギーの和として表わされ

$$E = \frac{1}{2} M V^2 + \frac{1}{2}(m_1 r_1^2 + m_2 r_2^2)\omega^2 = \frac{1}{2}[3 \times \frac{1}{3^2} + \frac{1}{6}(\frac{4}{5})^2] = \frac{1}{6}(1 + \frac{8}{25}) = \frac{1}{6} \times \frac{33}{25} = \frac{11}{50} \quad \mathrm{J} \qquad ⑩$$

となる．これより力の働いている時間の実際の移動距離は

$$s = \frac{E}{F} = \frac{1}{50} \times \frac{11}{50} = 4.4 \times 10^{-3} \quad \mathrm{m} \qquad ⑪$$

であることが分かる．

例題 6. 3　下図の様に半径 a，質量 M，慣性モーメント I の一様な円形体が，角度 θ の斜面上を滑らずに回転している．(1) エネルギーの式，(2) 静止状態から斜面を長さ l だけ転がった時の速さ v と回転速度 ω, (3) 時間 t の並進エネルギー T_P と回転エネルギー T_R を求めよ．

(1)　エネルギーは並進と回転の運動エネルギーが位置エネルギーからもたらされるから

$$\frac{1}{2}Mv^2+\frac{1}{2}I\omega^2=Mgh=Mgl\sin\theta \qquad ①$$

となる．円周の回転速度（接地速度）が重心の移動速度に等しく，斜面方向に x 軸を取れば

$$v=\dot{x}=a\omega \qquad ②$$

となり，(2) 重心の移動速度と角速度として

$$v^2+I\frac{v^2}{Ma^2}=2gl\sin\theta$$

$$v=\sqrt{\frac{2gl\sin\theta}{1+I/Ma^2}} \qquad \text{m/s} \qquad ③$$

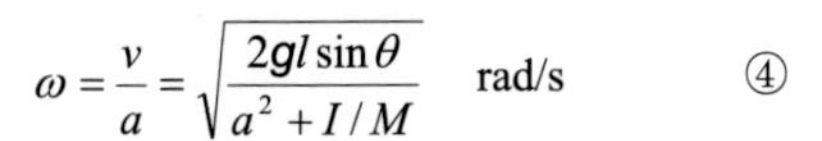

$$\omega=\frac{v}{a}=\sqrt{\frac{2gl\sin\theta}{a^2+I/M}} \qquad \text{rad/s} \qquad ④$$

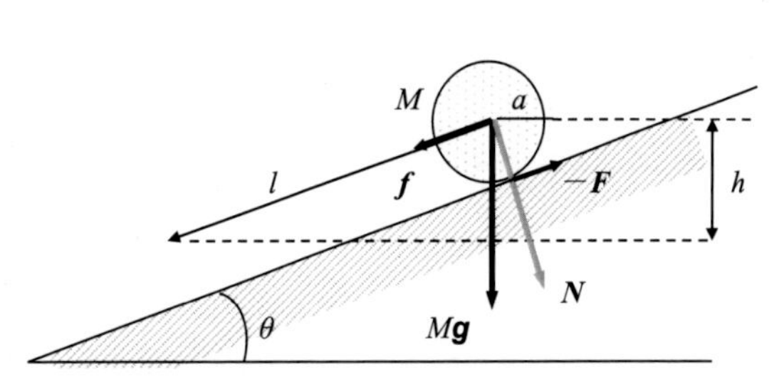

図 6.7　例題 6.3 円形体の斜面の転がり

なる式が得られる．ここで式②を時間微分すれば重心の加速度

$$\ddot{x}=a\dot{\omega} \qquad \text{m/s}^2 \qquad ⑤$$

が求まる．重心に働く並進力 $\boldsymbol{f}$ は重力 $M\boldsymbol{g}$ の x 方向成分と摩擦抗力 $\boldsymbol{F}$ の和で

$$M\ddot{x}=Mg\sin\theta-F \qquad \text{N} \qquad ⑥$$

となる．また転がり運動に関しては，摩擦抗力 F が円形体の角運動量を変えるトルク $\boldsymbol{M_F}$

$$\boldsymbol{M_F}=I\,\dot{\omega}\,l=a\,F\,l \qquad \text{N.m} \qquad ⑦$$

を生み出す．これらの結果から式⑤⑥を用いて $\ddot{x}$ と $\dot{\omega}$ を消去すれば

$$M\frac{a^2}{I}F=Mg\sin\theta-F \qquad ⑧$$

$$F=\frac{Mg\sin\theta}{1+Ma^2/I} \qquad ⑨$$

$$\ddot{x}=\frac{a^2}{I}F=\frac{g\sin\theta}{1+I/Ma^2} \qquad ⑩$$

なる関係が導かれる．移動距離と時間の関係は

$$\frac{1}{2}\ddot{x}t^2=l \qquad ⑪$$

$$t=\sqrt{\frac{2l}{\ddot{x}}}=\sqrt{\frac{2l(1+I/Ma^2)}{g\sin\theta}} \quad \text{s} \qquad ⑫$$

となる．(3) 並進と回転の運動エネルギーを計算する．

$$T_1=\frac{1}{2}Mv^2=\frac{Mgl\sin\theta}{1+I/Ma^2} \quad \text{J} \qquad ⑬$$

$$T_2=\frac{1}{2}I\omega^2=\frac{Mgl\sin\theta}{1+Ma^2/I} \qquad ⑭$$

となる．結局これらは

$$\begin{aligned}T_1+T_2&=Mgl\sin\theta\left(\frac{1}{1+I/Ma^2}+\frac{I/Ma^2}{1+I/Ma^2}\right)\\&=Mgl\sin\theta\end{aligned} \qquad ⑮$$

なる結果を満たす．

問 6. 2　摩擦係数 μ 角度 θ の斜面を，半径 a 質量 M 慣性モーメント I の円形の物体が転げ落ちるとき，①摩擦力 F，②重心加速度，③滑らない条件（角度）を求めよ．

問 6. 3　質量が 6kg で半径 0.3 m の丸い物体が 30° の斜面をすべらずに転がって 1 m 移動した．並進運動エネルギーが回転運動エネルギーの 2 倍であったとすると，慣性モーメントとそれぞれのエネルギーはいくらか．

6. 2　慣性モーメントのいろいろ

剛体は色々な形状で千差万別に存在する．回転軸もあえて重心を通る必要は無く，回転体の慣性モーメントは様々な値を持つ．しかしその中には幾つかの単純な関係が存在し，幾つかの基本形状についての結果を知ることで，どんな形状でもおよその値は見当がつくようになる．

◆ 1.　回転体の慣性モーメント

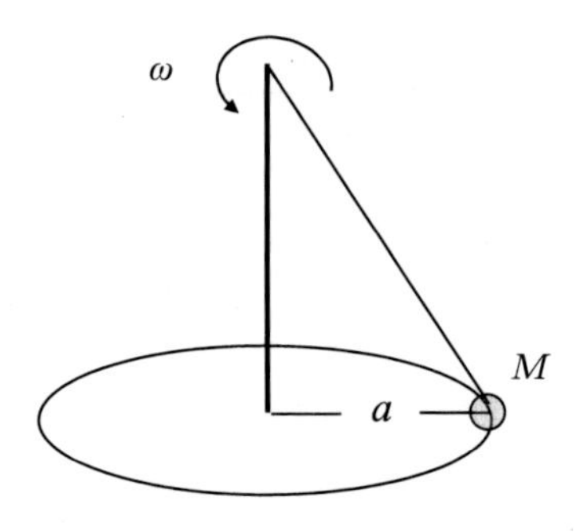

図 6.8 回転体の慣性モーメント

質量 M [kg m^2] の物体が回転軸の周りに何らかの形で半径 a [m] の円軌道に束縛される時，慣性モーメント I [kg m^2] は定義より次式で与えられる．

$$I = M a^2 . \qquad \text{Kg.m}^2 \qquad (6.14)$$

◆ 2.　細い棒の慣性モーメント

質量 M 長さ a の細い棒で，先端に回転軸を設けた時の慣性モーメント I は式(6.11)より次式で与えられる．

$$M = \sigma a , \qquad (6.15)$$

$$I = \rho \int \boldsymbol{r}^2 \, dV = \sigma \int_0^a x^2 \, dx = \sigma [\frac{x^3}{3}]_0^a = \frac{1}{3} M a^2 . \qquad (6.16)$$

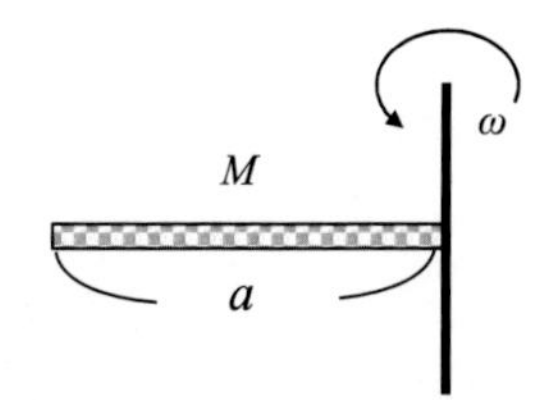

図 6.9　細い棒の慣性モーメント

◆ 3.　円盤の慣性モーメント

回転体で最も基本的で安定した形状は円盤と言えよう．定義式(6.11)に従って円盤の重心を通る面に垂直な回転軸での慣性モーメントを計算してみよう．これは，半径 r の部分のモーメントが σr^2 で一定だから，半径 a　面密度 σ　質量 M を用いて

$$M = \int \sigma \, dS = \int_0^a \sigma 2\pi r \, dr = \sigma \pi a^2 \qquad (6.17)$$

$$\begin{aligned} I_z &= \int \sigma r^2 dS = \int_0^a \sigma r^2 2\pi r \, dr = 2\pi\sigma \int_0^a r^3 \, dr \\ &= 2\pi\sigma [\frac{r^4}{4}]_0^a = \frac{\pi\sigma}{2} a^4 \\ &= \frac{1}{2} M a^2 \end{aligned} \qquad (6.18)$$

の様に計算される．さて円盤を回転させるのに，面に垂直な回転軸だけが回転体となる分けではない．ここで面に水平で重心を通る y 軸を回転軸にした慣性モーメントを考えてみよう．

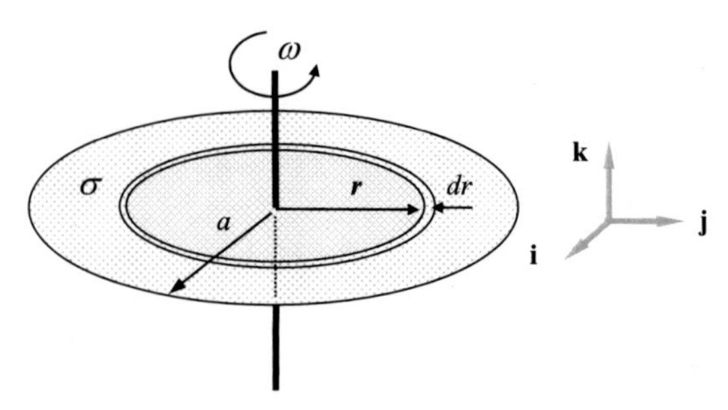

図 6.10　円盤の重心を通る垂直軸の慣性モーメント

円盤の x 位置の線分の部分慣性モーメントを積分して

$$I_y = 2\int_{-a}^{a}\int_{0}^{y} \rho x^2 dxdy = 2\rho\int_{-a}^{a} x^2\sqrt{a^2 - x^2}\,dx$$

$$= 4\rho[\frac{x}{8}(2x^2 - a^2)\sqrt{a^2 - x^2} + \frac{a^4}{8}\sin^{-1}\frac{x}{a}]_0^a \tag{6.19}$$

を得る．これを計算すると

$$I_y = 4\frac{\sigma a^4}{8}\frac{\pi}{2} = \frac{1}{4}M\,a^2 \tag{6.20}$$

なる値となる．

◆ 4.　直交軸の定理

さて図 6.10 と図 6.11 を見ながら計算をやり直してみよう．z 軸まわりの慣性モーメントは

$$\begin{aligned} I_z &= \int \sigma r^2 dS = \iint \sigma \boldsymbol{r}^2 dxdy = \iint \sigma (x\mathbf{i} + y\mathbf{j})^2 dxdy \\ &= \iint \sigma (x^2 + y^2)\,dxdy = \iint \sigma x^2\,dxdy + \iint \sigma y^2\,dxdy \\ &= I_y + I_x = \frac{1}{2}M\,a^2 \end{aligned} \tag{6.21}$$

と書き直すことができる．回転軸からの距離の２乗 r^2 が位置ベクトルの２乗 $\boldsymbol{r}^2$ で表すことができる．これを，**直交する座標成分のベクトル和の２乗で計算すれば，それぞれの成分ごとの慣性モーメントの和**となる．この結果を**直交軸の定理**という．円盤の場合，直交軸の定理を用いると，x 軸 y 軸とも同じ形状であるから

$$I_x = I_y = \frac{1}{2}I_z = \frac{1}{4}M\,a^2 \tag{6.22}$$

なる結果を容易に得ることができる．

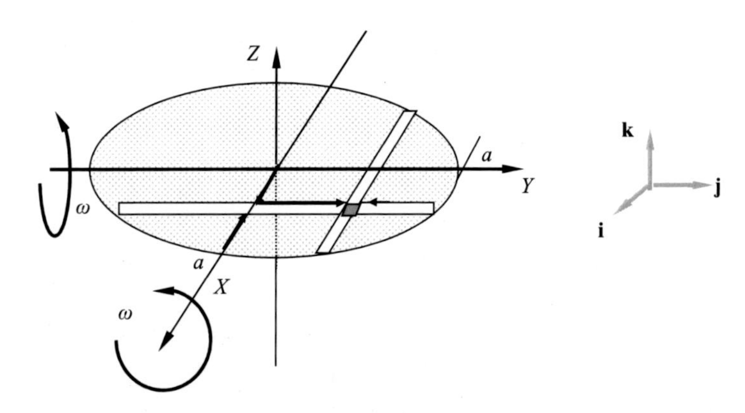

図 6.11　円盤のｙ軸回転の慣性モーメント

◆ 5.　平行軸の定理

さて円盤の重心から $\boldsymbol{h}$ だけずれた位置に回転軸が有ったとしよう．この場合の慣性モーメントは，面積部分を回転軸からの位置ベクトルで $\boldsymbol{R}$，重心からの位置ベクトルで $\boldsymbol{r}$ とすると

$$
\begin{aligned}
I_h &= \int \sigma \boldsymbol{R}^2 dS = \int \sigma (\boldsymbol{r} + \boldsymbol{h})^2 dS \\
&= \int \sigma r^2 dS + 2\int \sigma \boldsymbol{r}\, dS \cdot \boldsymbol{h} + \int \sigma h^2 dS
\end{aligned}
\tag{6.23}
$$

で与えられる．このとき第２項目の質量位置ベクトルの積分は，重心を求める計算となり，重

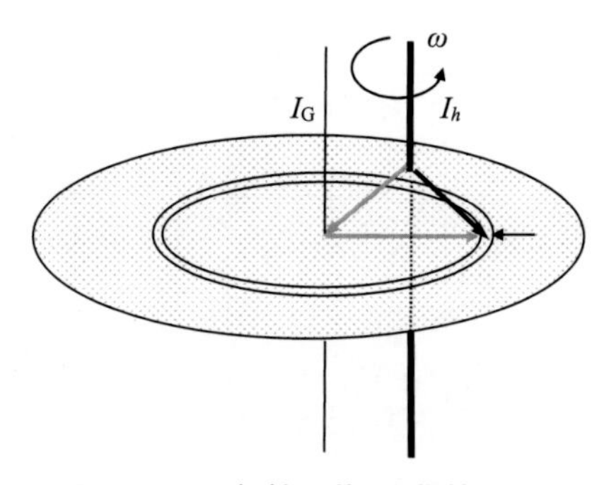

図 6.12　回転軸のずれと慣性モーメント

心からの計算では 0 となる．よって

$$
I_h = \int \sigma r^2 dS + \int \sigma h^2 dS = I_G + M h^2 \tag{6.24}
$$

なる結果が得られる．この結果は，**重心を通る回転軸の慣性モーメントを I_G とするとき，h だけ平行に離れた回転軸での慣性モーメントは I_G に Mh^2 を加えた値になる**ことを示す．これを**平行軸の定理**と言う．

問 6.4　質量 M kg，縦 a 横 b m の四角形の板がある．重心を原点として x-y 平面上に置かれているとき， z 軸まわりの慣性モーメントが次式となることを示せ．

$$I_z = \frac{M}{12}(a^2 + b^2)$$

問 6.5　長さ l m 質量 M kg の細長い棒がある．鉛直な回転軸に一端を引っかけて回転させたところ回転軸から 30° の角度で回転するようになった．慣性モーメントはいくらか．角速度はいくらか．

問 6.6　質量 M= 2 kg，長さ a= 0.1 m の正方形の板の角に 1 m のひもを付けて振り回した．最大の慣性モーメント I_M を求めよ．毎秒 1 回転 ν=1 s^{-1} でのエネルギー E はいくらか．

問 6.7　質量 M = 1000 kg 半径 r = 0.5 m の円盤が回転軸を水平にしてモーターと繋がっている．1 kWh（ｷﾛﾜｯﾄｱﾜｰ）の発電能力を持つとき回転速度 ω は毎分何回転 rpm か．

◆ 6.　色々な慣性モーメント

色々な形状の慣性モーメントを計算しておくことで，見た目でおよその慣性モーメントが把握できるようになる．例えば円柱で３次元的に回転軸を変えた場合はどうなるのか．ここに円柱の (1) 円の中心を通る回転軸，(2) 側面に有る回転軸，(3) 円柱の円断面に有る回転軸について，それぞれの慣性モーメントを求めてみる．

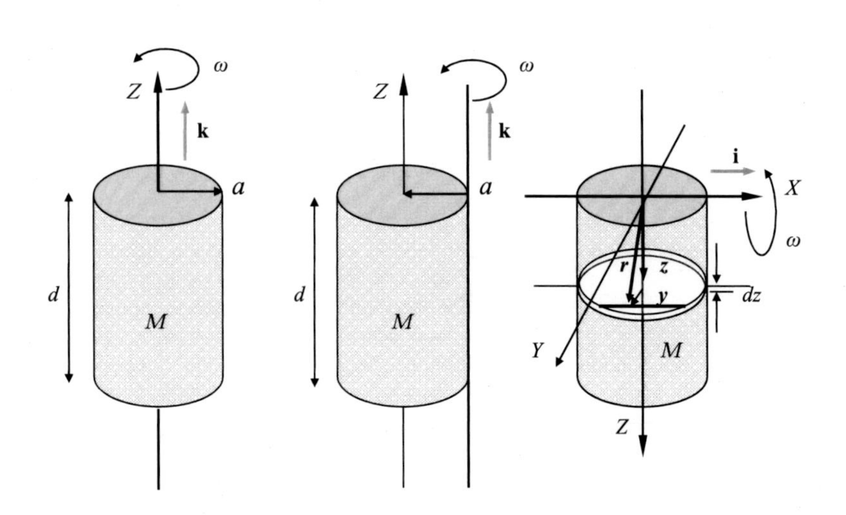

(1)　z 軸の回転軸　　(2) 側面に接した回転軸　　(3) x 軸の回転軸

図 6.13　円筒の慣性モーメントのいろいろ

(1) 重心を通る Z 軸を回転軸とした慣性モーメントを計算してみよう．密度を ρ 質量 M 長さ d 半径を a とすれば，円盤の慣性モーメントの計算を参考にして次式を得る．

$$M = \iiint \rho\, dxdydz = \rho\pi a^2 d \qquad \text{kg} \tag{6.25}$$

$$\begin{aligned} I_z &= \iiint \rho \mathbf{r}^2\, dxdydz = \int \rho\, dz \iint r^2 dxdy \\ &= \rho d \int_0^a 2\pi r^3 dr = 2\pi\rho d[\frac{r^4}{4}]_0^a = \frac{1}{2}\rho\pi a^4 d \\ &= \frac{1}{2} M a^2 . \qquad \text{kg.m}^2 \end{aligned} \tag{6.26}$$

(2)　Z 軸に平行で側面に接する回転軸での慣性モーメントは平行軸の定理を適用して

$$I_a = I_z + M a^2 = \frac{3}{2} M a^2 \tag{6.27}$$

となる．

(3) 上円形表面の中心を通る表面内の直線（x 軸）を回転軸とした慣性モーメントは次のように計算する．まず回転軸から z だけ離れた厚さ dz の円盤に注目しその慣性モーメントを計算する．円盤の回転軸からの位置ベクトルを

$$\mathbf{r} = y\mathbf{j} + z\mathbf{k} \tag{6.28}$$

とおく．これより $\mathbf{j}\cdot\mathbf{k} = 0$ なる関係を使えば(6.21)の結果を用いて

$$\begin{aligned} dI_x(z)/dz &= \iint \rho \mathbf{r}^2 dxdy = \iint \rho (y\mathbf{j} + z\mathbf{k})^2 dxdy \\ &= \iint \rho y^2 dxdy + \iint \rho z^2 dxdy \\ &= \frac{1}{4}\rho\pi a^4 + \rho\pi a^2 z^2 \end{aligned} \tag{6.29}$$

となる．第一項は円盤の結果(6.22)式を用いた．z 方向にこれを積分すれば

$$\begin{aligned} I_x &= \int dI_x = \int I_x(z) dz = \int (\frac{1}{4}\rho\pi a^4 + \rho\pi a^2 z^2) dz \\ &= \frac{1}{4}\rho\pi a^4 [z]_0^d + \rho\pi a^2 [\frac{z^3}{3}]_0^d \\ &= \frac{1}{4}\rho\pi a^4 d + \frac{1}{3}\rho\pi a^2 d^3 \\ &= \frac{1}{4} M a^2 + \frac{1}{3} M d^2 \end{aligned} \tag{6.30}$$

を得る．

例題 6.4　質量 M 半径 a の球殻と一様に中の詰まった球の慣性モーメントを求めよ．

ボールの殆どがそうであるように，球殻の形をした物体は数多い．こうした慣性モーメントを計算してみよう．半径 a の球殻として質量は密度を σ として

$$M = \int \sigma\, dS = 4\pi a^2 \sigma \qquad ①$$

となる．この重心を通る回転軸まわりの慣性モーメントは $r = a\cos\theta$ として

$$I = \int \sigma r^2 dS = \int \sigma r^2 2\pi r\, a d\theta$$

$$= 2\pi\sigma a^4 \int_{-\frac{\pi}{2}}^{\frac{\pi}{2}} \cos^3\theta\, d\theta$$

$$= 4\pi\sigma a^4 \int_0^{\frac{\pi}{2}} (1-\sin^2\theta)\cos\theta\, d\theta$$

$$= 4\pi\sigma a^4 [\sin\theta - \frac{1}{3}\sin^3\theta]_0^{\frac{\pi}{2}} \qquad ②$$

$$= \frac{8}{3}\pi\sigma a^4 = \frac{2}{3} M a^2$$

となる．

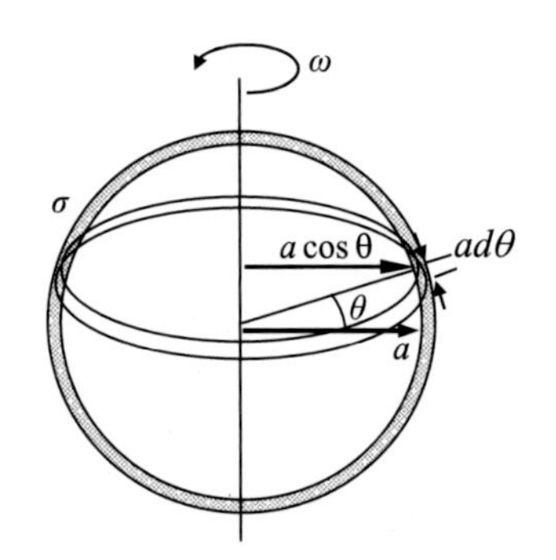

図 6.14　例題 6.4
球殻の慣性モーメント

次に一様な密度 ρ の中身の詰まった質量 M の球について計算してみよう．a を r として球殻の値を 0 から a まで積分すれば良いから．

$$M = \int \rho\, dV = \frac{4}{3}\pi\rho a^3 \qquad ③$$

$$I = \int \rho r^2 dV = \frac{8}{3}\pi\rho \int_0^a r^4 dr = \frac{8}{3}\pi\rho [\frac{r^5}{5}]_0^a$$

$$= \frac{8}{15}\pi\rho a^5 = \frac{2}{5} M a^2 \qquad ④$$

となる．

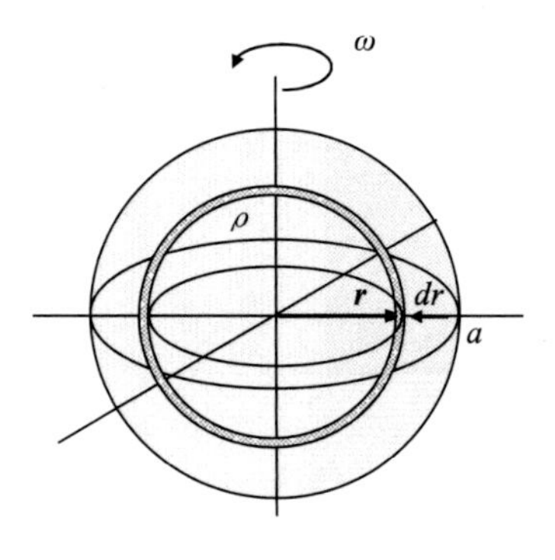

図 6.15　例題 6.4
充填球の慣性モーメン

問 6.8　質量 M 半径 a の半球がある．重心を通り断面に垂直な回転軸と，断面に平行で真ん中を通る回転軸まわりの慣性モーメント I をそれぞれ求めよ．

問 6.9　高さ h，底面の半径 a，質量 M の円錐の頂点と重心を通る回転軸まわり慣性モーメント I を求めよ．

6.3　剛体の運動

剛体の運動も質点系の運動と似たように扱われるが，角運動量の変化としてトルク方程式が新たに必要になる．外力の働かない系ではエネルギー，運動量，角運動量に関する３つの保存則が成立する．**外力が働く場合に保存則が破られ，系は外力の働く通りに変化する．**

◆ 1.　剛体の衝突と運動

剛体同士が衝突して運動量のやり取りをしたとする. 衝突には作用反作用の相互作用による力積が生まれ運動量がやり取りされる．力，力積，運動量の一連の方程式は

$$\boldsymbol{F}_1 + \boldsymbol{F}_2 = 0 \qquad \text{N, kg.m/s}^2 \qquad (6.31)$$

$$\int_{\Delta t} \boldsymbol{F}_1 dt + \int_{\Delta t} \boldsymbol{F}_2 dt = 0 \qquad \text{Ns, kg.m/s} \qquad (6.32)$$

$$\boldsymbol{P}_1 + \boldsymbol{P}_2 = 0 \qquad \text{kg.m/s} \qquad (6.33)$$

の様になる．これは剛体同士の衝突が起きても総運動量が保存されることを示す．今，片方の運動だけに着目し運動量の発生がごく短時間であったとしよう．これは物を「叩く」「打つ」とか，物体が「衝突する」などのように言い表される．野球で，ピッチャーの投げたボールを打者が打ってホームランになったとしよう．ここでバットだけに着目すると，P92 図６．２の様な関係が成り立つことが分かる．この**瞬時の衝撃力は力積と**呼ばれ，やり取りする運動量を表わす.

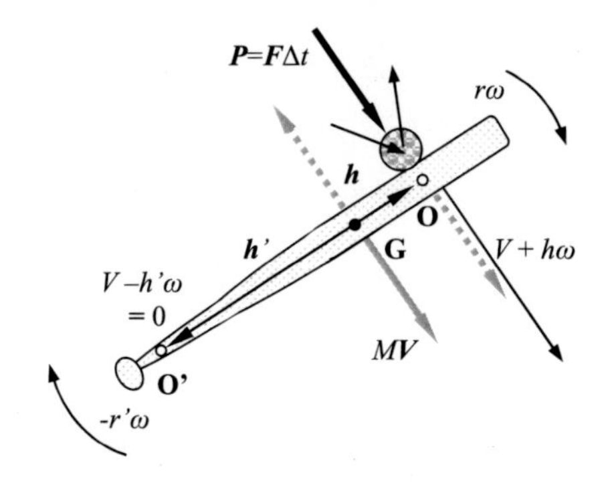

図 6.16　力積のもたらす剛体の回転と移動

ボールの当たったバットの位置を O 点とし，重心位置を G 点としてバットの運動を考えてみよう．図 6.16 の破線ベクトルは偶力（力のモーメント）により角運動量の生じた様子を表わし，G 点のベクトルはバットの運動量を表わす．バットにもたらされた運動量が $\boldsymbol{P}$ であったとすると質量 M のバットの並進運動の速度は

$$\boldsymbol{V} = \boldsymbol{P} / M \qquad \text{m/s} \qquad (6.34)$$

となり，慣性モーメントが I であれば角運動量と角速度は

$$I = M\,k_G^2 \qquad \text{kg.m}^2 \qquad (6.35)$$

$$\boldsymbol{L} = \boldsymbol{h} \times \boldsymbol{P} = hP\boldsymbol{l} = I\omega\,\boldsymbol{l}, \qquad \text{kg.m}^2\text{/s} \qquad (6.36)$$

$$\omega = \frac{hP}{I} \qquad \text{rad/s} \tag{6.37}$$

となる．ここで k_G^2 は剛体の重心を通る回転軸まわりにおける質量分布の距離の２乗平均で慣性モーメントを代表する．今並進運動と回転運動のベクトルの重ね合わせがバットの O 点で衝撃を受けた時に速度が 0 となる場所 O’を探してみよう．この結果は

$$V - h'\omega = 0$$

$$\frac{P}{M} = h'\frac{hP}{M\,k_G^2} \tag{6.38}$$

$$\rightarrow \quad hh' = k_G^2,\ h' = \frac{k_G^2}{h} \tag{6.39}$$

となる. この衝撃の無い場所 **O’点を O 点に対する打撃の中心**と言う. ホームラン打者は, バットのグリップ位置に対し, 常々この打撃の中心の関係を保つように打点を調整して打っているのである.

例題 6.5 質量 m=1 kg 速さ v=1 m/s のボールが，静止している質量 $M=am$ 慣性モーメント $I = Mk_G^2$ 長さ d=1m の棒に，重心から h の所で弾性衝突した．衝突後のボールの速さを v'，棒の運動量 $P=MV$，角運動量 $L=I\omega$ をとする．a と h をパラメータにして数値解析し図示せよ．

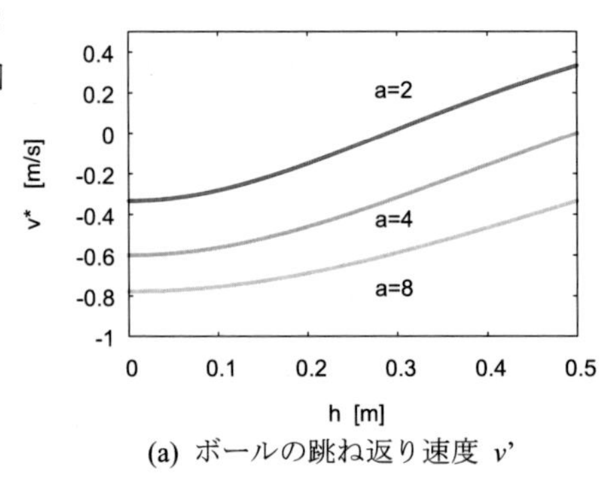

(a) ボールの跳ね返り速度 v'

運動量とエネルギーの保存則から v'を負として

$$p = mv = mv' + MV \quad ①$$

$$E = \frac{1}{2}mv^2 = \frac{1}{2}mv'^2 + \frac{1}{2}MV^2 + \frac{1}{2}I\omega^2 \quad ②$$

なる関係を得る．衝突後の棒の運動量と角運動量は

$$P = MV = m(v - v') = amV$$

$$\rightarrow \quad V = \frac{1}{a}(v - v') \quad ③$$

$$L = I\omega = hMV \rightarrow \quad k_G^2\omega = hV \quad ④$$

である．従って角速度

$$\omega = \frac{hV}{k_G^2} = \frac{h}{ak_G^2}(v - v') \quad ⑤$$

を式②に代入すると跳ね返ったボールの速さ

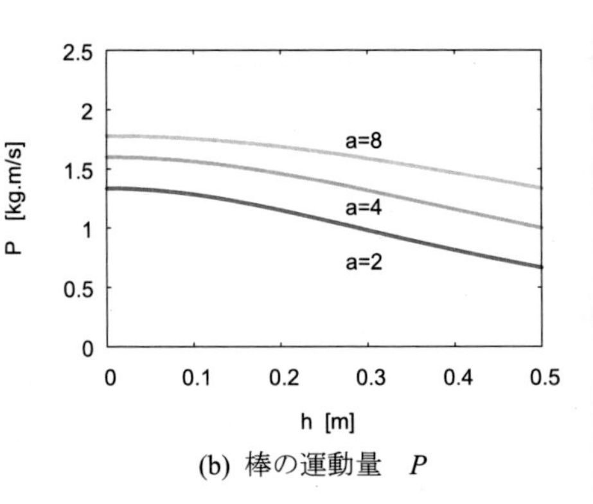

(b) 棒の運動量 P

$$v^2 = v'^2 + \frac{1}{a}(v - v')^2 + \frac{h^2}{ak_G^2}(v - v')^2 \quad ⑥$$

$$v' = -\frac{(a-1)k_G^2 - h^2}{(a+1)k_G^2 + h^2}v \quad ⑦$$

が求まる．棒の運動量と角運動量はボールの跳ね返りの速度差を

$$v - v' = \frac{2ak_G^2}{(a+1)k_G^2 + h^2}v \quad ⑧$$

と置いて

$$P = amV = m(v - v') \quad ⑨$$

$$L = I\omega = amhV = mh(v - v') \quad ⑩$$

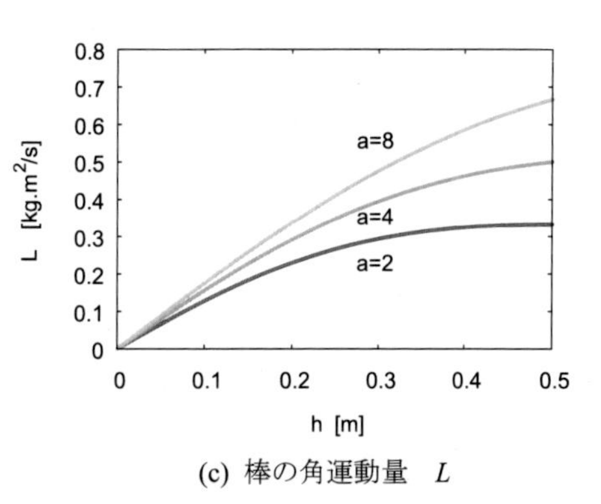

(c) 棒の角運動量　L

図 6.17　例題 6.5　ボールの衝突による棒の運動量と角運動量変化

と求まる．細い棒で $k_G^2 = d^2/12$ と置き a=2, 4, 8 の場合で v', P, L を h をパラメータにして調べてみると図 6.17 の様になる．gnuplot のプログラムを ballhit.dem に記述する．

---------------------------------- BallHit.dem--------------------------------------

```
unset key
set term emf size 428,300
set xlabel " h  [m]"
set output "f6_17v.emf"
v2(x)=-((2.-1.)/12-x*x)/((2.+1.)/12+x*x)
v4(x)=-((4.-1.)/12-x*x)/((4.+1.)/12+x*x)
v8(x)=-((8.-1.)/12-x*x)/((8.+1.)/12+x*x)
set ylabel " v*   [m/s] "
set label 1 "a=8" at screen 0.6,0.34
set label 2 "a=4" at screen 0.6,0.5
set label 3 "a=2" at screen 0.6,0.8
plot [0:0.5] [-1:0.5] v2(x) lw 3
replot v4(x) lw 3
replot v8(x) lw 3
set output "f6_17P.emf"
p2(x)=(2.*2./12.)/((2.+1.)/12.+x*x)
p4(x)=(2.*4./12.)/((4.+1.)/12.+x*x)
p8(x)=(2.*8./12.)/((8.+1.)/12.+x*x)
set ylabel " P   [kg.m/s] "
set label 1 "a=8" at screen 0.6,0.72
set label 2 "a=4" at screen 0.6,0.56
set label 3 "a=2" at screen 0.6,0.43
plot [0:0.5] [0:2.5] p2(x) lw 3
replot  p4(x) lw 3
replot  p8(x) lw 3
set output "f6_17L.emf"
l2(x)=(2.*2./12.)*x/((2.+1.)/12.+x*x)
l4(x)=(2.*4./12.)*x/((4.+1.)/12.+x*x)
l8(x)=(2.*8./12.)*x/((8.+1.)/12.+x*x)
set ylabel " L   [kg.m^2/s] "
set label 1 "a=8" at screen 0.6,0.72
set label 2 "a=4" at screen 0.6,0.54
set label 3 "a=2" at screen 0.6,0.43
plot [0:0.5] [0:0.8] l2(x) lw 3
replot  l4(x) lw 3
replot  l8(x) lw 3
```

問 6.10　一端から長さの 1/3 の所に重心の有る先の太くなった長さ l 質量 M の棒がある．太い方の端から 1/4 のところで杭を打つとして，他方の端のどこを握れば良いか．棒の重心まわりの慣性モーメントは $Ml^2/16$ とする．

問 6.11　質量 m=0.5 kg，時速 v=100 km/h の速さの球が，静止している長さ l=1m 質量 M=2 kg の均一な棒で重心から h =0.2 m の所に当たり弾性衝突して真っ直ぐ跳ね返った．衝突中の棒の回転中心はどこか．衝突後の球と棒の速度 v'，V を求めよ．

問 6.12　問 6.11 で衝突後の棒の運動量 P，角運動量 L，各エネルギーはいくらか．

◆ 2.　剛体振り子

図 6.18 の様に，剛体の勝手な所に回転軸を設け振り子にしてみよう．剛体の重心まわりの慣性モーメントを前例にならって

$$I_G = m k_G^2 \tag{6.40}$$

とし，トルクの働く回転運動を考えてみる．角度 θ の回転方向を正の回転にとり，単位ベクトルを $\boldsymbol{l}$ とすると，この振り子の角運動量変化（トルク方程式）は角速度変化のみで次式となる．

$$\boldsymbol{L} = I\omega \boldsymbol{l} = I\dot{\theta} \boldsymbol{l} \quad \text{kg.m}^2\text{/s} \tag{6.41}$$

$$\begin{aligned}\boldsymbol{M} &= \dot{\boldsymbol{L}} = I\dot{\omega} \boldsymbol{l} = \boldsymbol{h} \times m\boldsymbol{g} \\ &= -hm g \sin\theta \boldsymbol{l} \cong -hmg\,\theta \boldsymbol{l}\end{aligned} \quad \text{N.m} \tag{6.42}$$

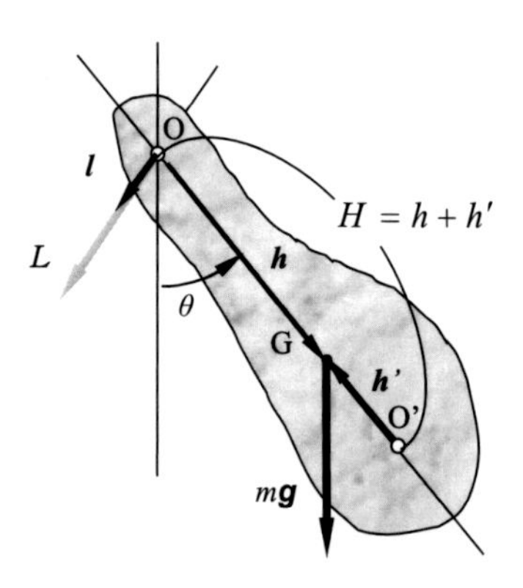

図 6.18　剛体振り子，可逆振り子

これより小さな角度での角速度変化として

$$I\ddot{\theta} = -hmg \sin\theta \cong -hmg\,\theta \quad \text{kg.m}^2\text{/s}^2 \tag{6.43}$$

$$\ddot{\theta} \cong -\frac{hmg\,\theta}{I} = \frac{h\,g}{k_G^2 + h^2}\theta \quad \text{rad/s}^2 \tag{6.44}$$

なる運動方程式が導かれる．I の計算には平行軸の定理を用いた．ここである長さとして

$$H = \frac{I}{mh} = \frac{k_G^2 + h^2}{h} \quad \text{m} \tag{6.45}$$

と置いてみよう．この式は h に対して 2 次方程式となり二つの解 h_1, h_2 の存在を示唆する．

$$h^2 - hH + k_G^2 = 0\,, \tag{6.46}$$

$$\begin{aligned} H &= h_1 + h_2 \\ k_G^2 &= h_1 h_2 \end{aligned} \,. \tag{6.47}$$

この H を用いれば，4 章 3 節 2（振り子の振動）で示したように，振幅 θ_0 が小さな振動のとき

$$\theta = \theta_0 \sin(\omega t + \delta) \tag{6.48}$$

と書けて，角速度と周期に対し次なる結果を得る．

$$\omega = \sqrt{\frac{g}{H}} \ \text{rad/s}, \qquad \tau = 2\pi\sqrt{\frac{H}{g}} \ \text{s} \tag{6.49}$$

今この剛体振り子で，支点Oから重心Gの反対側に新たに支点O'を設け，可逆振り子にしたとしよう．周期が同じであるとすると，Hが同じでその重心からの位置 h' は

$$H = h + h' = \frac{I'}{mh'} = \frac{k_G^2 + h'^2}{h'} = \frac{k_G^2 + h^2}{h} \tag{6.50}$$

なる関係を満たす．これは，h, h'が先の２次方程式の２つの解であることを意味し，

$$h(k_G^2 + h'^2) = h'(k_G^2 + h^2) \tag{6.51}$$

$$\begin{aligned} (h - h')k_G^2 &= hh'(h - h') \\ k_G^2 &= hh' \end{aligned} \tag{6.52}$$

なる結果を得る．この二つの支点間の（重心を通る）距離 H は，単振り子の重りを吊るす長さと同等で，**相当振り子の長さ**とも呼ばれる．こうした装置はケーターの可逆振り子と呼ばれ重力加速度を測定する実験に良く用いられる．

問 6.13　半径 a，質量Mの円盤がある．面に垂直な穴を空け柱の釘に掛けて振り子にした．最速の周期はいくらになるか．

問 6.14　半長さ L=1m，質量 m_1=2kg の細い棒の先に m_2=1kg の重りを付け振り子時計に用いた．重りと反対側の端から $a\,L$ =0.1 m の場所に支点を設けてわずかに振らせた．次の各値を求めよ．①重心の位置，②重心まわりの慣性モーメント，③支点まわりの慣性モーメント，④相当振り子の長さ，⑤周期．

◆ 3.　スケートのスピン

フィギアスケートで選手が派手やかにスピン回転をする光景は見ていて華やかで楽しいものである．この回転では，手足を大きく広げ，走り込んで回転を付けてから体を狭めていく．回転を付けた後は，スケートの刃を回転軸の一端をなすようにして回転を維持しようとするから，角運動量は保存状態になる．体を狭めていくと慣性モーメントIが小さくなり角速度ωがそれに反比例して大きくなる．この変化は次のように書き表される．

$$\boldsymbol{L} = I\omega \boldsymbol{l} = \text{一定}, \tag{6.53}$$

$$\dot{\boldsymbol{L}} = (\dot{I}\omega + I\dot{\omega})\boldsymbol{l} = 0\,. \tag{6.54}$$

この様に華麗なスピードのある回転も角運動量保存の法則を巧みに利用しているのである．

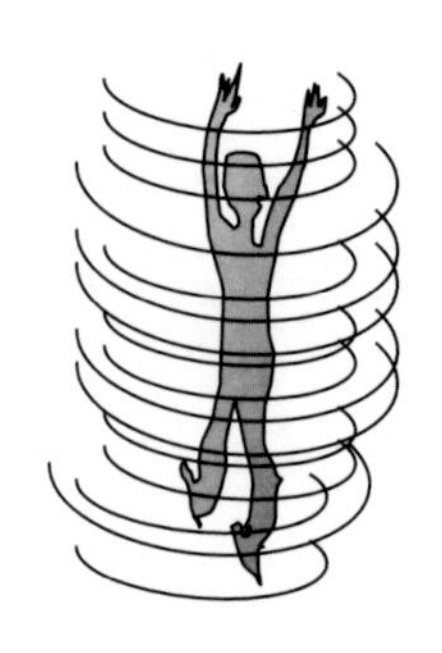

図 6.19　スケートのスピン

問 6.15　フィギュア・スケートの選手がスピンジャンプをして毎秒 2 回転の速さで回転している. 腕と足を狭め回転速度を 2 倍にした. 慣性モーメントと回転エネルギーはそれぞれ何倍になったか. エネルギーはどこからもたらされたか. この状態を質量 60 kg の半径 0.15 m の円筒にたとえると角運動量とエネルギーはいくらになるか.

◆ 4.　コマの首振り運動

さて角運動量の変化をさらに詳しく調べてみることにしよう. トルク方程式は

$$\boldsymbol{M} = \dot{\boldsymbol{L}} = \dot{I}\omega \boldsymbol{l} + I\dot{\omega}\boldsymbol{l} + I\omega\dot{\boldsymbol{l}} \qquad \text{N.m} \qquad (6.55)$$

であった. 前例までは 1 項目の慣性モーメントの変化や 2 項目の角速度の変化を扱ってきた. ここで 3 項目の角運動量の方向単位ベクトルの変化を考えてみる. 単位ベクトルの変化がベクトルの首振り変化となることは, 2 章 2.3, 2.4 節で述べてきた通りである. ここで, 図 6.21 と図 6.22 に示すコマの首振り（歳差運動）について調べてみよう.

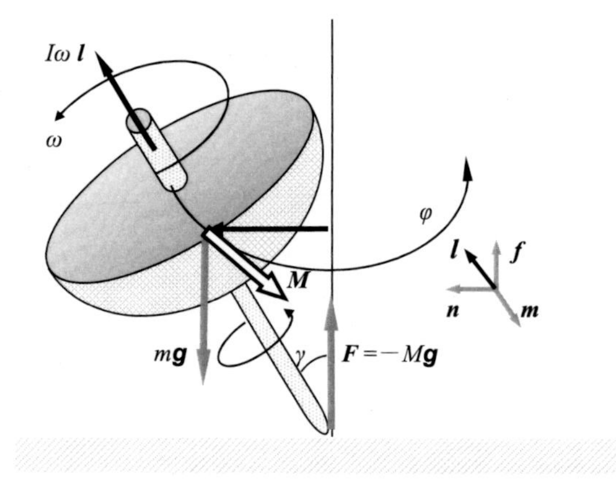

図 6.20　コマの首振り運動.
重力 $m\boldsymbol{g}$ は地面からの力と合わさり偶力になる.

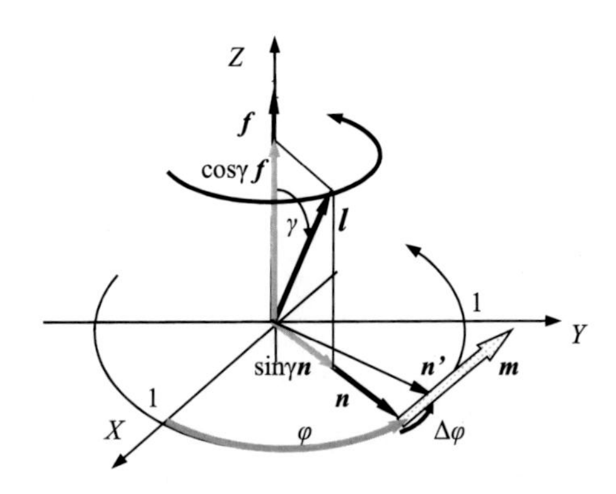

図 6.21　方向単位ベクトル $\boldsymbol{l}$ の首振り

普通のコマは安定した回転状態から，最後には摩擦により回転力を失い，首振りをして転んでしまう．良く観察すると，転ぶ瞬間回転が弱まり，首振りが早くなって転ぶことが分かる．コマの回転速度と首振りにはどのような関係が有るのであろうか.

ここで回転が角速度 ω で一定しているコマの運動を考えよう. また方向単位ベクトル $\boldsymbol{l}$ のコマの回転軸が，鉛直方向から γ だけ傾いていたとする．質量を m，直交系の方向単位ベクトルを $\boldsymbol{m}$，$\boldsymbol{n}$，$\boldsymbol{f}$ として，慣性モーメントを

$$I = m k_G^2 \qquad \text{kg.m}^2 \qquad (6.56)$$

とすれば，コマの角運動量は

$$\boldsymbol{L} = I\omega \boldsymbol{l} = I\omega(\sin\gamma\, \boldsymbol{n} + \cos\gamma\, \boldsymbol{f}) \qquad \text{kg.m}^2/\text{s} \qquad (6.57)$$

と表される．ベクトル $\boldsymbol{m}$，$\boldsymbol{f}$ は回転軸の傾きの水平方向，鉛直方向の単位ベクトルである．傾いたコマの重力による回転力は，回転軸の下から重心までの長さを d とすると

$$\begin{aligned} \boldsymbol{M} &= \boldsymbol{r} \times m\boldsymbol{g} = d\sin\gamma\, m g\, \boldsymbol{n} \times (-\boldsymbol{f}) \\ &= d\sin\gamma\, m g\, \boldsymbol{m} \\ &= \dot{\boldsymbol{L}} \end{aligned} \qquad \text{N.m} \qquad (6.58)$$

なるコマの角運動量を変える力（トルク）となる．このトルクは，慣性モーメントと角速度とは直接関係しない方向に有るから，結局これは回転軸の首振り変化をもたらすことになる．ここで角運動量の水平成分（$\boldsymbol{n}$ ベクトル）の回転変化を考えると

$$\dot{\boldsymbol{n}} = \frac{\boldsymbol{n} - \boldsymbol{n}'}{t - t'} = \frac{\Delta \boldsymbol{n}}{\Delta t} = \frac{\Delta\varphi\, \boldsymbol{m}}{\Delta t} = \dot{\varphi}\, \boldsymbol{m} \qquad (6.59)$$

$$\dot{\boldsymbol{L}} = I\omega\, \dot{\boldsymbol{l}} = I\,\omega \sin\gamma\, \dot{\boldsymbol{n}} = I\,\omega\sin\gamma\; \dot{\varphi}\, \boldsymbol{m} \qquad (6.60)$$

なる式が導かれる．傾いたコマの転ぶ方向の回転力は回転軸の首振り変化をもたらすとして

$$d\sin\gamma\, m\mathbf{g}\, \boldsymbol{m} = I\,\omega\sin\gamma\,\dot{\varphi}\,\boldsymbol{m} \qquad \text{N.m} \qquad (6.61)$$

$$\dot{\varphi} = \frac{m\mathbf{g}d}{I\,\omega} = \frac{\mathbf{g}\,d}{\omega\,k_G^2}\,. \qquad \text{rad/s} \qquad (6.62)$$

の様にまとめられる．これよりコマの角速度 ω に反比例した首振り角速度 $\dot{\varphi}$ が導かれる．

問 6.16　例題こまの首振り運動について説明せよ．半径 0.05 m，質量 0.5 kg の半球を使ってコマを作った．重心までの高さが 0.08 m の回転軸を設けて，毎秒 20 回転の回転速度を与えた．首振り速さはいくらか．

問 6.17　底面の半径が 3 cm 高さが 3 cm の円錐を逆さにして直接コマにした．首振り運動を毎秒 1 回転以下にするにはどうすれば良いか．

◆ 5.　束縛された剛体の運動

人間の使う道具は色々な部品を組み立てて作られているが, 形有る物の自由度に制限を加えて機能性を高めている. こうした機能性を持つ部品の動きは束縛された自由度の剛体の運動と見なせるものが多い．ここでは例題として，おもちゃのヨーヨーの運動を解析してみる．

例題 6. 6　図の半径 a 質量 m の円盤を 2 枚重ね，軽い半径 b の糸巻き部分を設けてヨーヨーを作った. 糸の端を持って自由落下させたとして次ぎの問に答えよ．(1) 糸の長さが静止状態から l だけ下に伸びた. 回転と直進の運動エネルギーはいくらか．(2) $2m$ = 1 kg, a= 0.05 m, b = 0.02m, l=1m として運動量と角運動量を求めよ．

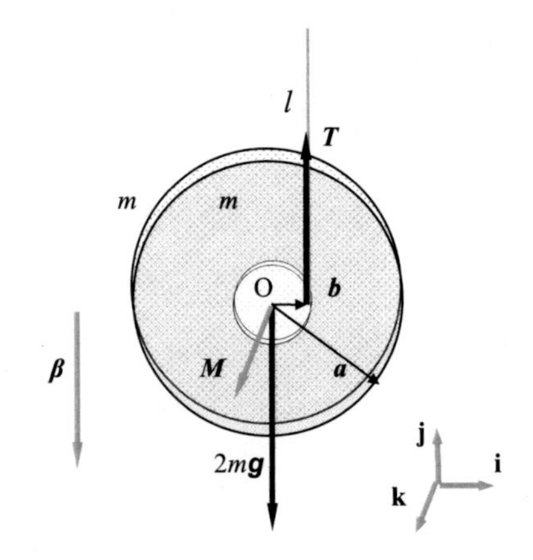

図 6.22　例題 6.6　ヨーヨーの落下

基本ベクトルを **i, j, k** とする．張力を $\boldsymbol{T}$，落下加速度を $\boldsymbol{\beta}$，重力加速度を $\mathbf{g}$ とすると，並進運動とトルクの運動方程式は次の様になる．

$$-2m\beta\,\mathbf{j} = (T - 2m\mathbf{g})\,\mathbf{j} \qquad \text{N} \qquad ①$$

$$\boldsymbol{M} = \dot{\boldsymbol{L}} = I\dot{\omega}\,\mathbf{k} = \boldsymbol{b}\times\boldsymbol{T} = bT\,\mathbf{k} \qquad \text{N.m} \qquad ②$$

ここで落下加速度 $\boldsymbol{\beta}$ は糸の伸びる速さ $\boldsymbol{v}$ の加速変化で，円盤の慣性モーメントを用いれば

$$\beta = \dot{v} = b\dot{\omega} \qquad \text{m/s}^2 \qquad ③$$

$$I = \frac{1}{2}2ma^2 = ma^2 \qquad \text{kg.m}^2 \qquad ④$$

なる式を得る．式①②③④において，張力 T と落下加速度 β が

$$bT = I\dot{\omega} = ma^2 \frac{\beta}{b} \quad ⑤$$

$$T = 2m(g - \beta) \quad ⑥$$

なる関係に有るので，β と T の値は

$$\beta = \frac{2b^2}{a^2 + 2b^2} g \quad ⑦$$

$$T = \frac{2a^2}{a^2 + 2b^2} Mg \quad ⑧$$

の様に求まる．これよりトルク M が求まる．

$$M = bT = \frac{2a^2 b}{a^2 + 2b^2} mg \,. \quad ⑨$$

(1) 運動エネルギーは直進を Es，回転を E_R とすれば

$$E_S = \frac{1}{2} 2mv^2 = mb^2\omega^2 \quad ⑩$$

$$E_R = \frac{1}{2} I\omega^2 = \frac{1}{2} ma^2\omega^2 \quad ⑪$$

となる．これらは位置エネルギーと等しくなければならないから

$$\begin{aligned} E &= E_S + E_R = 2mgl \\ &= \frac{1}{2} m(a^2 + 2b^2)\omega^2 \end{aligned} \quad ⑫$$

となって，角速度とエネルギーが求まる．

$$\omega^2 = \frac{4gl}{a^2 + 2b^2} \,. \quad ⑬$$

$$E_S = \frac{4mb^2 gl}{a^2 + 2b^2}, \quad E_R = \frac{2ma^2 gl}{a^2 + 2b^2} \,. \quad ⑭$$

(2) 運動量 P と角運動量 L の値は数値を代入すれば

$$\begin{aligned} P &= 2mv = 2mb\omega = 4mb\sqrt{\frac{gl}{a^2 + 2b^2}} \\ &= 4 \times 0.5 \times 0.02 \sqrt{\frac{9.8}{2.5 \times 10^{-3} + 2 \times 4 \times 10^{-4}}} = 2.18 \end{aligned} \quad ⑮$$

$$\begin{aligned} L &= I\omega = 2ma^2 \sqrt{\frac{gl}{a^2 + 2b^2}} \\ &= 2 \times 0.5 \times 2.5 \times 10^{-3} \sqrt{\frac{9.8}{2.5 \times 10^{-3} + 2 \times 4 \times 10^{-4}}} = 0.136 \end{aligned} \quad ⑯$$

となる．

問 6.18　細い糸をぐるぐるに巻いた質量 1kg 半径 5cm の球がある．2 秒間自由落下させたとすると何メートル落下するか．直進と回転のエネルギー比はいくらか．

問 6.19　半径 3ｃｍ 質量 0.5kg の円柱状のヨーヨーがある．糸巻き部分の半径は円柱半径の半分である．最下点で毎秒１０回転の回転とその直進速度を与えた．何メートルまで真上に上がるか．また止まるまで何秒かかるか．

問 6.20　滑らかな床の上で，長さ d，質量 m の静止している細長い棒に，同一形状の棒が長さ方向に平行な状態を保ちつつ，それと垂直に速さ v_0 で進み，端と端がぎりぎりでぶつかった．完全弾性衝突として，衝突後の運動を求めよ．

◆ 6.　運動の束縛による加速度

物体が壁に作用すると壁は反作用として物体の運動にマイナス向きに力を与える．物体に働く総合的な力により発生する加速度は，時間発展を n で表わせば，式(3.56)より

$$\ddot{\boldsymbol{r}}_n(t) = [\boldsymbol{r}_{n+1} - 2\boldsymbol{r}_n + \boldsymbol{r}_{n-1}]/\Delta t^2 \qquad \mathrm{m/s^2} \tag{6.63}$$

と表された．壁による束縛力は，束縛の無い運動予定位置 $\boldsymbol{r}_{n+1}$ と束縛によって定まる位置 $\boldsymbol{r}'_{n+1}$

$$\boldsymbol{r}_{n+1} = 2\boldsymbol{r}_n - \boldsymbol{r}_{n-1} + \ddot{\boldsymbol{r}}_n \Delta t^2 \tag{6.64}$$

$$\boldsymbol{r}'_{n+1} = 2\boldsymbol{r}_n - \boldsymbol{r}_{n-1} + \ddot{\boldsymbol{r}}'_n \Delta t^2 \tag{6.65}$$

とのずれより，新たな条件が加えられたことによる加速度の発生 $\ddot{\boldsymbol{r}}_n^*$ として見出される．

$$\boldsymbol{r}'_{n+1} - \boldsymbol{r}_{n+1} = [\ddot{\boldsymbol{r}}'_n - \ddot{\boldsymbol{r}}_n]\Delta t^2 = \ddot{\boldsymbol{r}}_n^* \Delta t^2 \tag{6.66}$$

$$\ddot{\boldsymbol{r}}_n^* = \frac{\boldsymbol{r}'_{i+1} - \boldsymbol{r}_{i+1}}{\Delta t^2} \tag{6.67}$$

これが束縛力の加速度となる．式(6.65)に於いて，運動量保存の等速直線運動の場合は，$\ddot{\boldsymbol{r}}_n = 0$ となり，重力が働いている場合は $\ddot{\boldsymbol{r}}_n = \boldsymbol{g}$ となる．

問 6.21　例題 4.8 のパチンコ玉の軌跡を束縛力の加速度を用いてシミュレーションせよ．

◆ 7.　ジャイロスコープとフーコーの振り子

剛体の運動では，質点系の外力 $\boldsymbol{F}$ による運動量 $\boldsymbol{P}$ の変化を記述した運動方程式に加え，トルク $\boldsymbol{M}$ による角運動量 $\boldsymbol{L}$ の変化の運動方程式が付け加わる．角運動量変化は，慣性モーメント I，角速度 ω，回転軸方向単位ベクトル $\boldsymbol{l}$ の変化として捉えることができた．これら総ての自由度を考慮して，逆立ちコマの立ち上がりの様子や，複雑なタイヤの転がりなどを示したい所だが，基礎力学の説明としては複雑すぎるため，ここでは基本的な運動の原理を示すに止める．

◇　ジャイロスコープ

図 6.23 のジャイロスコープの地球の回転に合わせた状態について説明しよう．３次元自由回転軸ジャイロは回転円盤の重心にのみ正確に並進力のみが加わる様に設計されている. 従ってトルクは働かない. こうしたジャイロは如何なる加速度運動にも角運動量の保存則が常に成り立つ．図 6.23 の様に，南北方向と，東西方向に回転軸を持つ 2 つのジャイロと，紐付き重り(鉛直器)を揃えた装置を色々な場所に設置したとする．固定した場所でのジャイロの回転軸は，地球の重力と回転による加速度を受けながら，地球の回転と逆回転する様に変化して角運動量を保存する状態で，１日に 1 回転する．飛行機や船舶などでジャイロと時計を用いれば，地球上を移動しながら位置を特定することができる．

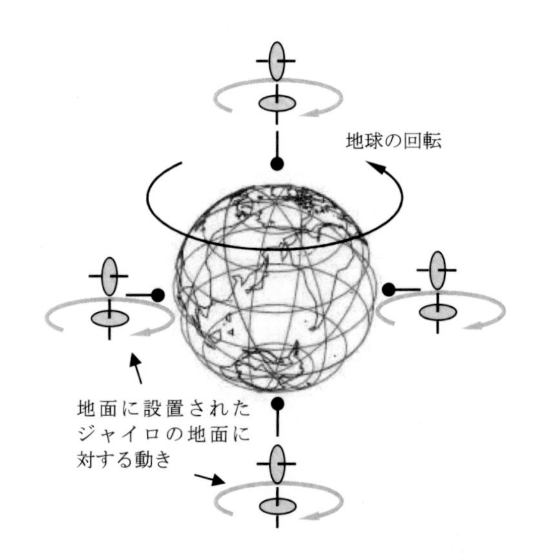

図 6.23　ジャイロの保存向きと地球との位置関係.

◇　フーコーの振り子

ここで図 6.24 の様なフーコーの振り子を考えよう．1851 年フーコー(JBL Foucault) はパリで長い振り子を使い，地球の回転を示す実験に成功した．しかし，既知理論:JGF Bohnenberger に従うジャイロの実験には失敗した．ジャイロの回転円盤を振り子に付け替えたとして，振り子の様子について説明しよう. 質量 m の重りは, 重力 $m\boldsymbol{g}$ と紐による張力 $\boldsymbol{T}$ の 2 つの力を受け，運動量 $\boldsymbol{P}$ と角運動量 $\boldsymbol{L}$ が変化する．座標の原点 O を地球中心に設定すると，$\boldsymbol{R}_0$ の位置に在る紐の支点 D は地球の回転に従い移動する．重りは支点 D から $\boldsymbol{r}$ の位置 C に有り，重力により振り子運動を行う．地上で振り子の支点の位置は図 6.25 の様に地球の自転に従う．ここに質量 m と単位ベクトル $\boldsymbol{m}$ を区別すれば，重りの位置ベクトルを図 6.24 の様に

$$\left.\begin{aligned} \boldsymbol{u} &= \sin\eta\,\boldsymbol{m} - \cos\eta\,\boldsymbol{n}, \\ \boldsymbol{v} &= \cos\eta\,\boldsymbol{m} + \sin\eta\,\boldsymbol{n}, \quad \boldsymbol{u}\cdot\boldsymbol{v} = 0, \end{aligned}\right\} \tag{6.68}$$

$$\boldsymbol{R}_0 + \boldsymbol{r} = R_0\boldsymbol{n} + r\,\boldsymbol{u} \tag{6.69}$$

と置けて，支点Dの回転変化(2章3節参照)は

$$\varphi = \omega t,\quad \omega = 2\pi/(24\times 3600)\quad \text{rad/s}$$

なる値の下に

$$\left.\begin{aligned} \boldsymbol{f} &= -\sin\varphi\,\mathbf{i} + \cos\varphi\,\mathbf{j} \\ \boldsymbol{d} &= \cos\varphi\,\mathbf{i} + \sin\varphi\,\mathbf{j} \\ \boldsymbol{d}\times\boldsymbol{f} &= \mathbf{k},\quad \boldsymbol{e}\times\boldsymbol{f} = \boldsymbol{n} \\ \boldsymbol{n} &= \sin\theta\,\boldsymbol{d} + \cos\theta\,\mathbf{k} \\ &= \sin\eta\,\boldsymbol{v} - \cos\eta\,\boldsymbol{u} \end{aligned}\right\} \tag{6.70}$$

$$\boldsymbol{e} = \cos\theta\,\boldsymbol{d} - \sin\theta\,\mathbf{k}$$

$$\dot{\boldsymbol{R}}_0 = R_0\sin\theta\,\omega\,\boldsymbol{f} \tag{6.71}$$

$$\ddot{\boldsymbol{R}}_0 = -R_0\sin\theta\,\omega^2\boldsymbol{d} \tag{6.72}$$

となる.

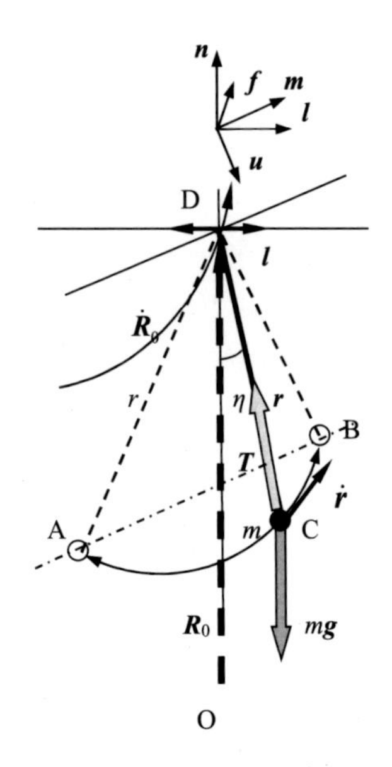

図 6.24　　フーコーの振り子

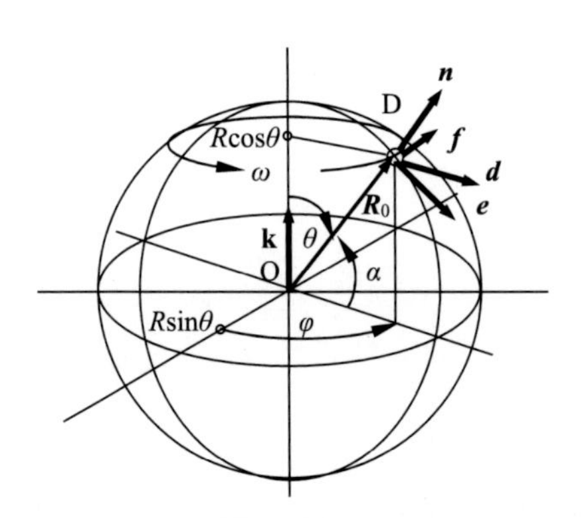

(a)　地上の振り子の位置

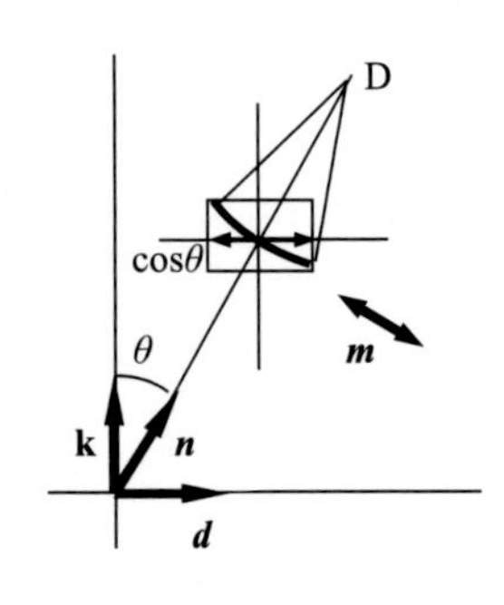

(b) 振動方向の cosθ 成分

図 6.25 振り子の位置とベクトル．**k** に垂直な平面内の振動が保存される．

静止した支点での振り子の変化は運動方程式(4.60) - (4.62)で表された．この関係を改めて示す．

$$\dot{\boldsymbol{r}} = r\dot{\boldsymbol{u}} = r\dot{\eta}\,\boldsymbol{v}, \tag{6.73}$$

$$\ddot{\boldsymbol{r}} = r\ddot{\boldsymbol{u}} = r\ddot{\eta}\,\boldsymbol{v} - r\dot{\eta}^2\boldsymbol{u} \tag{6.74}$$

$$\begin{aligned} m r\ddot{\boldsymbol{u}} &= -T\boldsymbol{u} - mg\,\boldsymbol{n} \\ &= -mg\sin\eta\,\boldsymbol{v} - (T - mg\cos\eta)\,\boldsymbol{u} \end{aligned} \tag{6.75}$$

$$T = mg\cos\eta + mr\dot{\eta}^2 \tag{6.76}$$
$$r\ddot{\eta} = -g\sin\eta . \tag{6.77}$$

振り子の運動は，自由度が束縛された状態なので，運動量 $\boldsymbol{P}$ と角運動量 $\boldsymbol{L}$ を変える外力 $\boldsymbol{F}$ とトルク $\boldsymbol{M}$ が働く．

まず運動量 $\boldsymbol{P}$ と角運動量 $\boldsymbol{L}$ の時間関数について考えてみよう．地上の物体は，地球の自転による運動を伴い，重力による振り子の運動は支点に対して運動量 $\boldsymbol{P}(t)$ と角運動量 $\boldsymbol{L}(t)$ を持つ．

$$\boldsymbol{r}(t) = r\boldsymbol{u}(t) = \boldsymbol{R}(t) - \boldsymbol{R}_0(t)\,,\quad \boldsymbol{P}(t) = m\{\dot{\boldsymbol{R}}(t) - \dot{\boldsymbol{R}}_0(t)\}$$
$$\boldsymbol{L}(t) = \boldsymbol{r}(t)\times\boldsymbol{P}(t) = \boldsymbol{r}\times m\dot{\boldsymbol{r}} = m\{\boldsymbol{R}(t) - \boldsymbol{R}_0(t)\}\times\{\dot{\boldsymbol{R}}(t) - \dot{\boldsymbol{R}}_0(t)\} . \tag{6.78}$$

これより地上の振り子には，地球の重力 $m\boldsymbol{g}$ と地球の自転による遠心力 $-m\ddot{\boldsymbol{R}}_0$ が働き，支点 D に対して距離を一定に保ち，振れ角が自由となる力 $-T^*\boldsymbol{u}$ が働く．従って振り子の運動は

$$\boldsymbol{F} = m\ddot{\boldsymbol{r}}(t) = m\{\ddot{\boldsymbol{R}}(t) - \ddot{\boldsymbol{R}}_0(t)\}$$
$$\rightarrow mr\ddot{\boldsymbol{u}} = mR\sin\theta\,\omega^2\boldsymbol{d} - T^*\boldsymbol{u} - mg\,\boldsymbol{n} \tag{6.79}$$

なる運動方程式に従う．$\boldsymbol{d}$ は $\boldsymbol{n}$ と共に回転する．この運動の第一項は，問 2.5 で求めた様に北緯 45°での g=9.823 を g^*=9.807 に修正し，小さいが重要な働きをする．初期条件で定まる運動量の時間関数 $\boldsymbol{P}(t)$はほぼ保存される．従って，図 6.24 に於ける支点 D と振り子の運動を含む地面に垂直な点 AOCBD を含んだ平面の方向が，地球の自転運動に束縛されずに保存される．つまり**運動量 $\boldsymbol{P}(t)$の方位の保存が地面に対する振り子の運動の変化として現れる**．振り子の支点からの位置ベクトル $r\boldsymbol{u}$ を，式①の様に垂直方向単位ベクトル $\boldsymbol{n}$ と地面に平行な接線方向単位ベクトル $\boldsymbol{m}$ で表した時，変化しない地球の回転軸の方向単位ベクトル $\mathbf{k}$ に垂直な平面に含まれる $\boldsymbol{m}$ の成分が保存される．$\boldsymbol{m}$ と $\boldsymbol{n}$ は直交するから，重力方向の単位ベクトル $\boldsymbol{n}$ の $\mathbf{k}$ 成分（内積）が，緯度 α に於ける振動方向の保存係数となる．エネルギーを保存し，重力に従って時を刻む振り子の振動は，この保存係数に従い地面に対して ω^*で回転する．

$$\mathbf{k}\cdot\boldsymbol{n} = \cos\theta = \sin\alpha\,,\quad \omega^* = \omega\sin\alpha . \tag{6.80}$$

一般的な振り子の運動は，単振り子と円錐振り子の運動が混ざった状態となる．円錐振り子の成分が有ると，単振り子の振動面がそれに従って回転し，式(6.80)の結果は得られない．

次に支点移動によって生ずる振り子のトルク $\boldsymbol{M}$ と角運動量 $\boldsymbol{L}$ の変化について考えてみる．今，重力方向単位ベクトル $\boldsymbol{n}$ と直交単位ベクトル $\boldsymbol{e}$ と $\boldsymbol{f}$ を用い振動方向単位ベクトル $\boldsymbol{m}$ を

$$\boldsymbol{m} = \cos\mu\,\boldsymbol{f} + \sin\mu\,\boldsymbol{e} \tag{6.81}$$

と設定する．式(6.78)の角運動量は $\boldsymbol{l}, \boldsymbol{m}, \boldsymbol{n}$ の直交系で

$$\boldsymbol{u}\times\boldsymbol{v} = (\sin\eta\,\boldsymbol{m} - \cos\eta\,\boldsymbol{n})\times(\cos\eta\,\boldsymbol{m} + \sin\eta\,\boldsymbol{n}) = \boldsymbol{m}\times\boldsymbol{n} = \boldsymbol{l}$$
$$\boldsymbol{L}(t) = \boldsymbol{r}\times m\dot{\boldsymbol{r}} = mr^2\dot{\eta}\,\boldsymbol{u}\times\boldsymbol{v} = mr^2\dot{\eta}\,\boldsymbol{l} \tag{6.82}$$

と書き表される．またこの方向単位ベクトル $\boldsymbol{l}$ は $\boldsymbol{f}, \boldsymbol{e}, \boldsymbol{n}$ の直交系で

$$\boldsymbol{l} = \boldsymbol{m} \times \boldsymbol{n} = -\sin\mu\,\boldsymbol{f} + \cos\mu\,\boldsymbol{e} \tag{6.83}$$

と表される．地球の回転で $\boldsymbol{R}_0$ の支点が移動することによる支点から見た角運動量の変化は，式(6.78)の時間微分として表され

$$\dot{\boldsymbol{L}}(t) = m\{\boldsymbol{R}(t) - \boldsymbol{R}_0(t)\} \times \{\ddot{\boldsymbol{R}}(t) - \ddot{\boldsymbol{R}}_0(t)\} \tag{6.84}$$

となる．この変化は外力によるトルクに従う．

$$m\,r\ddot{\boldsymbol{u}} = mR_0 \sin\theta\,\omega^2 \boldsymbol{d} - T^* \boldsymbol{u} - mg\,\boldsymbol{n},$$
$$r\boldsymbol{u} \times m r\ddot{\boldsymbol{u}} = \boldsymbol{M}(t) = \dot{\boldsymbol{L}}(t) = mr^2 \dot{\eta}\,\dot{\boldsymbol{l}} + mr^2 \ddot{\eta}\,\boldsymbol{l}\ . \tag{6.85}$$

この中の $\boldsymbol{d}$ 方向の遠心力は $\dot{\boldsymbol{l}}$ として角度変化の運動を引き起こし，振り子の運動に変化を与える．式(6.79)の運動方程式と式(6.85)のトルク方程式は

$$mrR_0 \sin\theta\,\omega^2 \boldsymbol{u} \times \boldsymbol{d} - mgr\sin\eta\,\boldsymbol{l} = mr^2 \dot{\eta}\,\dot{\boldsymbol{l}} + mr^2 \ddot{\eta}\,\boldsymbol{l} \tag{6.86}$$

$$\begin{aligned} \boldsymbol{u} \times \boldsymbol{d} &= (\sin\eta\,\boldsymbol{m} - \cos\eta\,\boldsymbol{n}) \times \boldsymbol{d} \\ &= -\sin\eta\cos\mu\,\mathbf{k} - (\sin\eta\sin\mu\sin\theta + \cos\eta\cos\theta)\,\boldsymbol{f} \end{aligned} \tag{6.87}$$

となる．このベクトルは $\boldsymbol{u}$ に垂直な平面内に存在し，$\boldsymbol{l}, \boldsymbol{u}, \boldsymbol{v}$ の直交座標系では $\boldsymbol{l}, \boldsymbol{v}$ の成分で表される．ここに内積 $(\boldsymbol{u} \times \boldsymbol{d}) \cdot \boldsymbol{l}$ と $(\boldsymbol{u} \times \boldsymbol{d}) \cdot \boldsymbol{v}$ を求め，成分表示すれば

$$\boldsymbol{u} \times \boldsymbol{d} = (\sin\eta\sin\theta + \cos\eta\cos\theta\sin\mu)\,\boldsymbol{l} - \cos\theta\cos\mu\,\boldsymbol{v} \tag{6.88}$$

なる結果を得る．これより振り子の運動は単純振り子の式(6.73)~(6.77)を書き直す形で

$$r\ddot{\eta}\,\boldsymbol{l} = \{R_0 \sin\theta\omega^2 (\sin\eta\sin\theta + \cos\eta\cos\theta\sin\mu) - g\sin\eta\}\,\boldsymbol{l} \tag{6.89}$$

$$r\dot{\eta}\,\dot{\boldsymbol{l}} = -R_0\omega^2 \sin\theta\cos\theta\cos\mu\,\boldsymbol{v} = -\alpha\,\boldsymbol{v} \tag{6.90}$$

$$R_0 \sim 6.37 \times 10^6\,\mathrm{m},\quad \omega = 7.27 \times 10^{-5}\,\mathrm{rad/s},$$
$$R_0\omega^2 \sim 3.37 \times 10^{-2} \tag{6.91}$$

と書き纏められる．これより式(6.90)の角運動量変化は，$\boldsymbol{l}, \boldsymbol{u}, \boldsymbol{v}$ の直交系に於いて $\boldsymbol{u}$ を軸にして

$$\dot{\boldsymbol{L}}_\perp = \boldsymbol{r} \times \boldsymbol{F}_\perp = mr^2 \dot{\eta}\,\dot{\boldsymbol{l}} = -mr\alpha\,\boldsymbol{v} \quad \rightarrow \quad \boldsymbol{F}_\perp = mr\dot{\eta}\,\dot{\boldsymbol{v}} = m\alpha\,\boldsymbol{l} \tag{6.92}$$

の様に生ずることが分かる．これより角度変化 $\dot{\boldsymbol{l}}$ のもたらすトルクによる重りの加速度 $\boldsymbol{a}$ は

$$\boldsymbol{a} = \alpha\,\boldsymbol{l} = R_0\omega^2 \sin\theta\cos\theta\cos\mu\,\boldsymbol{l} \qquad \mathrm{m/s^2} \tag{6.93}$$

と導かれる．この支点移動により生まれる加速度は，式(6.79)の運動方程式に既に含まれているので，新たに考慮する必要は無い．剛体振り子の取扱いに対応するとして，理解を深めておくために敢えて記載した．以上で定性的な説明を終える．詳細な振り子の運動は数値計算によって確かめられる．式(6.79)に式(6.67)を適用し，T^*の値を振り子の束縛条件（長さ r が一定）で求め，直接的に時間発展方程式で表すことができる．振り子の運動は円錐振り子の自由度も含まれるので，非常に微妙で，実験で確かな値を確認することは難しい．次の例題 6.7 で，初期条件によっては式(6.93)の影響を受け，円錐振り子成分が含まれてしまうことを示す．

例題 6. 7　地球の自転を示すフーコーの振り子の実験をシミュレーションせよ.

地球を忘れて図 6.25 の振り子を考える. 一端を原点 O に固定し, 回転軸からの角度を θ として, ω で回転する $\boldsymbol{R}_0$ の位置の長い棒の端に, $\boldsymbol{R}$ 位置に質量 m の重りが長さ r のひもでぶら下がった状態とする. $\boldsymbol{R}$ の位置に在る重りには O に向かって引力加速度 $\boldsymbol{g}$ が働く. ひもの長さを一定とする拘束力 $\boldsymbol{T}^*$を具体的に考え, 振り子の運動方程式(6.79)の振る舞いを調べる.

$$\boldsymbol{R}(t) = \boldsymbol{R}_0(t) + r\boldsymbol{u}(t), \quad ①$$
$$mr\ddot{\boldsymbol{u}} = mR\sin\theta\,\omega^2\boldsymbol{d} - T^*\boldsymbol{u} - m\boldsymbol{g}\,\boldsymbol{n}. \quad ②$$

式②は質量が重心に在るので剛体としてのトルクによる力は含まない. ここに束縛条件を

$$|\,\boldsymbol{R}(t) - \boldsymbol{R}_0(t)\,| = r \quad ③$$

とし, 束縛力を加速度として扱い, 式(6.67)を適用して時間発展方程式を組むことにする. 束条件の無い場合の位置ベクトルを $\boldsymbol{r}$ とし, 有る場合を $\boldsymbol{r}^*$とすると, 2 つの時間発展方程式は

$$r_{n+1}\boldsymbol{u}_{n+1} = 2r\boldsymbol{u}_n - r\boldsymbol{u}_{n-1} + \ddot{\boldsymbol{r}}_n\Delta t^2 \quad ④$$
$$r\boldsymbol{u}_{n+1} = 2r\boldsymbol{u}_n - r\boldsymbol{u}_{n-1} + \ddot{\boldsymbol{r}}_n^*\Delta t^2 \quad ⑤$$

となり, この差により時間発展 n の時点の吊りひもによる束縛力 $\boldsymbol{T}^*_n$ が次の様に求まる.

$$(r - r_{n+1})\boldsymbol{u}_{n+1} = (\ddot{\boldsymbol{r}}_n^* - \ddot{\boldsymbol{r}}_n)\Delta t^2 = \frac{\boldsymbol{T}_n^*}{\boldsymbol{m}}\Delta t^2. \quad ⑥$$

$\boldsymbol{u}_{n+1}$ は 2 つの時間発展方程式では同じ運動として共通する. 過去の軌道も共通する. このことで時間発展方程式④でも紐の張力からもたらされる $\boldsymbol{T}^*_n$ の束縛条件を含んだ結果が導かれていることが分かる. 従って, 式⑤⑥を計算すること無しに, 単に式④で条件を

$$\boldsymbol{r}_{n+1} = r_{n+1}\boldsymbol{u}_{n+1}, \qquad r_{n+1} \to r \quad ⑦$$

と施せば, 束縛された運動の時間発展方程式が得られる. ②で束縛力 $\boldsymbol{T}^*_n$ の無い運動方程式は

$$\begin{aligned}\ddot{\boldsymbol{r}}(t) &= -\ddot{\boldsymbol{R}}_0(t) + \boldsymbol{g}(t) \\ &= R_0\sin\theta\omega^2(\cos\omega t\,\mathbf{i} + \sin\omega t\,\mathbf{j}) \\ &\qquad - \boldsymbol{g}\{\sin\theta(\cos\omega t\,\mathbf{i} + \sin\omega t\,\mathbf{j}) + \cos\theta\,\mathbf{k}\}\end{aligned} \quad ⑧$$

となるから, この結果を式④に入れ時間発展方程式を得た上で, 式⑦で変位長さを束縛する.

振り子運動の計算結果を, 時間発展する $\boldsymbol{R}_0$ 位置の振り子の方位ベクトル $\boldsymbol{u}_n$ の式(6.70)に於ける緯線ベクトル $\boldsymbol{f}$ と経線ベクトル $\boldsymbol{e}$ に対する各成分の時間発展として表す.

$$u_{f,n} = \boldsymbol{u}_n \cdot \boldsymbol{f}_n = -\sin\varphi_n\,u_{x,n} + \cos\varphi_n\,u_{y,n}\ , \quad ⑨$$
$$u_{e,n} = \boldsymbol{u}_n \cdot \boldsymbol{e}_n = \cos\theta(\cos\varphi_n u_{x,n} + \sin\varphi_n u_{y,n}) - \sin\theta\,u_{z,n}\ . \quad ⑩$$

6.3-6　例題 6.7 フーコーの振り子

半径 r =10m，時間刻み dt=10^{-5} s，緯度 α=π/6 で経線方向振動の計算を行い，結果を図 6.26 に示す．経線方向振動は，遠心力が直接的に初期振動の横ズレ引き起さないので，初期条件の設定が安定する．初期条件は次の２通りとする．(I) 鉛直に静止した振り子を指で押し出す方法で，$\boldsymbol{e}$ ベクトルの.経線方向 (μ=π/2) を X 軸方向とし $d\eta/dt$=0.5rad/s の初速度を与える．Y 軸方向の速度は 0 とする．(II) 振り子を指で掴み静かに離す方法で，振り子の角度を X 軸方向に η_0=π/6 を与え，Y 軸方向の速度を 0 とする．これらの結果で，(a)初期状態，(b) 4 時間後の状態を示す．(I)の方法では図 6.26 I-(a) の振動状態で I-(b)のほぼ理論的な 30°の振動面の回転を得るが，(II)の方法では，初期振動で II-(a) 様な回転楕円軌道を示し，II-(b)の振動面の回転の結果は理論値の 2/3 にしかならない．これらより初期条件を正しく設定しないと振り子の振動に円錐振り子の成分が含まれてしまうことが分かる．なを，振幅を η_0=π/36 として 5°程度の微小振れ角にすれば，式(6.80)の理論に近い振動面の回転が得易くなる．

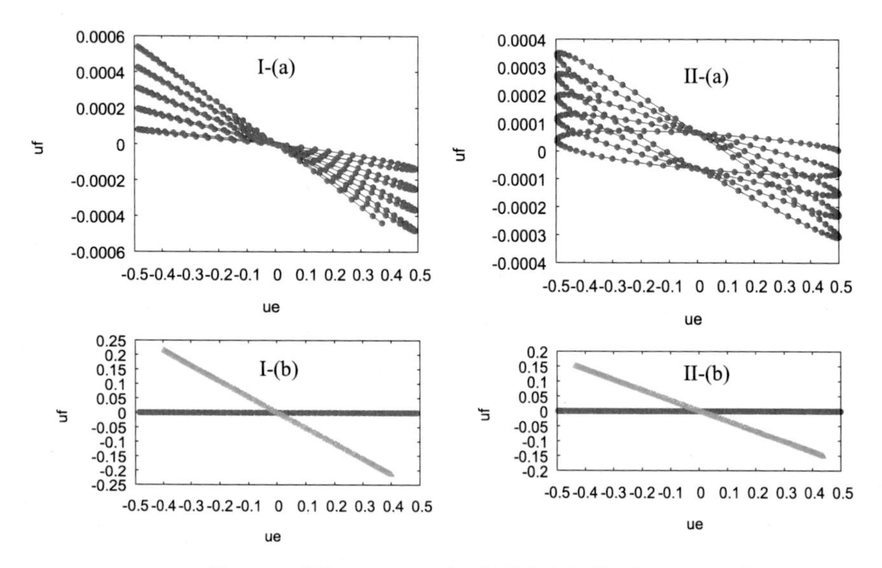

図 6.26　北緯 α=30°における経線方向振動の振り子の状態．
(I) 鉛直静止状態に振動速度をあたえる．(II) 角度を付けて静止した状態で離す．
(a) 初期振動，(b) 4 時間後．

フーコーの振り子は，角運動量を含んだ円錐運動となるため，実態の把握が難しい．数値計算によるシミュレーションによりこれらが明確になる．gcc プログラムを以下に示す．

--Foucault.c--------------------------------------

```
#include <stdio.h>
#include <math.h>
#define GP "gnuplot"
#define N  1440000000
```

```
#define N1 3000000
#define M  10000

int main(){

  int    n, n0, nn, nm;
  double rn, tn, so, co, x, y, z, xn, xn1, yn, yn1, zn, zn1, uf, ue;
  double uff, g=9.823, o=7.27E-5, pi=3.1415, c=pi/3, R0=6.37E+6;
  double sc=sin(c), cc=cos(c), dt=1.0E-5, r=10.0, Ro2=R0*o*o, Rdt=1.0E-6;
/* double fi=pi/6, df=0; */
   double fi=0, df=5.0E-6;
  char   *f0, *fg, *f1, *fg1;
  FILE   *PGP, *FF0, *FF1;

/* f0="Foucau35x"; fg="Foucau35x.emf"; f1="Foucault35x"; fg1="Foucault35x.emf"; */
   f0="Foucau35e"; fg="Foucau35e.emf"; f1="Foucault35e"; fg1="Foucault35e.emf";

  FF0=fopen(f0,"w"); FF1=fopen(f1,"w");
   xn=-sin(c-fi); xn1=-sin(c-fi-df); yn=0; yn1=0; zn=-cos(c-fi); zn1=-cos(c-fi-df);
    for(n=1;n<N-1;n++){ tn=dt*n; nn=n/M, nm=nn*M, n0=n-nm;
     so=sin(o*tn); co=cos(o*tn);
       x=2*r*xn-r*xn1+(Ro2-g)*sc*co*dt*dt;
       y=2*r*yn-r*yn1+(Ro2-g)*sc*so*dt*dt;
       z=2*r*zn-r*zn1-g*cc*dt*dt;
        xn1=xn; yn1=yn; zn1=zn; rn=sqrt(x*x+y*y+z*z); xn=x/rn; yn=y/rn; zn=z/rn;
    if(n < N1){
      if(n0==0){ uf=-so*xn+co*yn; ue=cc*(co*xn+so*yn)-sc*zn;
      fprintf(FF0,"%12.3f %15.8f %15.8f %15.8f %15.8f %15.8f ¥n",tn, xn, yn, zn, ue, uf);
    }}
    if( n > N-N1)  {
      if(n0==0){ uf=-so*xn+co*yn; ue=cc*(co*xn+so*yn)-sc*zn;
      fprintf(FF1,"%12.3f %15.8f %15.8f %15.8f %15.8f %15.8f ¥n",tn, xn, yn, zn, ue, uf);
     }}
   }
  fclose(FF0); fclose(FF1);

  PGP=popen(GP,"w");
   fprintf(PGP,"set term emf size 424,300 ¥n");
   fprintf(PGP,"set output '%s' ¥n unset key ¥n",fg);
   fprintf(PGP,"set xlabel 'ue   ' ¥n set ylabel 'uf   ' ¥n");
   fprintf(PGP," plot '%s' using 5:6 with linespoints pt 7 ¥n",f0);
  fflush(PGP);
   fprintf(PGP,"set term emf size 424,300 ¥n");
   fprintf(PGP,"set output '%s' ¥n unset key ¥n set size ratio -1 ¥n",fg1);
   fprintf(PGP,"set xlabel 'ue   ' ¥n set ylabel 'uf   ' ¥n");
   fprintf(PGP,"  plot '%s' using 5:6 with linespoints pt 7 ¥n",f0);
   fprintf(PGP,"replot '%s' using 5:6 with linespoints pt 8 ¥n",f1);
  fflush(PGP);
  pclose(PGP);

return 0;

}
```

プログラムでコメント/---*/の部分を上行と下行を入れ替えればpick up and freeのシミュレーションとなる.

◇ 時間刻みをdt=1.0E-5と小さくして $N=1.44\times10^9$ 回の計算で計算精度を保った．どの程度に刻みを設けるかは，刻みを倍の幅とした時に数値に違いを生じない事で，確かめる．計算機によってはメモリーが少なくてNを大きく取れない場合が有る．

例題 6.8　フーコーの振り子の実験で支点の移動によるトルクの影響を調べよ.

式(6.93)の結果で，支点移動により生ずるトルクが速度ベクトルに与える $\boldsymbol{l}$ 方向の加速度は

$$\alpha = R_0\omega^2 \sin\theta\cos\theta\cos\mu \qquad ①$$

であった．質点系の問題として，振り子振動平面に垂直な遠心力成分が振動の横ずれを起こすと考えれば，当然な結果となる．この作用は式(6.79)に既に含まれており，これを差し引けば振動の横ずれは無くなる．横ずれを除いた振り子の位置ベクトル $r\boldsymbol{u}$ の時間発展方程式を

$$mr\ddot{\boldsymbol{u}} = mR_0\sin\theta\,\omega^2\boldsymbol{d} - T^*\boldsymbol{u} - mg\,\boldsymbol{n} - m\alpha\,\boldsymbol{l} \qquad ②$$

として展開しよう．簡単のため初期振動方向を

$$\boldsymbol{m} = \boldsymbol{f} = \mathbf{j},\ \cos\mu = 1, \qquad ③$$

$$\boldsymbol{l} = \boldsymbol{e} = \cos\theta\,\boldsymbol{d} - \sin\theta\,\mathbf{k} \qquad ④$$

と設定する. ここに例題 6.7 と同様に束縛条件を考慮した時間発展方程式として

$$\ddot{\boldsymbol{r}}_n = R_0\sin\theta\,\omega^2\boldsymbol{d}_n - g\,\boldsymbol{n}_n - \alpha_n\,\boldsymbol{l}_n \qquad ⑤$$

$$r_{n+1}\boldsymbol{u}_{n+1} = 2r\boldsymbol{u}_n - r\boldsymbol{u}_{n-1} + \ddot{\boldsymbol{r}}_n\Delta t^2 \qquad ⑥$$

$$r_{n+1} \ \rightarrow\ r \qquad ⑦$$

なる計算を施す．これより鉛直点で初速度を与える条件で図 6.27 の結果を得る．図(a)が自然な結果となる．

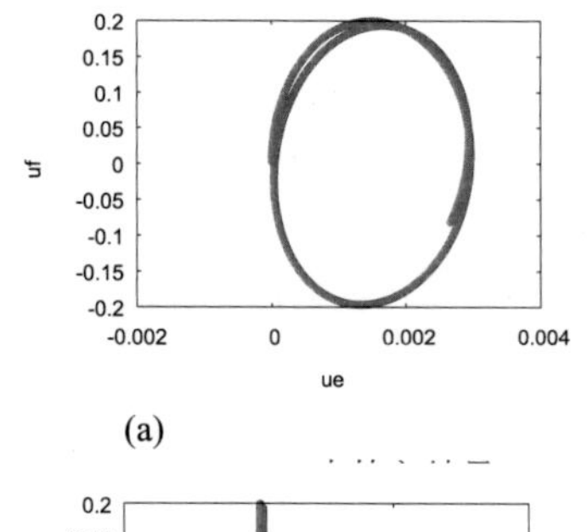

(a)

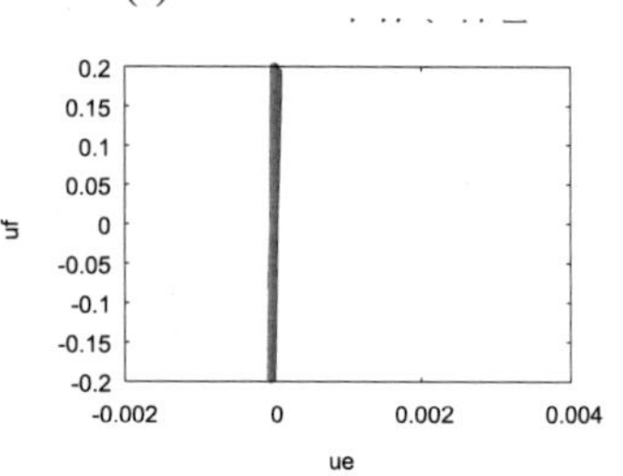

(b) 式②の横ずれ削除の確認結果

図 6.27　例題 6.8　フーコーの振り子のトルク効果

緯線に平行な北緯 30° の振動方向の振動の横ずれ．(a)式(6.79)の数値計算結果，(b)式②の確認結果．フーコーの振り子は，一般的に往復路で鉛直点を共通に通過しない．

問 6.22　例題 6.8 のプログラムを示せ.

問 6.23　フーコーの振り子で，初期条件として $\eta_0=\pi/6$ に保ち，初速度を円錐軌道方向に少し与えたとして振動の軌跡をシミュレーションせよ.

第 6 章　剛体の運動と力学法則

問 題 解 答

第1章

1.1 $\boldsymbol{A} = \boldsymbol{B} + \boldsymbol{C}$， $\boldsymbol{A}^2 = B^2 + C^2 + 2BC\cos(\pi - a)$.

1.2 $\boldsymbol{a} + \boldsymbol{b} = 4\mathbf{i} + 4\mathbf{j}$， $\boldsymbol{a} - \boldsymbol{b} = -2\mathbf{i} - 2\mathbf{k}$ ， $\boldsymbol{a} \cdot \boldsymbol{b} = 6$， $\theta = 49.1^\circ = 0.857$ rad.

1.3 $\boldsymbol{a} \times \boldsymbol{b} = 4\mathbf{i} - 4\mathbf{j} - 4\mathbf{k}$， 作図／略.

1.4 $\boldsymbol{E} = \boldsymbol{C} \times \boldsymbol{D}$ として $(\boldsymbol{A} \times \boldsymbol{B}) \cdot \boldsymbol{E} = \boldsymbol{A} \cdot (\boldsymbol{B} \times \boldsymbol{E})$ を計算し(1.15)式を実行． $\boldsymbol{E} = \boldsymbol{A} \times \boldsymbol{B}$ と置く．

1.5 4つのベクトル演算は $\boldsymbol{E} = \boldsymbol{C} \times \boldsymbol{D}$ として(1.15)式を実行する．

$(\boldsymbol{A} \times \boldsymbol{B}) \times \boldsymbol{C} = -28\mathbf{i} - 40\mathbf{j} + 44\mathbf{k}$， $\boldsymbol{A} \times (\boldsymbol{B} \times \boldsymbol{C}) = -20\mathbf{i} - 20\mathbf{j} - 20\mathbf{k}$ ， $(\boldsymbol{A} \times \boldsymbol{B}) \cdot (\boldsymbol{C} \times \boldsymbol{D}) = 220$.

1.6 (1.15)式より $(\boldsymbol{e} \times \boldsymbol{A}) \times \boldsymbol{e} = \boldsymbol{A} - (\boldsymbol{e} \cdot \boldsymbol{A})\boldsymbol{e}$ ： $\boldsymbol{A} = -\dfrac{2}{7}(\mathbf{i} + 2\mathbf{j} - 3\mathbf{k}) + \dfrac{1}{7}(16\mathbf{i} + 25\mathbf{j} + 22\mathbf{k})$.

1.7 $W_2 = 2.05\,\mathrm{kg}$， $\theta_{W2-W3} = 47°$． 作図／略.

1.8
$$\bar{\boldsymbol{r}} = \frac{1}{abc}\int_0^a\int_0^b\int_0^c (x\mathbf{i} + y\mathbf{j} + z\mathbf{k})\,dxdydz = \frac{1}{2}([x^2]_0^a[y]_0^b[z]_0^c\mathbf{i} + [x][y^2][z]\mathbf{j} + [x][y][z^2]\mathbf{k})$$
$$= \frac{1}{2}(a\mathbf{i} + b\mathbf{j} + c\mathbf{k})$$

1.9 半球殻 $h_g = \dfrac{1}{2}a$， 充填半球 $h_g = \dfrac{3}{8}a$.

1.10 円環状電荷分布を N 等分して l で和を取る．位置 $\boldsymbol{r}_l = (x - a\cos\varphi_l)\mathbf{i} + (y - a\sin\varphi_l)\mathbf{j} + z\mathbf{k})$ の

磁界は $\Delta\boldsymbol{H}_l = \boldsymbol{v}_l \times \Delta\boldsymbol{D}_l$ で $\boldsymbol{H} = \sum_l \Delta\boldsymbol{H}_l = \dfrac{\sigma a^2\omega}{4\pi}\sum_l^N \dfrac{1}{r_l^3}[z\cos\varphi_l\mathbf{i} + z\sin\varphi_l\mathbf{j} - (x\cos\varphi_l + y\sin\varphi_l - a)\mathbf{k})]\Delta\varphi_l$

となる．プログラムは左から１段とする．

```
#include <stdio.h>
#include <math.h>
#define GP "gnuplot"
#define FO "ringfield3D"

int main(){

int     i, j, k, l, m=20, N=12, n2=N/2;
double x, y, z, xl, yl, rl, vx, vy, vz, vl, pl, dd=0.2;
double pi=3.14, p=0.1, o=0.4, dq=1.0, a=1.0, df=2*pi/m;
char *ch;
FILE   *PGP, *FFO;

  FFO=fopen(FO,"w");
    for(i=0;i<n2;i++){ x=dd*(i-n2);
     for(j=0;j<N;j++){ y=dd*(j-n2);
      for(k=0;k<N;k++){ z=dd*(k-n2);
          vx=0.0; vy=0.0; vz=0.0;
        for(l=0;l<m;l++){ pl=df*l;
          xl=x-a*cos(pl); yl=y-a*sin(pl);
          rl=sqrt(xl*xl+yl*yl+z*z); if(rl<p) rl=p;
vl=dq*a*a*o*df/(4.0*pi*rl*rl*rl);
          vx=vx+vl*z*cos(pl); vy=vy+vl*z*sin(pl);
          vz=vz-vl*(x*cos(pl)+y*sin(pl)-a);
        }
 fprintf(FFO,"%8.4f %8.4f %8.4f %8.4f %8.4f %8.4f ¥n",¥
                                          x,y,z,vx,vy,vz);
    }}}
  fclose(FFO);

  PGP=popen(GP,"w");
fprintf(PGP,"set term wxt size 700,500 ¥n");
fprintf(PGP,"set ticslevel 0 ¥n set view equal xyz ¥n");
fprintf(PGP,"splot '%s' with vectors lw 1  ¥n",FO);
  fflush(PGP);
   printf("input end  --->"); scanf("%s",&ch);

  pclose(PGP);

return 0;
}
```

第2章

2.1 $r = 5\sqrt{2}$ ， $\varphi = 0.927\,\mathrm{rad}$ ， $\theta = \pi/4\,\mathrm{rad}$.

$x = 5\sqrt{2}\sin(\dfrac{\pi}{4})\cos(0.927)$， $y = 5\sqrt{2}\sin(\dfrac{\pi}{4})\sin(0.927)$， $z = 5\sqrt{2}\cos(\dfrac{\pi}{4})$.

2.2 P31. cycloid.c で double b=1.5（適当）を設定．for(i=0;i<n;i++) の行の x,y を $x = a*c - b*\sin(c)$， $y = a - b*\cos(c)$ とする．

2.3 $\boldsymbol{r} = a(\theta - \sin\theta)\mathbf{i} + a(1-\cos\theta)\mathbf{j}$， $(\boldsymbol{r} - a\theta\mathbf{i})\cdot\dot{\boldsymbol{r}} = 0$．

2.4 $\ddot{\boldsymbol{r}} = a\dot{\theta}^2(\sin\theta\,\mathbf{i} + \cos\theta\,\mathbf{j})$．

2.5 g_0=9.823 m/s^2

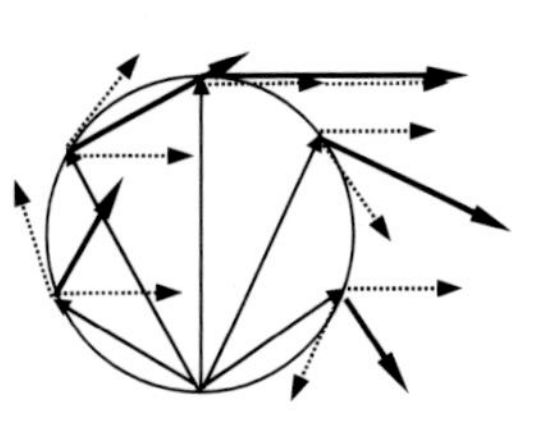

図 問 2.3

第３章

3.1 地表の重力は地球の各部の質量から及ぼされる重力の総量として計算する．正しく計算する場合は単純に重心位置に総質量を置いての計算とはならない．g=9.863 m/s^2 ， 実測 =9.832 m/s^2.

3.2 F=1.982×10^{20} [N]， α=2.697×10^{-3} [m/s^2].

3.3 $g_{\rm moon}$=1.623 [m/s^2].

3.4 $\gamma = 978.0326\cdots(1 + 0.005279\cdots\sin^2\varphi + 0.000023\cdots\sin^4\varphi + \cdots)$ [gal].

3.5 例題 3.2 のプログラムで加速度のグラフを変える．

3.6 エレベーターの上昇．プログラム例．

```
#include <stdio.h>
#include <math.h>
#define GP "gnuplot"

int main(){

  int     i, ii, j, n, m, NT=250;
  double ti, a, v[NT], x[NT], dt=0.1;
  char   *g[3], *lab[3], *F0="elevator";
  FILE   *FF0, *PGP ;

  FF0=fopen(F0,"w"); v[0]=0.0; x[0]=0.0; m=0;
   for(n=0;n<5;n++){
    switch(n){case 0: a=1.0;  j=20; break;
              case 1: a=2.0;  j=60; break;
              case 2: a=0.0;  j=50; break;
              case 3: a=-4.0; j=30; break;
              case 4: a=-0.5; j=40; break;}
    for(i=1;i<j;i++){ m=m+1; ti=m*dt;
     v[m]=v[m-1]+a*dt; x[m]=x[m-1]+v[m]*dt;
  fprintf(FF0,"%8.3f %8.3f %8.3f %8.3f ¥n",¥
                          ti,a,v[m],x[m]);
   }}
  fclose(FF0);

  g[0]="g0.emf";g[1]="g1.emf";g[2]="g2.emf";
  lab[0]="a   [m/s^2]"; lab[1]="v    [m/s]";
  lab[2]="x     [m]";

 PGP=popen(GP,"w");
    fprintf(PGP,"set term emf size 424,300 ¥n");
    fprintf(PGP,"unset key ¥n");
    printf(PGP,"set xlabel 'time  t  [s]' ¥n");
     for(i=0;i<3;i++){ii=i+2;
      fprintf(PGP,"set output '%s' ¥n",g[i]);
      fprintf(PGP,"set ylabel '%s' ¥n",lab[i]);
      fprintf(PGP,"plot '%s' using 1:%d ¥n",F0,ii);
     fflush(PGP);
     }
 pclose(PGP);

  return 0;
 }
```

3.7 l=0.2867 m, L=0.129 Nms, T=11.316 N.

3.8 F=1.2474×10^4 N, θ=38.

3.9 付録の物理定数表の惑星データを p45 のプログラム jupiter.c に入れる．

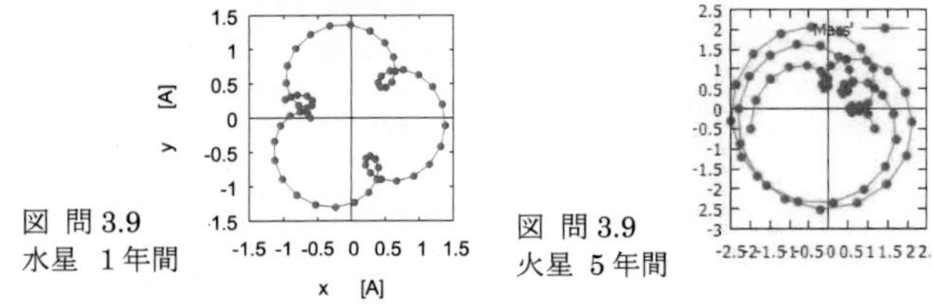

図 問 3.9 水星 1 年間

図 問 3.9 火星 5 年間

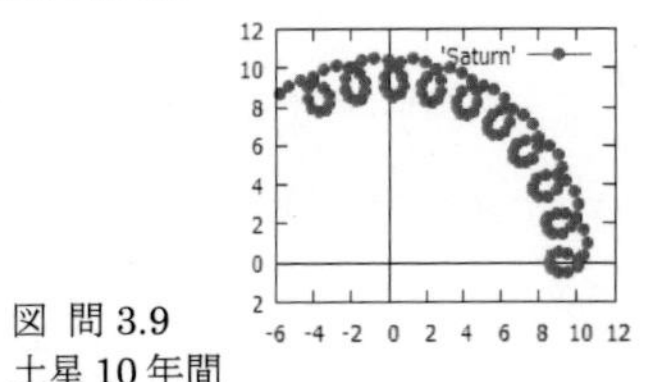

図 問 3.9 土星 10 年間

3.10 $R_s = 4.2\times10^7$ m, $R_s / R_{\rm earth} = 6.6$.

3.11 $L_{\rm earth} = 2.66\times10^{40}$ kg m^2/s, $L_{\rm moon} = 2.89\times10^{34}$ kg m^2/s. 3.12 $1/\sqrt{2}$.

3.13 Tuttle 彗星では e=0.824 q=0.997×1.496×10^{11}m, τ=13.5Y. v_q=$2\pi q(1+e)^2/((1-e^2)^{3/2}\tau)$ =4.02×10^4 m/s.

3.14 $U = -5.3\times10^{33}$ J, $T = 2.65\times10^{33}$ J. 3.15 第一宇宙速度， $v_1 = 7.9$ km/s.

3.16 第二宇宙速度， $v_2 = 11.2$ km/s.

3.17 地球の公転速度は v_0=29.78 km/s で，地球の公転軌道からの脱出速度は $\sqrt{2}\,v_0$=42.11 km/s で最

低必要速度は v=12.23 km/s となる．地上からの宇宙脱出速度は地球の引力圏 R_0=9.24×10⁵ km/s からの脱出を考慮すると第三宇宙速度 v_3=16.7 km/s が必要となる． $E=\sum T+\sum U=0$．

3.18 $E=mg(h+y)$． $E=Ty$． $T=mg(1+h/y)$．

3.19 地球からの距離が $r=A\sqrt{E/S}$=2.6×10⁵ km となる位置で重力場が地球と太陽と同じ程度の大きさになる．右図は±の静電荷の作る電界に例えたベクトル場で．微小質量 m が右側に在る太陽と図中心に在る地球の二つの天体から受ける引力の場を表している．この図は m の引力図で重力歪の場を表現した図ではない．地球に対する太陽の引力はこの図ではほぼ一様なベクトル場となる．プログラムは第 1 章 5-2 を参照．

図 問 3.19

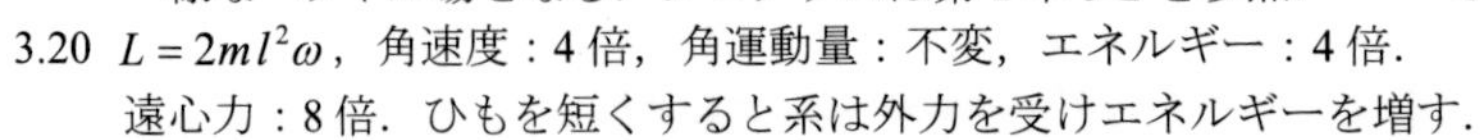

3.20 $L=2ml^2\omega$，角速度：4 倍，角運動量：不変，エネルギー：4 倍．遠心力：8 倍．ひもを短くすると系は外力を受けエネルギーを増す．

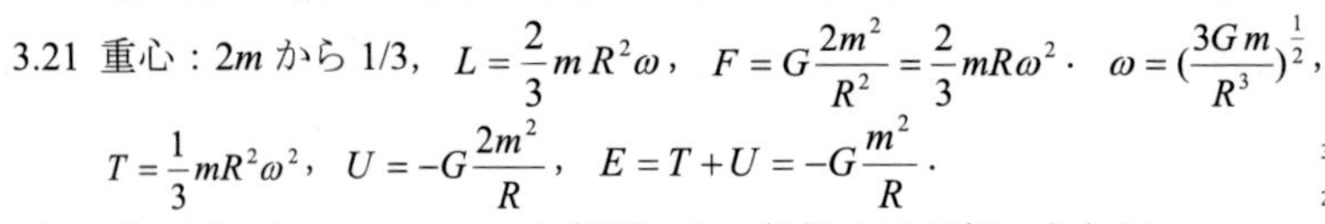

3.21 重心：$2m$ から 1/3， $L=\dfrac{2}{3}mR^2\omega$， $F=G\dfrac{2m^2}{R^2}=\dfrac{2}{3}mR\omega^2$． $\omega=(\dfrac{3Gm}{R^3})^{\frac{1}{2}}$，

$T=\dfrac{1}{3}mR^2\omega^2$， $U=-G\dfrac{2m^2}{R}$， $E=T+U=-G\dfrac{m^2}{R}$．

3.22 プログラム Faye.comet.c を参照せよ．付録の天文部・主な周期彗星のデータを用いる．

3.23 Faye.comet.c で y[1]を y[1]=q0*2*pi*e1*dt*0.8/(e2*t)，F0 を F0 "faye08"と設定し直す． 1.2 では 0.8 の部分を書き換える． $2GM/q<v_q^2$ のとき T が U よりも大きくなり，彗星は太陽の引力圏から外に飛び出す． v_q=2.9×10⁴ m/s の 1.2 倍は v_q^*=3.28×10⁴ m/s よりも大きい．

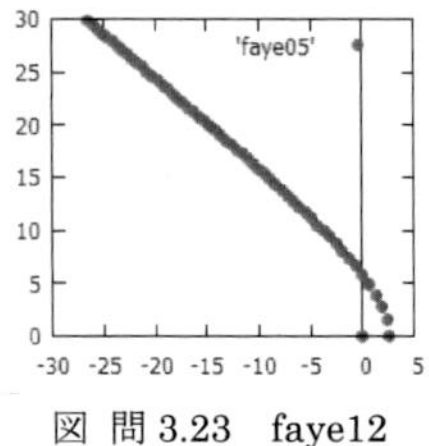

図 問 3.23 faye12

3.24 例題 6.1 を参照せよ．本書では，運動量と角運動量の 2 つを伴う運動を剛体として扱う．

3.25 $U:T=1:1$．

第 4 章

4.1 v = 13.2 m/s, h = 8.9 m.

4.2 v=1/17 m/s， v'=35/17 m/s， ΔE=2.65 J.

4.3 $X=\dfrac{\sin^2\theta_1}{\sin^2(\theta_1+\theta_2)-\sin^2\theta_2}m$．

4.4 1Dcollision.c で double e=0.5; として計算する．

4.5 $m\Delta m=\dfrac{e-1}{e}M$, $v=V\ln\dfrac{M}{M-\rho t}$, $p=(M-\rho t)V\ln\dfrac{M}{M-\rho t}$．

4.6 燃料使用料： $m=(1-\dfrac{1}{e^2})M$．

4.7 $\mu'=\sin\theta/(1-\cos\theta)$．

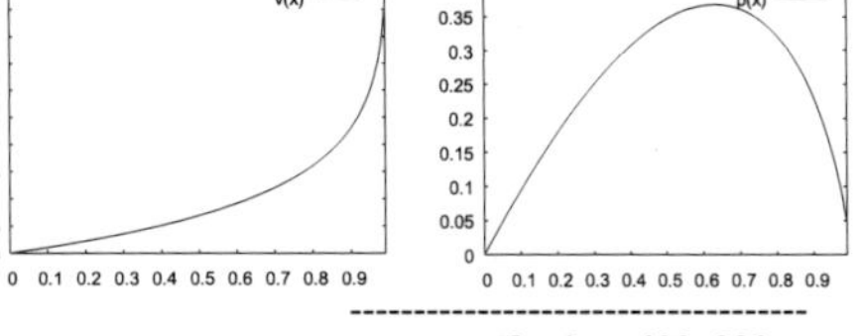


```
set term emf size 420,300
set output "v.emf"
m=1; V=1; q=1
v(x)=V*log(m/(m-q*x))
plot [0:0.99] v(x)
set output "p.emf"
p(x)=(m-q*x)*V*log(m/(m-q*x))
plot [0:0.99] p(x)
```

図&プログラム 問 4.5

4.8 落下位置 $y(t)$，速度 $v_y(t)$，運動エネルギー $T=m\dot{y}^2/2$ を m=1g で計算する．普通の雨滴は直径 2mm 程度で 7m/s の速さで落下する．以下に計算結果とそのプログラムを示す

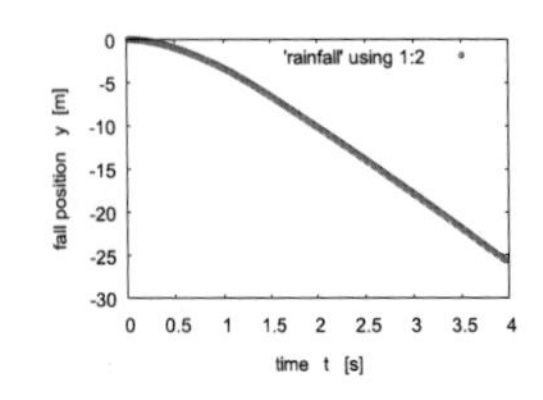

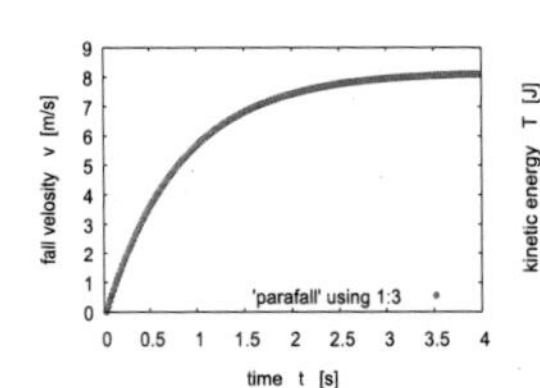

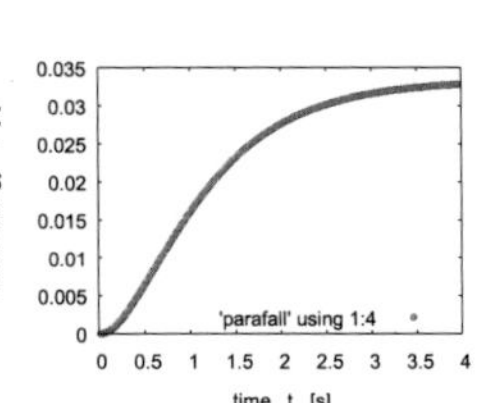

図 問 4.8 雨滴の速度とエネルギー

parafall.c のプログラムで k=1.2, t=0.02, m=0.001 と置き y[i+1]の式で pow[v,1]とする．

4.9　$\omega > \sqrt{g\mu / a}$.

4.10　parafall.c で F0 "nfall"と int j と double n を定め，for{i=1;を包んで for(j=0;j<6; j++){n=0.5*(j+2);のループを設定し、y[i+1]の式で pow[v,n]として n と v を出力する．linespoints で描く

図 問 4.10 速度変化

4.11　フーコーの振り子．$T_0 = 6.3476$ s．$T_{45} = 6.3447$ s．$T_{90} = 6.326$ s．北半球では地球の自転角速度ω_0に対し，時計まわりに$\omega_\beta = \omega_0 \sin\beta$で時を刻む. 第6章3-6で詳しく説明.

4.12　p83<バネ振動>参照．k=3.95 N/m．$E = 1.98 \times 10^{-2}$ J .

4.13　第 4 章 4-1 の frict,vib.c で u=0.05 と=0.2 を設定し図を描く．

4.14　$V_0 = 8.28$ m/s．$\tau = 44.1$ N .

4.15　例題 4.10 参照．$\alpha = \{4mk / [1 + (2\pi / \ln 2)^2]\}^{0.5}$.

$T / T_0 = \{1 + (\ln 2 / 2\pi)^2\}^{0.5}$.

図 問 4.13 摩擦振動

4.16　$x = x_0 e^{-\beta t} \sin\omega t$．dampedocill.c で初期条件設定を x[0]=0, x[1]=dt とする．

図 問 4.16 初期 0 振動

4.17　$\omega_0 = \sqrt{k/m}$，$\alpha = 2\sqrt{mk}$，x1=1.0，$x_0 = \omega_0 x_1$，$\Delta t = 10^{-2}$，$x = (x_0 t + x_1) e^{-\omega_0 t}$.

------------------------------critical.damp.c------------------------------

```
#include <stdio.h>
#include <math.h>
#define GP "gnuplot"
#define F0 "critdamp"

int main(){

  int    i, j, in, N=600, n=20 ;
  double a, o, v, f, t, xx, x0, x[N];
  double m=0.2,x1=1.0,k=20.0,dt=1.0E-3;
  FILE   *FF0, *PGP ;

  a=2.0*sqrt(k*m); o=sqrt(k/m); x0=o*x1;
  FF0=fopen(F0,"w"); x[0]=x1; x[1]=x1;
   for(i=1;i<N-1;i++){t=dt*i; in=i/n;
      v=(x[i]-x[i-1])/dt; j=i-in*n;
      f=-a*v/m-k*x[i]/m;
      x[i+1]=2*x[i]-x[i-1]+f*dt*dt;
      xx=(x0*t+x1)*exp(-o*t);
      if(j==0){fprintf(FF0,"%8.4f %8.4f %8.4f
                               ¥n",t,x[i],xx);}
   }
  fclose(FF0);

  PGP=popen(GP,"w");
    fprintf(PGP,"set term emf size 424,300 ¥n");
    fprintf(PGP,"set output 'critdump.emf' ¥n");
    fprintf(PGP,"set xlabel 'time    t [s]' ¥n");
    fprintf(PGP,"set ylabel 'amplitude  x' ¥n");
    fprintf(PGP,"plot '%s' using 1:2 with
                              points pt 7 ¥n",F0);
    fprintf(PGP,"replot '%s' using 1:3 with
                              lines lw 2 ¥n",F0);
    fflush(PGP);
  pclose(PGP);

 return 0;
}
```

図 問 4.17 臨界制動
初期条件 x[0]=x[1]=1.

4.18　例題 4.11 参照，$a = \omega_1 / \omega_0$，$b = \beta / \omega_0$，$x_1 = \dfrac{f_1}{k\sqrt{(1-a^2)^2 + 4a^2b^2}}$.

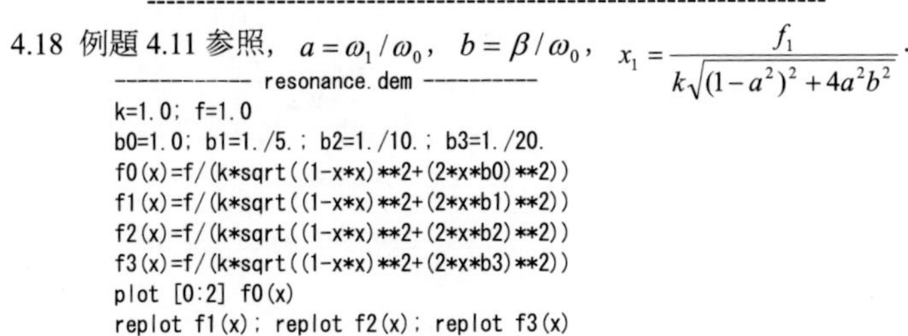

```
------------ resonance.dem ------------
k=1.0; f=1.0
b0=1.0; b1=1./5.; b2=1./10.; b3=1./20.
f0(x)=f/(k*sqrt((1-x*x)**2+(2*x*b0)**2))
f1(x)=f/(k*sqrt((1-x*x)**2+(2*x*b1)**2))
f2(x)=f/(k*sqrt((1-x*x)**2+(2*x*b2)**2))
f3(x)=f/(k*sqrt((1-x*x)**2+(2*x*b3)**2))
plot [0:2] f0(x)
replot f1(x); replot f2(x); replot f3(x)
---------------------------------------
```

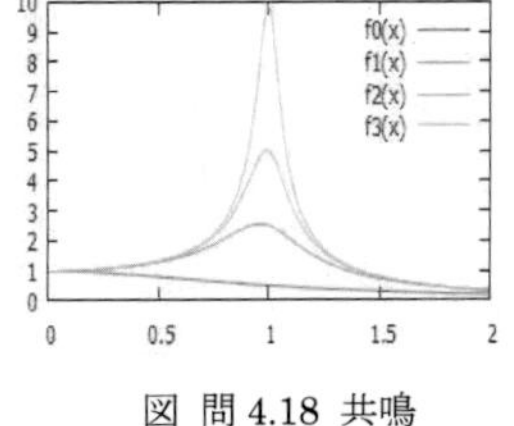

図 問 4.18 共鳴

4.19　$\ddot{x} = -(kx + a\dot{x} - f \sin\omega t \cdot \sin 2\omega t) / m$．$\omega$ 変化．例題 4.12 で s0=4.5, f を f=(h*sin(s[j]*t) *sin(2*s[j]*t)-a*xd-k*x[i])/m とする．

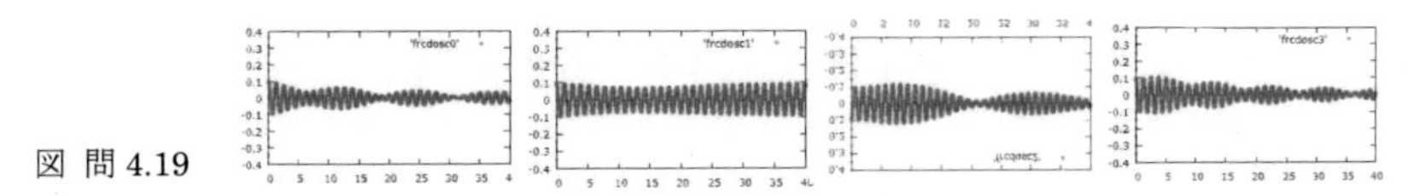

図 問 4.19

第5章

5.1 $T_1/T_2 = a/b$.　5.2 $x = \dfrac{2\mu(n+1)a\sqrt{a^2-b^2}-ab}{2nb}$.　5.3 $\mu = \dfrac{l\sin^2\alpha\,\cos\alpha}{2h - l\sin\alpha\cos^2\alpha}$.

5.4 F_A=40, F_B=50, N_{AD}=30, N_{AC}=-50, N_{ACx}=-30, N_{AD}=30, N_{DC}=0, N_{CFy}=20 …

5.5 N_{EDx}=650:引っ張り，N_{DC}=700:引っ張り，N_{BC} =N_{AC}=-600:圧縮、N_{ECx}= N_{ECy}=-50:圧縮

5.6 $e_1/e_2 = \pi/3$.　5.7 $I = a^3b/12$，$E = Fl^3/48eI = 9.8\times10^{10}$ Pa.

5.8 式(5.20)~(5.27)を理解せよ．　5.9 $\tau = \sqrt{5\pi}$ s.

5.10 年表・機械的物性より Elastic.Modulus を新たにして elastic.modulus.c を実行する．
e1=0., e2=5., g1=0., g2=2., k1=0.3, k2=6., s1=0.3, s2=0.5

4.99	1.84	0.357	5.82	"Su"
3.19	1.20	0.33	3.13	"Bi"
1.61	0.559	0.44	4.58	"Pb"
0.35	0.143	0.34	0.40	"PS"
0.076	0.026	0.458	0.3	"PE"

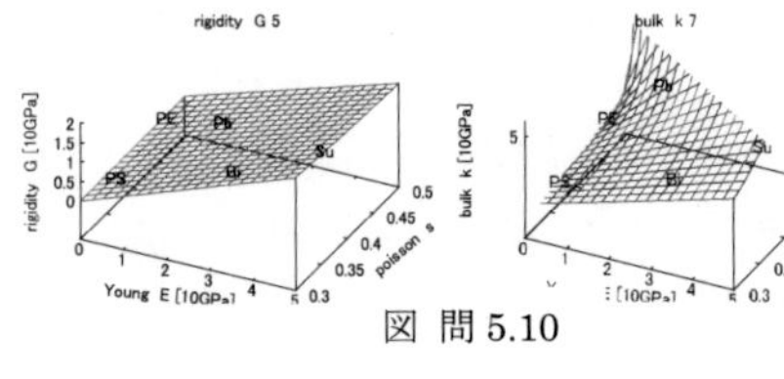

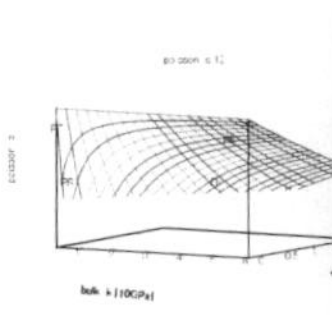

図 問5.10

第6章

6.1 例題6.1 の3Dspring.c の関数 ILE の中に変数 double oo を増やし，ILE 出力ファイルの 10 番目に oo=ll/ii の数値を加え，ILE.dem に以下の行を付け加える．

```
reset
set output "ILE_omega.emf"
unset key
set xlabel "time    t  [s]"
set ylabel "omega      [rad/s]"
plot   "ILE" using 1:10 with lines lw 3
```

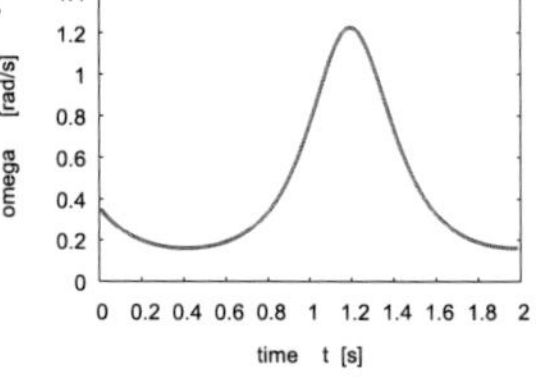

図 問6.1 角速度 ω

6.2 滑る場合：$F = m\mathrm{g}\mu\cos\theta$.　$\ddot{x} = \mathrm{g}(\sin\theta - \mu\cos\theta)$.　$\ddot{\varphi} = \dot{\omega} = am\mathrm{g}\mu\cos\theta/I$.

$\beta = \ddot{x} - a\dot{\omega} > 0$.　$\mu < \tan\theta/(1+ma^2/I)$.

滑らない場合：$F = m\mathrm{g}\sin\theta - m\ddot{x}$，$\ddot{x} = a\ddot{\theta}$.　$N = I\ddot{\theta} = aF$.

$F = m\mathrm{g}\sin\theta(1+ma^2/I)$.　$\ddot{x} = \mathrm{g}\sin\theta/(1+I/ma^2)$.

6.3 $I = 0.27\ \mathrm{kg\,m^2}$.　$\omega = 8.52$ rad/s.　$T_T = 19.6$ J.　$T_R = 9.8$ J.

6.4 $I = \iint \sigma r^2 dxdy = \sigma\int_{-\frac{a}{2}}^{\frac{a}{2}}\int_{-\frac{b}{2}}^{\frac{b}{2}}(x^2+y^2)dxdy = \dfrac{M}{12}(a^2+b^2)$.

6.5 $I = \dfrac{M}{3}l^2\sin^2\theta$.　$\omega = \sqrt{\dfrac{3\mathrm{g}}{2l\cos\theta}}$.　　6.6 $I = I_G + Ml^2 = 2.61$ kg m². $E = 51.5$ J.

6.7 $n = 2292$ rpm.　　6.8 それぞれ $I = \dfrac{2}{5}Ma^2$.　　6.9 $I = \dfrac{3}{10}Ma^2$.

6.10 重心から$\dfrac{3}{4}l$.　　6.11 $h' = \dfrac{5}{12}l$.　$V = 10.15$ m/s.　$v' = -12.78$ m/s.

6.12 $P = 20.3$ kgm/s.　$L = 4.06\ \mathrm{kg\,m^2/s}$.　$\omega = 8.52$ rad/s..　$mv^2/2 = 193.2$，$MV^2/2 = 102.9$，

$I\omega^2/2 = 49.4$，$mv'^2/2 = 40.8$ J.　$L = \dfrac{Mmhv}{M+m} = \mathrm{const}$.

6.13 $T = 2\pi\sqrt{\sqrt{2}a/\mathrm{g}}$ s.

6.14 $r_G = \dfrac{2}{3}$ m.　$I_G = \dfrac{1}{3}$ kg m².　$I_h = 1.297$ kg m².　$l = 0.7627$ m.　$T = 1.753$ s.

6.15 慣性モーメント：不変．回転エネルギー：２倍．腕を縮めるエネルギー．

$L = 16.96\ \mathrm{kgm^2/s}$.　$T_R = 213.2$ J.

6.16　P152 式(6.55)-(6.62)参照．$\dot{\varphi} = 6.23$ rad/s．

6.17　問 6.9 の結果を用いる．$\omega > 130$ rad/s．毎秒 20.7 回転以上.

6.18　$l = 14$ m．$T_T / T_R = 98/39.2 = 5/2$．

6.19　$h = 1.36 \times 10^{-1}$ m．　$t = 0.289$ s．

6.20　$P_0 = mv_0$．棒重心の回転角運動量：$L'_0 = L'_1 = dmv_0/8$．$P'_0 = 3P_0/4$．$P'_1 = P_0/4$．

$T'_T = \{\frac{9}{16} + \frac{1}{16}\}(\frac{P_0^2}{2m}) = \frac{5}{8}(\frac{P_0^2}{2m})$，$T'_R = \{\frac{3}{16} + \frac{3}{16}\}(\frac{P_0^2}{2m}) = \frac{3}{8}(\frac{P_0^2}{2m})$．全重心角運動量：$L = dmv_0/2$（一定).

6.21　例題 4.8 の拘束されたパチンコ玉の運動を，束縛加速度が加えられた運動として計算する．

```
#include <stdio.h>
#include <math.h>
#define GP "gnuplot"
#define N  700
int main(){
  int    n;
  double x[N], y[N], s, f, h;
  double g=9.80, dt=1.0E-3, r0=0.4, v=4.0*dt;
  char   *f0, *fg;
  FILE   *PGP, *FF0;
   f0="pachinco"; fg="pachinco.emf";
FF0=fopen(f0,"w");
     x[0]=0.0; y[0]=-r0; x[1]=v;
     y[1]=-sqrt(r0*r0-x[1]*x[1]);
     for(n=1;n<N-1;n++){
     f=2.0*x[n]-x[n-1]; h=2.0*y[n]-y[n-1]-g*dt*dt; s=sqrt(f*f+h*h);
     if(s>r0) {x[n+1]=r0*f/s; y[n+1]=r0*h/s;}
       else {x[n+1]=f; y[n+1]=h;}
     fprintf(FF0,"%15.8f %15.8f ¥n", x[n], y[n]);}
   fclose(FF0);
   PGP=popen(GP,"w");
    fprintf(PGP,"set term emf size 424,300 ¥n set size ratio -1 ¥n");
    fprintf(PGP,"set output '%s' ¥n unset key ¥n",fg);
    fprintf(PGP,"set xlabel 'x  ' ¥n set ylabel 'y  ' ¥n");
    fprintf(PGP," plot '%s' with points pt 7 ¥n",f0);
   fflush(PGP);
   pclose(PGP);
 return 0;
 }
```

6.22　double の Rsc がトルクの強制削除項となる．Rsc=0 と設定すれば自然な結果が得られる．¥の無い折り返しはそのまま続けて記述する．

```
#include <stdio.h>
#include <math.h>
#define GP "gnuplot"
#define N  1000
int main(){
  int    n, n0, nn, nm;
  double rn, tn, so, co, x, y, z, xn, xn1, yn,
                              yn1, zn, zn1, uf, ue;
  double g=9.823, o=7.27E-5, pi=3.1415, c=pi/3,
                                         R0=6.37E+6;
  double sc=sin(c), cc=cos(c), dt=1.0E-2, r=10.0,
                    Ro2=R0*o*o, Rsc=Ro2*sc*cc;
  char   *f0, *fg;
  FILE   *PGP, *FF0;
   f0="Foucauf0"; fg="Foucauf0.emf";
 FF0=fopen(f0,"w");
  xn=-sin(c); xn1=-sin(c); yn=0.1*dt;
            yn1=-0.1*dt; zn=-cos(c); zn1=-cos(c);
  for(n=1;n<N-1;n++){ tn=dt*n;
   so=sin(o*tn); co=cos(o*tn);
   x=2*r*xn-r*xn1+((Ro2-g)*sc*co-Rsc*cc)*dt*dt;
   y=2*r*yn-r*yn1+(Ro2-g)*sc*so*dt*dt;
   z=2*r*zn-r*zn1-(g*cc-Rsc*sc)*dt*dt;
   xn1=xn; yn1=yn; zn1=zn; rn=sqrt(x*x+y*y+z*z);
      xn=x/rn; yn=y/rn; zn=z/rn;
      uf=-so*xn+co*yn; ue=cc*(co*xn+so*yn)-sc*zn;
      fprintf(FF0,"%12.3f %15.8f %15.8f %15.8f
        %15.8f %15.8f ¥n",tn, xn, yn, zn, ue, uf);
   }
  fclose(FF0);
  PGP=popen(GP,"w");
   fprintf(PGP,"set term emf size 424,300 ¥n set
                               xtics 0.002 ¥n");
   fprintf(PGP,"set output '%s' ¥n unset key
                                       ¥n",fg);
   fprintf(PGP,"set xlabel 'ue  ' ¥n set ylabel
                                 'uf  ' ¥n");
   fprintf(PGP," plot  [-0.002:0.004][-0.2:0.2]
     '%s' using 5:6 with linespoints pt 7 ¥n",f0);
  fflush(PGP);
  pclose(PGP);
 return 0;
 }
```

6.23　例題 6.7 参照．例えば　Foucault.c のプログラムで fi=pi/6;　yn=Rdt=10^{-6}; yn1=0; として初期条件を変え f0="Fou"; fg="Fou.emf";f1="Fouc"; fg1="Fouc.emf";として逆回転の結果を得る．

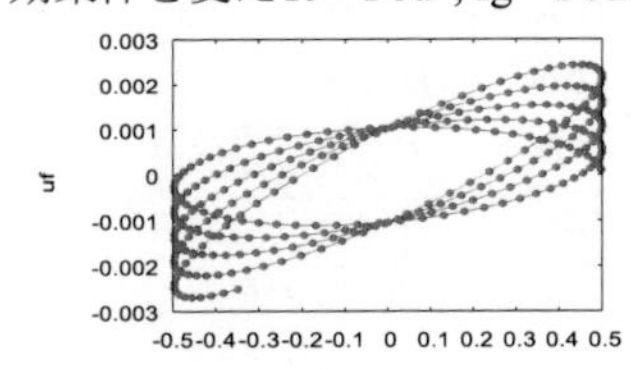

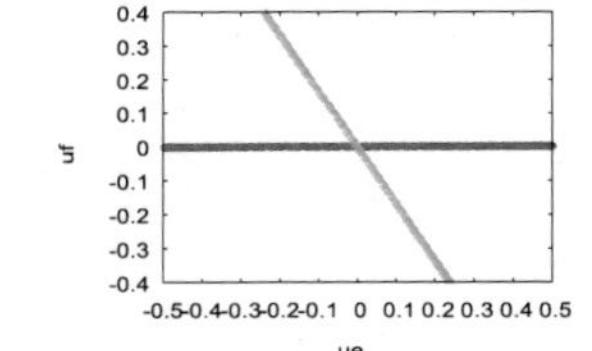

図 問 6.23 逆回転の円錐振り子

物理定数表

天文部

天文定数(1976-)

定義定数	ガウス引力定数	$k = 0.01720209895$
	光速度	$c = 2.99792458 \times 10^{8}$ m/s
1次定数	光差（1天文単位の光通過時間）	$\tau_A = 499.004782$ s
	重力定数G（γ）	$G = 6.672 \times 10^{-11}$ m³/kg·s²
	横道の平均傾斜角	$\varepsilon = 23°26'21''.448$
	地球の形の力学定数	$J_2 = 0.00108263$
	月と地球の質量比	$\mu = 0.01230002$
	地心重力定数	$GE = 3.986005 \times 10^{14}$ m³/s²
誘導定数	天文単位距離（地球公転軌道 長半径）	$A = 1.49597870 \times 10^{11}$ m
	公転周期（太陽年）	$T = 365.24219$ 日
	太陽質量	$S = 1.9891 \times 10^{30}$ kg
	地球質量	$E = 5.974 \times 10^{24}$ kg
	地球と太陽の質量比	$S/E = 332946.0$
	平均太陽時	$= 23^h 56^m 4^s.0905$ 時
	章動定数(2000)	$N = 9''.2025$
	光行差定数(2000)	$\kappa = 20''.49552$

地球 形および大きさ

回転楕円体	赤道半径 a km	極 半径 b km	扁率 $(a\text{-}b)/a$	子午線象限 km
IAU 楕円体 1976	6378.137	6356.752	1/298.25722	10001.966

惑 星 表

名称	長半径 a 天文単位	離心率 e	長半径 10^8 km	最小半径 10^8 km	最大半径 10^8 km	軌道傾斜 ° 不変面	平均周期 太陽年	平均速度 km/s	英 名
水星	0.3871	0.2056	0.579	0.460	0.698	6°.344	0.2409	47.36	Mercury
金星	0.7233	0.0068	1.082	1.075	1.089	2.195	0.6152	35.02	Venus
地球	**1.0000**	**0.0167**	**1.496**	**1.471**	**1.521**	**1.579**	**1.0000**	**29.78**	**Earth**
火星	1.5237	0.0934	2.279	2.067	2.492	1.680	1.8809	24.08	Mars
木星	5.2026	0.0485	7.783	7.406	8.160	0.328	11.862	13.06	Jupiter
土星	9.5549	0.0555	14.294	13.500	15.088	0.934	29.458	9.65	Saturn
天王星	19.2184	0.0463	28.750	27.419	30.081	1.028	84.022	6.81	Uranus
海王星	30.1104	0.0090	45.044	44.640	45.499	0.726	164.774	5.44	Neptune
*冥王星	39.5403	0.2490	59.151	44.422	73.881	15.568	247.796	4.68	Pluto

*準惑星: 離心率の大きな楕円軌道で黄道面から外れ月よりも小さい. 大きな衛星を持ち2重天体と見なされる.

太陽の諸定数

半径	6.960×10^{8} m	質量	1.989×10^{30} kg
平均密度	1.41×10^{3} kg/m^{3}	表面重力	2.74×10^{2} m/s^{2}
脱出速度	618 km/s	スペクトル型	G2V
総輻射量	3.85×10^{26} W	実視絶対等級	+4.83
実視等級	-26.74	有効温度	5780 K
色指数	B-V=+0.65, U-B=+0.13	太陽定数	1.37 kW/m^{2}
自転周期対地球	$26.90+5.2\sin^2\phi$ 日		

太陽定数は地球の大気圏外で太陽に正対する単位面積当たり単位時間に受ける総輻射エネルギー量を言う．ϕは太陽表面の緯度を表す.

月

月の運動は太陽による摂動が大きく，ケプラー運動からのずれが大きい．そのため月の軌道を理論的に解き暦を作るのは非常に難しい．自転周期は平均的には公転周期に等しく（常に同一半面を地球に向け），赤道面は黄道に対して角度1°32′33″（エックハルトによる）を保ち，自転・白道・黄道の３軸は同一平面内に有る．月の重心は月の形状中心より地球方向にほぼ 2km ずれている. 地殻内部に大きな空洞の存在が推察され, 中心部は高温で流体核となっている説がある. 構造に未だに確定されない内容を含む.

軌道 長半径	$a=60.2682\times R_{地球赤道}=384400$ km
平均離心率	$e=0.0548799$
平均傾斜角	$=5°7'47''.41$
恒星月	$=27.321662$ 日
質量	$=0.0123\times5.974\times10^{24}=7.348\times10^{22}$ kg
半径	$r=1.7384\times10^{6}$ m (地球方向)
	$r=1.7367\times10^{6}$ m (自転軸方向)

小惑星

主に火星と木星の間に存在する（公転軌道の長半径が 2~3.3 天文単位の所に集中して存在する)．木星と小惑星の公転周期の比が 2:1, 7:3, 5:2, 3:1 の所には小惑星は殆ど存在しない.

主な小惑星

番号	名称	平均等級	離心率 e	長半径 a A	自転周期 時	直径 km
1	Cares	6.8	0.077	2.768	9.075	910
2	Pallas	7.6	0.232	2.774	7.811	520
3	Juno	8.6	0.258	2.669	7.210	240
4	Vesta	5.7	0.090	2.361	5.342	500
433	Eros	10.3	0.223	1.458	5.270	38×15×14
1566	Icarus	11.0	0.827	1.078	2.273	1

周期彗星

彗星は主に半径が数ｋｍの核と直線状に伸びる電離ガスの尾（タイプ I）と曲がったダストの尾（タイプ II）から成る．成分は頭部に，OH, NH, CN, C_2, C_3，尾部に CO_2^+, CO^+, N_2^+, H_2O^+, Na などが観測されている．尾の長さは数天文単位に及ぶことが有る．Halley・彗星や池谷－関・彗星ではおよそ 12000 万 km 程度であったが，その観測範囲は測定条件で大きく左右されるのであくまでも目安でしかない．

主な周期彗星

P：公転周期，*e*：離心率，*s.m.a.*: 長軸半径，I :傾き，M1: 明るさ．
＊地球の軌道と重ね合わせて彗星軌道シミュレーションを楽しもう．

Comet Designation	Period Y	Semi-major axis (AU)	Inclination	Ecc *e*	Abs. mag(M1)
1P/Halley	75.32	17.834	162.26	0.967	5.5
2P/Encke	3.30	2.215	11.781	0.848	14.2
3D/Biela	6.65	3.535	13.216	0.751	7.1
4P/Faye*	7.52	3.838	9.070	0.570	10.9
5D/Brorsen	5.46	3.101	29.382	0.810	8.3
7P/Pons–Winnecke	6.32	3.419	22.335	0.638	13.0
8P/Tuttle	13.61	5.700	54.983	0.820	9.8
12P/Pons–Brooks	70.85	17.121	74.177	0.955	5.
13P/Olbers	69.52	16.907	44.610	0.930	5.
15P/Finlay	6.51	3.487	6.804	0.720	10.3
18D/Perrine–Mrkos	6.72	3.560	17.759	0.643	11.5
20D/Westphal	61.87	15.642	40.890	0.920	8.8
21P/Giacobini–Zinner	6.60	3.518	31.911	0.707	9.1
23P/Brorsen–Metcalf	70.52	17.069	19.334	0.972	7.8
24P/Schaumasse	8.26	4.087	11.734	0.705	7.
26P/Grigg–Skjellerup	5.31	3.043	22.357	0.633	15.1
27P/Crommelin	28.07	9.236	28.967	0.919	12.
34D/Gale	11.00	4.944	11.728	0.761	10.5
35P/Herschel–Rigollet	155.00	28.844	64.207	0.974	8.3
41P/Tuttle–Giacobini–Kresák	5.42	3.085	9.229	0.661	15.3
45P/Honda–Mrkos–Pajdušáková	5.26	3.025	4.248	0.824	14.
46P/Wirtanen	5.43	3.088	11.757	0.659	12.9
55P/Tempel–Tuttle	33.24	10.338	162.49	0.906	10.
66P/du Toit	14.71	6.003	18.693	0.788	12.
67P/Churyumov–Gerasimenko	6.45	3.465	7.044	0.641	11.3
72P/Denning–Fujikawa	9.03	4.336	9.169	0.819	15.5
73P/Schwassmann–Wachmann	5.44	3.092	11.237	0.686	12.

*　現在は再帰性を失ったとされる．この様に多くの再帰性彗星が消滅している．
長期間観測されない未確認の周期彗星には D/を付ける．
現在は SOHO や PANSTARRS の様な高性能望遠鏡による探査により，発見者の名前が付かなくなった．

物理／化学 部

単位

１９６０年の国際度量衡総会は，あらゆる分野において，MKSA 単位系を拡張した**国際単位系(Syste'me International d'Unite's) 略称 SI** を採択した．日本の計量法もこれを基礎としている．SI は，４種類の基本量，

時間：秒(**s**)，長さ：メートル(**m**)，質量：キログラム(**kg**)，電流：アンペア(**A**)，

を基本とし，これに熱力学的な２つの基本量

温度：ケルビン(**K**)，物質量（分子数）：モル(**mol**)，

と測光の基本量と平面と立体の角度の２つの基本量

光度：カンデラ(**cd**)，平面角：ラジアン(**rad**)，立体角：ステラジアン(**sr**)

を合わせた９つの基本単位から構成される．

s　：^{133}Cs 原子基底状態の２微細準位（F=4,M=0 – F=3,M=0)間の 9192631770 周期時間
m　：光が真空中で 1/299792458 s の間に進む距離
kg　：国際キログラム原器の質量を１kg とする(検討中)
A　：1m 間隔の２本の細長い直線電流が 1m 当たり 2×10^7 N の力を及ぼす一定電流
K　：水の三重点の温度の1/273.16
mol　：0.012 kg の ^{12}C に含まれる原子数
cd　：周波数 540×10^{12} Hz の単色放射を放出し放射強度が 1/683 W/sr の光の強さ
rad　：円の周上で半径に等しい長さの弧を切り出す開角（平面角）
sr　：球の表面で中心から錐を広げ半径の２乗の面積を切り取る開角（立体角）

ＳＩ組立単位(1)

量	単位	記号	組立単位
周波数	ヘルツ (hertz)	Hz	1/s
力	ニュートン (newton)	N	m·kg/s^2
圧力・応力	パスカル (pascal)	Pa	N/m^2
エネルギー・仕事	ジュール (joule)	J	N·m
仕事率・電力	ワット (watt)	W	J/s
電気量・電荷	クーロン (coulomb)	C	A·s
電圧・電位	ボルト (volt)	V	J/C
静電容量	ファラッド (farad)	F	C/V
電気抵抗	オーム (ohm)	Ω	V/A
コンダクタンス	ジーメンス (siemens)	S	A/V
磁束	ウェーバー (weber)	Wb	V·s
磁束密度	テスラ (tesla)	T	Wb/m^2
インダクタンス	ヘンリー (henry)	H	Wb/A
セルシウス温度	ドシー (degree C)	°C	(K-273.15)
光束	ルーメン (lumen)	lm	cd·sr
照度	ルクス (lux)	lx	Lm/m^2
放射能	ベクレル (becquerel)	Bq	1/s
吸収線量	グレイ (gray)	Gy	J/kg
線量当量	シーベルト (sievert)	Sv	J/kg

S I 組立単位(2)

量	単位	量	単位
面積	m^2	熱流密度	W/m^2
体積	m^3	熱容量・エントロピー	J/K
密度	kg/ m^3	比熱	J/(kg・K)
速度	m/s	熱伝導率	W/(m・K)
加速度	m/s^2	電界	V/m
角速度	rad/s	電束密度	C/m^2
力のモーメント	N・m	誘電率	F/m
表面張力	N/m	電流密度	A/m^2
粘度	Pa・s	磁界	A/m
動粘度	m^2/s	透磁率	H/m
モル濃度	mol/dm^3	起磁力	A
輝度	cd/m^2	波数	1/m

10の整数乗 接頭表現

名称	記号	大きさ	名称	記号	大きさ
ヨ タ yotta	Y	10^{24}	デ シ deci	d	10^{-1}
ゼ タ zetta	Z	10^{21}	センチ centi	c	10^{-2}
エクサ exa	E	10^{18}	ミ リ milli	m	10^{-3}
ペ タ peta	P	10^{15}	マイクロ micro	μ	10^{-6}
テ ラ tera	T	10^{12}	ナ ノ nano	n	10^{-9}
ギ ガ giga	G	10^9	ピ コ pico	p	10^{-12}
メ ガ mega	M	10^6	フェムト femto	f	10^{-15}
キ ロ kilo	k	10^3	ア ト atto	a	10^{-18}
ヘクト hecto	h	10^2	ゼプト zepto	z	10^{-21}
デ カ deca	da	10	ヨクト yocto	y	10^{-24}

ギリシャ文字

大文字	小文字	ローマ	英読み	読み	大文字	小文字	ローマ	英読み	読み
A	α	*a*	alpha	アルファ	N	ν	*n*	nu	ニュー
B	β	*b*	beta	ベータ	Ξ	ξ	*x*	xi	グザイ
Γ	γ	*g*	gamma	ガンマ	O	o	*o*	omicron	オミクロン
Δ	δ	*d*	delta	デルタ	Π	π	*p*	pi	パイ
E	ε	*e*	epsilon	エプシロン	P	ρ	*r*	rho	ロー
Z	ζ	*z*	zeta	ツェータ	Σ	σ	*s*	sigma	シグマ
H	η	$\bar{e}$	eta	エータ	T	τ	*t*	tau	タウ
Θ	θ	*th*	theta	シータ	Υ	υ	*u*	upsilon	ユプシロン
I	ι	*i*	iota	イオタ	Φ	ϕ	*f*	phi	ファイ
K	κ	*k*	kappa	カッパ	X	χ	*ch*	khi	カイ
Λ	λ	*l*	lambda	ラムダ	Ψ	ψ	*ps*	psi	プサイ
M	μ	*m*	mu	ミュー	Ω	ω	$\bar{o}$	omega	オメガ

基礎物理定数表

普遍定数および電磁気定数

物理量	記号	数値	単位
真空中の光速度	c	2.99792458×10^{8}	$\mathrm{m\cdot s^{-1}}$
真空中の透磁率	$\mu_0=4\pi\times10^{-7}$	$1.2566370614\times10^{-6}$	$\mathrm{H\cdot m^{-1}}$
真空中の誘電率	$\varepsilon_0=(4\pi)^{-1}c^{-2}\times10^{7}$	$8.854187817\times10^{-12}$	$\mathrm{F\cdot m^{-1}}$
万有引力定数	G	6.6742×10^{-11}	$\mathrm{N\cdot m^2\cdot kg^{-2}}$
プランク定数	h $\hbar=h/2\pi$	6.6260693×10^{-34} 1.05457168×10^{-34}	$\mathrm{J\cdot s}$
素電荷	e	1.60217653×10^{-19}	C
磁束量子	$h/2e$	2.06783372×10^{-15}	Wb
ﾌｫﾝ･ｸﾘｯﾂｨﾝｸﾞ定数	$R_{\mathrm{K}}=h/e^2$	2.5812807449×10^{4}	Ω
ボーア磁子	$\mu_{\mathrm{B}}=e\hbar/2m_{\mathrm{e}}$	9.27400949×10^{-24}	$\mathrm{J\cdot T^{-1}}$
核磁子	$\mu_{\mathrm{N}}=e\hbar/2m_{\mathrm{p}}$	5.05078343×10^{-27}	$\mathrm{J\cdot T^{-1}}$

素粒子および原子定数

物理量	記号	数値	単位
電子質量	m_{e}	9.1093826×10^{-31}	kg
陽子質量	m_{p}	1.67262171×10^{-27}	kg
中性子質量	m_{n}	1.67492728×10^{-27}	kg
ミュー粒子質量	m_{μ}	1.88353140×10^{-28}	kg
電子の磁気モーメント	μ_{e}	$-9.28476412\times10^{-24}$	$\mathrm{J\cdot T^{-1}}$
自由電子のg-因子	$2\mu_{\mathrm{e}}/\mu_{\mathrm{B}}$	-2.0023193043718	
陽子の磁気モーメント	μ_{p}	1.41060671×10^{-26}	$\mathrm{J\cdot T^{-1}}$
陽子のg-因子	$2\mu_{\mathrm{p}}/\mu_{\mathrm{N}}$	5.585694701	
中性子磁気モーメント	μ_{n}	-9.6623645×10^{-27}	$\mathrm{J\cdot T^{-1}}$
ミュー粒子磁気モーメント	μ_{μ}	$-4.49044799\times10^{-26}$	$\mathrm{J\cdot T^{-1}}$
電子のコンプトン波長	$\lambda_c=h/m_{\mathrm{e}}\mathrm{c}$	$2.426310238\times10^{-12}$	m
陽子のコンプトン波長	$\lambda_{\mathrm{cp}}=h/m_{\mathrm{p}}\mathrm{c}$	$1.3214098555\times10^{-15}$	m
微細構造定数	$\alpha=e^2/4\pi\varepsilon_0\hbar c$ $1/\alpha$	7.297352568×10^{-3} $1.37035999911\times10^{2}$	
ボーア半径	$a_0=4\pi\varepsilon_0\hbar^2/m_{\mathrm{e}}e^2$	$5.291772108\times10^{-11}$	m
リドベリ定数	$R_\infty=e^2/16\pi^2\varepsilon_0 a_0\hbar c$	$1.0973731568525\times10^{7}$	$\mathrm{m^{-1}}$
電子の比電荷	e/m_{e}	-1.75882012×10^{11}	$\mathrm{C\cdot kg^{-1}}$
電子の古典半径	$r_{\mathrm{e}}=e^2/4\pi\varepsilon_0 m_{\mathrm{e}}c^2$	$2.817940325\times10^{-15}$	m

物理化学定数

物理量	記号	数値	単位
原子質量単位	m_u	1.66053886×10^{-27}	kg
アボガドロ定数	N_A	6.0221415×10^{23}	mol^{-1}
ボルツマン定数	k	1.3806505×10^{-23}	$J\cdot K^{-1}$
ファラデー定数	$F=N_Ae$	9.64853383×10^{4}	$C\cdot mol^{-1}$
1モルの気体定数	$R=N_Ak$	8.314472	$J\cdot mol^{-1}\cdot K^{-1}$
完全気体の体積	V_0 (0°C,1atm)	2.2413996×10^{-2}	$m^3\cdot mol^{-1}$
ｽﾃﾌｧﾝ・ﾎﾞﾙﾂﾏﾝ定数	$\sigma=\pi^2k^4/60\hbar^3c^2$	5.670400×10^{-8}	$W\cdot m^{-2}\cdot K^{-4}$

機械的物性

弾性に関する定数

Eはヤング率，Gは剛性率（ずれ弾性率）で単位は $Pa=N\cdot m^{-2}$ である．σ はポアソン比，kは体積弾性率で単位は Pa である．κは圧縮率で単位は Pa^{-1} である．

物質	E(10^{10} Pa)	G(10^{10} Pa)	σ	k (10^{10} Pa)	κ (10^{-11} Pa^{-1})
亜鉛	10.84	4.34	0.249	7.20	1.4
アルミニュウム	7.03	2.61	0.345	7.55	1.33
インバール	14.40	5.72	0.259	9.94	1.0
カドミウム	4.99	1.92	0.300	4.16	2.4
ガラス（クラウン）	7.13	2.92	0.22	4.12	2.4
ガラス（フリント）	8.01	3.15	0.27	5.76	1.7
金	7.80	2.70	0.44	21.70	0.461
銀	8.27	3.03	0.367	10.36	0.97
コンスタンタン	16.24	6.12	0.327	15.64	0.64
黄銅	10.06	3.73	0.350	11.18	0.89
スズ	4.99	1.84	0.357	5.82	1.72
青銅	8.08	3.43	0.358	9.52	1.05
石英	7.31	3.12	0.170	3.69	2.7
ジュラルミン	7.15	2.67	0.335	-	-
チタン	11.57	4.38	0.321	10.77	0.93
鉄（軟）	21.14	8.16	0.293	16.98	0.59
鉄（鋳）	15.23	6.00	0.27	10.95	0.91
鉄（鋼）	20.1~	7.8~	0.28~	16.5~	0.61~
銅	12.98	4.83	0.343	13.78	0.72
鉛	1.61	0.559	0.44	4.58	2.2
ニッケル（軟）	19.95	7.60	0.312	17.73	0.564
白金	16.80	6.10	0.377	22.80	0.44
ポリエチレン	0.04-0.13	0.026	0.458	-	-
ポリスチレン	0.27-0.42	0.143	0.340	0.400	23.0
木材	1.3	-	-	-	-
ﾀﾝｸﾞｽﾃﾝ・ｶｰﾊﾞｲﾄﾞ	53.44	21.90	0.22	31.90	0.31

引っ張り強さ　最大応力 T (10^8 Pa)

亜鉛（圧延）	1.1-1.5	絹糸	2.6	黄銅（圧延）	2.3-2.7	鉄（鋳）	1.0-2.3
アルミ（,,）	0.9-1.5	クモ糸	1.8	石英糸	~10	鉄（鋼）	7.0-10.8
ガラス	0.3-0.9	革ベルト	0.3-0.5	テグス	4.2	銅（圧延）	2.0-4.0

慣性モーメント

いずれも質量を M とし，回転軸は（最初の棒をのぞいて）重心を通るとする．

形状	回転図	慣性モーメント
長さ d の細い棒	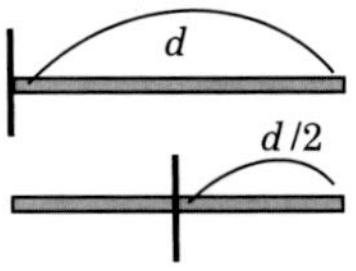 d $d/2$	$\frac{1}{3}Md^2$ $\frac{1}{12}Md^2$
$a\times b$ の長方形板	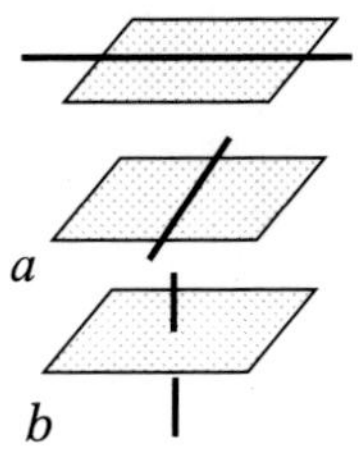 a b	$\frac{1}{12}Ma^2$ $\frac{1}{12}Mb^2$ $\frac{1}{12}M(a^2+b^2)$
半径 a の円盤	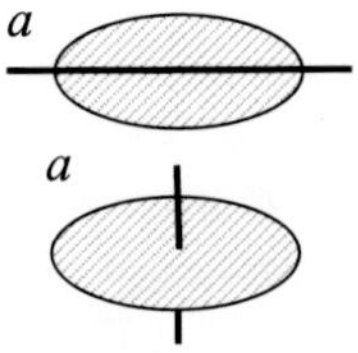 a a	$\frac{1}{4}Ma^2$ $\frac{1}{2}Ma^2$
半径 a 長さ d の円柱	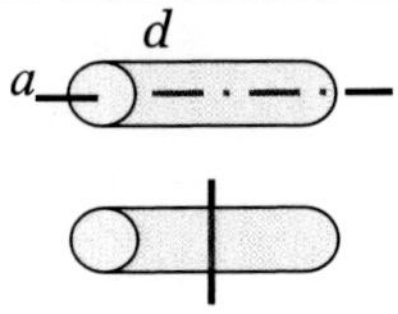 d a	$\frac{1}{2}Ma^2$ $\frac{1}{4}Ma^2+\frac{1}{12}Md^2$
半径 a の球殻	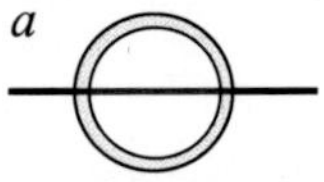 a	$\frac{2}{3}Ma^2$
半径 a の球	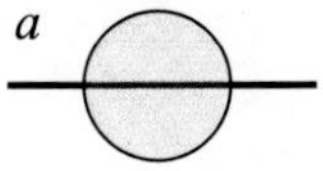 a	$\frac{2}{5}Ma^2$
辺の長さ a，b，c の三角形板	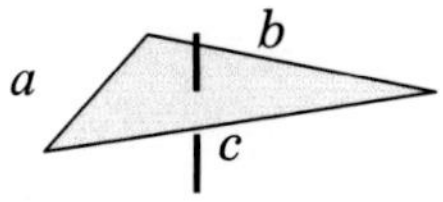 a b c	$\frac{1}{36}M(a^2+b^2+c^2)$
高さ h，底面の半径 a の円錐	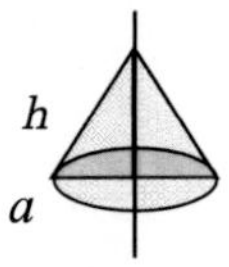 h a	$\frac{3}{10}Ma^2$

プログラム解説一覧

① #include <stdio.h>： 入出力装置の準備をし，#include <math.h>: 数学関数の準備をする．

② #define GP "gnuplot"： 文字 GP を"gnuplot" とする宣言文である．重要な内容・ファイル名・定数を定義する場合はこの宣言文で指定する． /*---*/は---をコメント文にする．

③ int main(){+++}: メイン関数を表し，+++にプログラムの内容を書きこむ．関数として使用するプログラム void +++(+){+++} が有る場合は，この int main()の前に void +++(+)を指定し，int main(){+++}の後にこの関数プログラムを書き込む．

④ int main(){+++}: {}の中では頭の部分にプログラムで扱う変数やファイル名を総て指定する．int は整数指定，double は２倍長の実数指定，cher *ch は文字列 ch の指定，FILE *PGP は外部関数の指定，*FF0 は記憶領域のファイルの指定を行う．*はポインタと言い，文字列やファイル名の頭に付けてその記憶領域の番地を指定する．各行の終わりは ; で締めくくる．

⑤ FF0=fopen(F0,"w");：F0 で指定したファイルを"w" 書き込み用として開き，入力待ち状態にする．

⑥ for(i=0;i<N;i++) {x=dd*(1-n2) ; +++ } ： (i を 0 から N-1 まで 1 つずつ増やして) { x に dd*(i-n2) の数を入れ，引き続き+++の作業を行い } 繰り返す．

⑦ sqrt( )は数学関数で( )のルートを取る．

⑧ +, -, *, /： ４則演算を行う．10 進数の指数は 10^{-4}=1.0E-4 で，指数関数は x^y=pow(*x*,*y*)で与える．

⑨ fprintf(FF0,"%8.4f --- ¥n",x,---);： FF0 で指定して開いたファイルに，8 桁の欄の中に小数点以下 4 桁の実数 f として x の値を書き込む.． 最後に¥n 行送り(Enter)を行う．

⑩ if(k==n2) ---;： k が n2 に等しい時だけ---の作業を行う．

⑪ fclose(FF0); は開いたファイル FF0 を閉じて書き込んだ内容を記憶領域に残す．

⑫ FF2=fopen(F2,"w"); fprintf(FF2,---);： ⑤と⑨と同様の作業を行う．

⑬ PGP=popen(GP,"w");：GP で指定した名前の外部コマンドをパイプ接続で開き FILE 形式で w 入力待ち状態にする．pclose(PGP)でパイプ接続を終了する．

⑭ fprintf(PGP,"---");： パイプ接続で立ち上げた外部コマンド"gnuplot"に"---"の文字入力を行う．

⑮ "set size ratio -1 ¥n"： XY 画面の縦横比を等しくする．実数で元データのサイズ違いを修正する．

⑯ fprintf(PGP,"plot '%s' with vectors lw 2 ¥n",F1);： 立ち上げた gnuplot に，F1 のファイル名のデータを lw 2 と言う形式のベクトルで plot 描画する．'%s' は文字列"plot---- "の中に F1 のファイル名を文字として書きこむ．ダブルコーテーション" "とコーテーション' 'を使い分ける．

⑰ "replot '%s' with circles ¥n"： '%s' により後に続くファイルを指定し，そのデータを使って先に描画した画面に with circles 円で replot 上書きする．円はベクトルを省いた領域を示す．

⑱ fflush(PGP); は一旦 PGP への描画状態を終了し結果を出力する．

⑲ printf("number in end -->");： モニター上に number in end --> を書く．

⑳ scanf("%d",&i); scanf("%s",&ch); はキーボードの入力待ちとなり，入力した i を "%d" で十進数として&i の番地に，ch を "%s" で文字列として&ch の番地に送る．入力データは画面に表示される．次の画像コマンドで出力画面が消えてしまうので，入力待ちで画面を保存する．3D 操作可能．

㉑ "set ticslevel 0 ¥n set view equal xyz ¥n"： ３次元座標の底面から描画し xyz の視野を等しくする．

㉒ fprintf(PGP,"splot '%s' with vectors lt 2 lw 1 ¥n",F0)： パイプ接続で立ち上がった外部コマンド GP の入力状態 PGP に splot３次元表示命令を入力し，'%s'で受けた F0 のファイル名のデータを lt 2 lw 1 形式のベクトルで描画する．描画面左上のボタンでクリップボードに画像をコピーし保存する．

㉓ "set terminal emf size 700,500 ¥n"： ターミナル画面を emf に変更する．ここではターミナルの画面サイズを大きくした．画面を emf （windows metafile）に変え set output "+++.emf" で +++.emf に画像出力すると windows での画質になる．gnuplot の入力画面でのターミナル変更では set output でファイル+++.emf などが設定できる．画面が +++ に出力されるので画面停止用の scanf の作業は要らなくなる．gnuplot を立ち上げて h term を入力すれば色々なターミナルの内容を調べられる．wxt の画面では test を入力すると画面の設定内容が表示される．

㉔ plot '%s' with の後 lines や points の設定で lw:線幅，dt:破線，pt:点形，ps:大きさ，lc:色 等を指定する．help linestyle の入力で線種の設定内容が表示される．

㉕ 線種は "set linetype 1 lc rgb 'dark-violet' lw 2 pt 1 ¥n" のように設定し，lt 1 で指定する．

㉖ set xlabel '+++' ： x 軸のラベルを '+++ ' で指定する．y 軸も同じ．

㉗ set zeroaxis lt -1 lw 2 dt 3 ：原点を通る x 軸 y 軸を-1：黒線で表示し，dt で破線を指定する．

㉘ set size ratio -1 ：グラフの縦横比を調節せず，数値通りの目盛を刻む．

㉙ set ytics 2 ：y 軸の目盛を 2 刻みにする．x 軸は xtics ，直接値の挿入は(0,2,5)の様に指定する．

㉚ using 1:%d ：欄記述子の桁指定 1:%d は整数で行う．ここでは ii の値が代入され，1 と ii 桁のデータが x 軸 y 軸に読み込まれる．文字やファイル名の様に ' ' で囲む必要は無く直接入力する．

㉛ if(0.<=ti && ti<6.) ：0<=ti<6 の条件設定．if で文を 1 行の中に記述する場合は{ } を省く．演算は &&：論理積，||：論理和，!：否定 を示し，== ：等しい，!= ：違う，<=, < ：大小関係を示す．

㉜ set zeroaxis lt 8 ：形式 8 の線を使い，原点上に座標を描く．

㉝ set size ratio -1 ：plot で縦横比を変更せずに寸法通りに描く．

㉞ plot '%s' with linespoints pt 7 ：形式 7 の点描で，線と点の両方でグラフを描く．

㉟ set term windows size 500,400：ターミナルを Windows に指定し画面の大きさを 500,400 にする．ターミナル windows は常用画面に指定されているので設定を省くことができる．emf 画面は出力先の指定が必要になる．

㊱ set isosamples 40：描画メッシュを 40 本ずつにする．数が多いと緻密な曲面になる．

㊲ set contour：曲面の等高線を底面に描く．

㊳ splot [-8:8][-8:8][-5:30] f1(x,y)：領域を[x 範囲][y 範囲][f1 範囲]で指定し f1 を 3 次元表現する．

㊴ pouse -1 "Hit return to continue " で画面の切り替えを行う．set output "+++" でファイルを保存する場合はこの操作は必要ない．画面をコピーして windows ファイルにペーストする．

㊵ set key outside ：データ名の記述場所を指定する．left., right, outside, top, bottom, below, (x,y)が有る．key はタイトルと言う意味でキー操作とは関係ない．

㊶ for(){---; if(ff<0) goto sw; --- } sw: ：for ループから sw の行に抜け出す．

㊷ '%s %d'： '+ +' で文字列として入力データを連結する．ここでは入力文字列と入力 10 進数が文字列として統合される．

㊸ "%s …"：長い文字列を多用する場合，記号化した文字に置き換え%s に代入する．

㊹ set label 1 '+++' at screen 0.4, 0.9：全画面の x:0.4 と y:0.9 の比率の場所に文字列+++を 1 つ目のラベルとして出力する．

㊺ rotate by 90：ラベルの文字列を 90° 回転して画面に出力する．

㊻ /* abc */, # abc： コメント abc は，gcc では /* */ で挟み，gnuplot では # で行に挿入する．

㊼ ILE(+++)： 作業関数 ILE(+++)は Fortran ではサブルーチンと呼ぶ．C の場合 int main()の前に

ILE(double[], +a+)で型(+a+)を付けて宣言し，main() の使用する場所で ILE(r,x1,+b+)として必要な直接の変数を(+b+)に指定する．main() の後に関数を void ILE(double r[], +c+) {+++}として指定し，必要な直接の型と変数名を(+c+)に完全明記する．作業は続く{++++}の中にプログラムする．変数指定+a+は型だけ，+b+は実変数名だけ，+c+は型と変数名を完全明記する．作業関数は main() の中で変数名を変えて何回でも使用できるので，同じ作業の繰り返しに対して有効である．

㊽ main() 関数の中と作業関数 aaa(+++) の中で用いる変数は指定した(+++) 以外は総て独立になる．共通に用いる変数や定数は int main() の前に指定する．但し演算を含む指定はできない．

㊾ gcc と gnuplot の分離は大きなプログラムでは普通に行われる．gnuplot の作業を gcc で記述すると簡単になることも有る．どうするかは見極めてから決める．

㊿ ¥: プログラムの行を変えて続ける場合は中断位置に¥を付けて改行する．

◇ gcc や gnuplot のカーソール入力では，↑キーで先に打ち込んだコマンドを呼び戻すことができる．同じ様なコマンド入力の場合はこれを使って幾つかの文字を修正することで次のコマンド入力が可能になる．

◇ プログラミングの工夫として，同じ形式の入力操作が続く場合は，手際よく for 文で記述できる様にする．これが難しい場合は，列を揃え入力パターンを決めた上で，コピー・ペーストでプログラムの作成を行い，文字を書き換える．

◇ term windows : term wxt と同様に gcc の常用画面として設定されているので出力先の指定が省ける．scanf(“%s”,&ch) を用いて，画面上でのカーソルによる 3D 操作を可能にした．これにより，データ確認し易い視野角度を決めてから，画面を取り込むことができる．

◇ 時間刻みを dt=1.0E-5 と小さくして $N=1.44\times10^9$ 回の計算で計算精度を保った．どの程度に刻みを設けるかは，刻みを倍の幅とした時に数値に違いを生じない事で，確かめる．計算機によってはメモリーが少なくて N を大きく取れない場合が有る．

参考図書

物理学概論	篠原 正三 著	東京電機大学出版局	1973.3	
新編 物理学	三谷 健次 著	廣川書店	1987.4	１０刷
基礎物理学	原　康夫 著	学術図書出版社	1996.12	改定版
詳解物理学	原　康夫 著	東京教学社	1992.3	２刷
物理学	原　康夫 著	学術図書出版社	1991.11	
詳解物理学演習 上	後藤 憲一 山本 邦夫 著 神吉　健	共立出版株式会社	1975.9	４３刷
工科系の物理学	廣川 友雄 編	学術図書出版社	1992.12	３刷
ランダウ・リフシッツ 理論物理学教程 力学	広重 徹　訳 水戸 巌	東京図書株式会社	1971.11	７刷
理工系の物理学 力学	小畑 修二 著	東京電機大学出版局	2013.9	２刷

URL

NASA Astronomy Picture of the Day	https://apod.nasa.gov/apod/archivepix.html
日本国立天文台 スバル望遠鏡	https://subarutelescope.org/Gallery/j_pressrelease.html
気象庁　ひまわり	https://www.data.jma.go.jp/mscweb/ja/general/himawari.html

索引

著者紹介

小畑 修二 （おばた しゅうじ）
卒
新潟小学校，寄居中学，新潟高校，東京電機大学，同大学大学院.
元
東京電機大学 理工学部 電子・機械工学系
同大学後期博士課程 先端科学技術研究科
電気電子システム工学専攻 D○合
現
株式会社 鳩山科学技術研究所
（社会人論文博士取得支援会社）
所長（代表取締役）

所属学会
電気学会，日本物理学会，金属学会.
主要研究
Shuji Obata: J. Phys. Soc. Jpn., **60** (65-76) 1991.
S. Obata and S. Ohkuro: Progress of Theoretical Phys., **101** (831-846) 1999.
Shuji Obata: IEEJ Transaction on FM., **131** (838-845) 2011.
S. Obata: J. Magn. Soc. Jpn., **36** (161-168) 2012.
Shuji Obata: Materials Transactions, **55** (1591-1598) 2014.

Cで理解を深める
基礎 力 学

2018年 6月 16日 初版発行

著者 小畑修二

発行所 株式会社 鳩山科学技術研究所
発行者 同 出版部
〒350-0312 埼玉県比企郡鳩山町 鳩ヶ丘 3-14-7
電話・Fax 049-270-9302
http://www.hatoyama-ist.work/

印刷・製本 六三四堂印刷株式会社
佐藤道晴

ISBN978-4-9910326-0-8 C3042 ¥2400E Printed in Japan